技工院校“十四五”规划室内设计专业系列教材
中等职业技术学校“十四五”规划艺术设计专业系列教材

室内工程制图

罗菊平　黄　艳　曾小慧　李佑广　主　编
阮健生　吴丽媚　陈嘉瑜　副主编

华中科技大学出版社
http://www.hustp.com
中国·武汉

内 容 提 要

室内工程制图是室内设计专业的专业必修课。这门课程为后续专业课程(如室内工程设计、室内工程预算、室内工程施工、室内工程监理、室内工程实训)打下扎实的知识基础。

本书从“重实践、重引导、重激发、采用项目教学法和工学一体相结合”的教学特点出发,以室内设计专业为主线,系统结合室内家装和工装设计图纸,全面帮助学生学习工程制图规范和标准,学习识图和制图的技巧,锻炼识图和制图的技能,积累图形识读和图形绘制的经验,以便快速成长。

图书在版编目(CIP)数据

室内工程制图/罗菊平等主编. —武汉:华中科技大学出版社,2021.6(2024.3重印)
ISBN 978-7-5680-7251-9

Ⅰ. ①室…　Ⅱ. ①罗…　Ⅲ. ①室内装饰设计-建筑构图-绘画技法　Ⅳ. ①TU204

中国版本图书馆 CIP 数据核字(2021)第 110719 号

室内工程制图
Shinei Gongcheng Zhitu

罗菊平　黄　艳　曾小慧　李佑广　主编

策划编辑:金　紫
责任编辑:陈　骏
封面设计:金　金
责任监印:朱　玢
出版发行:华中科技大学出版社(中国·武汉)　　电话:(027)81321913
　　　　　武汉市东湖新技术开发区华工科技园　　邮编:430223
录　　排:华中科技大学惠友文印中心
印　　刷:武汉市洪林印务有限公司
开　　本:889mm×1194mm　1/16
印　　张:13
字　　数:430 千字
版　　次:2024 年 3 月第 1 版第 3 次印刷
定　　价:45.00 元

本书若有印装质量问题,请向出版社营销中心调换
全国免费服务热线:400-6679-118　竭诚为您服务
版权所有　侵权必究

技工院校“十四五”规划室内设计专业系列教材
中等职业技术学校“十四五”规划艺术设计专业系列教材
编写委员会名单

● 编写委员会主任委员

文健（广州城建职业学院科研副院长）

王博（广州市工贸技师学院文化创意产业系室内设计教研组组长）

罗菊平（佛山市技师学院设计系副主任）

叶晓燕（广东省交通城建技师学院艺术设计系主任）

宋雄（广州市工贸技师学院文化创意产业系副主任）

谢芳（广东省理工职业技术学校室内设计教研室主任）

吴宗建（广东省集美设计工程有限公司山田组设计总监）

刘洪麟（广州大学建筑设计研究院设计总监）

曹建光（广东建安居集团有限公司总经理）

汪志科（佛山市拓维室内设计有限公司总经理）

● 编委会委员

张宪梁、陈淑迎、姚婷、李程鹏、阮健生、肖龙川、陈杰明、廖家佑、陈升远、徐君永、苏俊毅、邹静、孙佳、何超红、陈嘉銮、钟燕、朱江、范婕、张淏、孙程、陈阳锦、吕春兰、唐楚柔、高飞、宁少华、麦绮文、赖映华、陈雅婧、陈华勇、李儒慧、阚俊莹、吴静纯、黄雨佳、李洁如、郑晓燕、邢学敏、林颖、区静、任增凯、张琮、陆妍君、莫家娉、叶志鹏、邓子云、魏燕、葛巧玲、刘锐、林秀琼、陶德平、梁均洪、曾小慧、沈嘉彦、李天新、潘启丽、冯晶、马定华、周丽娟、黄艳、张夏欣、赵崇斌、邓燕红、李魏巍、梁露茜、刘莉萍、熊浩、练丽红、康弘玉、李芹、张煜、李佑广、周亚蓝、刘彩霞、蔡建华、张嫄、张文倩、李盈、安怡、柳芳、张玉强、夏立娟、周晟恺、林挺、王明觉、杨逸卿、罗芬、张来涛、吴婷、邓伟鹏、胡彬、吴海强、黄国燕、欧浩娟、杨丹青、黄华兰、胡建新、王剑锋、廖玉云、程功、杨理琪、叶紫、余巧倩、李文俊、孙靖诗、杨希文、梁少玲、郑一文、李中一、张锐鹏、刘珊珊、王奕琳、靳欢欢、梁晶晶、刘晓红、陈书强、张劼、罗茗铭、曾蕾、刘珊、赵海、孙明媚、刘立明、周子渲、朱苑玲、周欣、杨安进、吴世辉、朱海英、薛家慧、李玉冰、罗敏熙、原浩麟、何颖文、陈望望、方剑慧、梁杏欢、陈承、黄雪晴、罗活活、尹伟荣、冯建瑜、陈明、周波兰、李斯婷、石树勇、尹庆

● 总主编

文健，教授，高级工艺美术师，国家一级建筑装饰设计师。全国优秀教师，2008 年、2009 年和 2010 年连续三年获评广东省技术能手。2015 年被广东省人力资源和社会保障厅认定为首批广东省室内设计技能大师，2019 年被广东省教育厅认定为建筑装饰设计技能大师。中山大学客座教授，华南理工大学客座教授，广州大学建筑设计研究院室内设计研究中心客座教授。出版艺术设计类专业教材 120 种，拥有自主知识产权的专利技术 130 项。主持省级品牌专业建设、省级实训基地建设、省级教学团队建设 3 项。主持 100 余项室内设计项目的设计、预算和施工，内容涵盖高端住宅空间、办公空间、餐饮空间、酒店、娱乐会所、教育培训机构等，获得国家级和省级室内设计一等奖 5 项。

合作编写单位

（1）合作编写院校

广州市工贸技师学院
佛山市技师学院
广东省交通城建技师学院
广东省理工职业技术学校
台山敬修职业技术学校
广州市轻工技师学院
广东省华立技师学院
广东花城工商高级技工学校
广东省技师学院
广州城建技工学校
广东岭南现代技师学院
广东省国防科技技师学院
广东省岭南工商第一技师学院
广东省台山市技工学校
茂名市交通高级技工学校
阳江技师学院
河源技师学院
惠州市技师学院
广东省交通运输技师学院
梅州市技师学院
中山市技师学院
肇庆市技师学院
江门市新会技师学院
东莞市技师学院
江门市技师学院
清远市技师学院
山东技师学院
广东省电子信息高级技工学校
东莞实验技工学校
广东省粤东技师学院
珠海市技师学院
广东省工业高级技工学校
广东省工商高级技工学校
广东江南理工高级技工学校
广东羊城技工学校
广州市从化区高级技工学校
广州造船厂技工学校
海南省技师学院
贵州省电子信息技师学院

（2）合作编写组织

广东省集美设计工程有限公司
广东省集美设计工程有限公司山田组
广州大学建筑设计研究院
中国建筑第二工程局有限公司广州分公司
中铁一局集团有限公司广州分公司
广东华坤建设集团有限公司
广东翔顺集团有限公司
广东建安居集团有限公司
广东省美术设计装修工程有限公司
深圳市卓艺装饰设计工程有限公司
深圳市深装总装饰工程工业有限公司
深圳市名雕装饰股份有限公司
深圳市洪涛装饰股份有限公司
广州华浔品味装饰工程有限公司
广州浩弘装饰工程有限公司
广州大辰装饰工程有限公司
广州市铂域建筑设计有限公司
佛山市室内设计协会
佛山市拓维室内设计有限公司
佛山市星艺装饰设计有限公司
佛山市三星装饰设计工程有限公司
广州瀚华建筑设计有限公司
广东岸芷汀兰装饰工程有限公司
广州翰思建筑装饰有限公司
广州市玉尔轩室内设计有限公司
武汉半月景观设计公司
惊喜（广州）设计有限公司

序言

技工教育是中国职业技术教育的重要组成部分，主要承担培养高技能产业工人和技术工人的任务。随着“中国制造 2025”战略的逐步实施，建设一支高素质的技能人才队伍是实现规划目标的必备条件。如今，技工院校的办学水平和办学条件已经得到很大的改善，进一步提高技工院校的教育、教学水平，提升技工院校学生的职业技能和就业率，弘扬和培育工匠精神，打造技工教育的特色，已成为技工院校的共识。而技工院校高水平专业教材建设无疑是技工教育特色发展的重要抓手。

本套规划教材以国家职业标准为依据，以培养学生的综合职业能力为目标，以典型工作任务为载体，以学生为中心，根据典型工作任务和工作过程设计教材的项目和学习任务。同时，按照职业标准和学生自主学习的要求进行教材内容的设计，结合理论教学与实践教学，实现能力培养与工作岗位对接。

本套规划教材的特色在于，在编写体例上与技工院校倡导的“教学设计项目化、任务化，课程设计教、学、做一体化，工作任务典型化，知识和技能要求具体化”紧密结合，体现任务引领实践的课程设计思想，以典型工作任务和职业活动为主线设计教材结构，以职业能力培养为核心，将理论教学与技能操作相融合作为课程设计的抓手。本套规划教材在理论讲解环节做到简洁实用，深入浅出；在实践操作训练环节体现以学生为主体的特点，创设工作情境，强化教学互动，让实训的方式、方法和步骤清晰明确，可操作性强，并能激发学生的学习兴趣，促进学生主动学习。

为了打造一流品质，本套规划教材组织了全国 40 余所技工院校共 100 余名一线骨干教师和室内设计企业的设计师（工程师）参与编写。校企双方的编写团队紧密合作，取长补短，建言献策，让本套规划教材更加贴近专业岗位的技能需求和技工教育的教学实际，也让本套规划教材的质量得到了充分保证。衷心希望本套规划教材能够为我国技工教育的改革与发展贡献力量。

技工院校“十四五”规划室内设计专业系列教材
中等职业技术学校“十四五”规划艺术设计专业系列教材　总主编

教授 / 高级技师　文健

2020 年 6 月

前言

室内工程制图是室内设计专业的专业必修课。这门课程为后续专业课程(如室内工程设计、室内工程预算、室内工程施工、室内工程监理、室内工程实训)打下扎实的知识基础。

本书从“重实践、重引导、重激发、采用项目教学法和工学一体相结合”的教学特点出发,以室内设计专业为主线,系统结合室内家装和工装设计图纸,全面帮助学生学习工程制图规范和标准,学习识图和制图的技巧,锻炼识图和制图的技能,积累图形识读和图形绘制的经验,以便快速成长。

本书理论简洁实用,知识深入浅出,指导通俗易懂,教学强化互动,操作性强。本书的知识学习和技能实践都强调以学生为主,能较好地激发学习兴趣,调动学生积极性。每个项目都按照教学目标、学习目标、教学建议、学习任务导入、学习任务讲解、学习任务小结、课后作业等顺序进行布局,适合技工院校学生学习。根据专业相通、技术融合的特点,本书对大中专院校装饰设计、艺术设计、环艺设计、建筑设计等相关专业的学习也有同样的指导作用。

本书在编写过程中得到了佛山市技师学院、广东岭南现代技师学院、广东省岭南工商第一技师学院、中山市技师学院、广州市工贸技师学院、广州市蓝天高级技工学校以及相关企业的大力支持和帮助,在此表示衷心感谢。由于编者学术水平有限,本书难免存在一些不足之处,敬请读者批评指正。

罗菊平

2021. 3. 20

课时安排（建议课时 108）

项目	课程内容	课时	
项目一　室内工程制图概述	学习任务一　室内工程制图的基本概念	2	8
	学习任务二　室内工程图纸的目录和施工说明	2	
	学习任务三　室内工程制图的要求和规范	2	
	学习任务四　室内工程制图的绘制工具与用品	2	
项目二　工程制图的投影与实训	学习任务一　工程制图的投影分类	4	20
	学习任务二　工程制图的投影规则	4	
	学习任务三　点、线、面的投影与实训	4	
	学习任务四　组合体的投影与实训	8	
项目三　建筑工程图的识读与绘制实训	学习任务一　建筑设计概述与建筑总平面图的识读实训	4	20
	学习任务二　建筑平面图的识读与绘制实训	4	
	学习任务三　建筑立面图的识读与绘制实训	4	
	学习任务四　建筑剖面图的识读与绘制实训	8	
项目四　居室平面图的识读与绘制实训	学习任务一　居室原始结构图的识读与绘制实训	4	20
	学习任务二　居室平面布置图的识读与绘制实训	4	
	学习任务三　居室天花布置图的识读与绘制实训	4	
	学习任务四　居室地材布置图的识读与绘制实训	8	
项目五　居室空间图形与水电图的识读与绘制实训	学习任务一　居室立面图的识读与绘制实训	4	20
	学习任务二　居室剖面图的识读与绘制实训	4	
	学习任务三　居室大样图的识读与绘制实训	4	
	学习任务四　居室水电布置图的识读与绘制实训	8	
项目六　公共空间图形的识读与绘制实训	学习任务一　公共空间平面图的识读与绘制实训	4	20
	学习任务二　公共空间立面图的识读与绘制实训	4	
	学习任务三　公共空间剖面图的识读与绘制实训	4	
	学习任务四　公共空间大样图的识读与绘制实训	8	

目　录

项目一　室内工程制图概述

学习任务一　室内工程制图的基本概念

学习任务二　室内工程图纸的目录和施工说明

学习任务三　室内工程制图的要求和规范

学习任务四　室内工程制图的绘制工具与用品

学习任务一　室内工程制图的基本概念

教学目标

（1）专业能力：了解室内工程制图的概念，室内工程图纸的作用、分类和学习方法。

（2）社会能力：能认识到工程制图在工程设计、工程预算、工程施工、工程监理中的作用。

（3）方法能力：室内施工图纸的收集、分析、识别和绘制能力。

学习目标

（1）知识目标：掌握室内工程图纸的作用和分类。

（2）技能目标：能识别和绘制室内工程施工图纸。

（3）素质目标：通过对室内工程图纸的展示，提高学生对工程图纸的直观认识。

教学建议

1. 教师活动

进行知识点讲授和案例分析，引导课堂思考、互动和课堂小组讨论。

2. 学生活动

学习室内工程制图的概念、作用、分类。

一、学习任务导入

室内工程制图是室内设计专业的专业基础课程。这门课程的学习直接影响到后续的工程设计、工程预算、工程施工、工程监理等课程的学习。识读和绘制工程图纸是室内设计专业工作者应具备的一项基本技能，也是从事工程绘图、工程设计、工程施工、工程预算、工程采购以及工程监理等工作的基础。

二、学习任务讲解

1. 室内工程制图的概念

工程制图是研究工程图样的绘制和识读的一门学科。工程制图以画法几何的投影理论为基础，研究用投影法解决空间几何问题，以及在平面上如何表达空间内的物体。室内设计工程图纸是室内设计工程专用的施工图纸，是进行室内装修工程必不可少的技术文件，也是在世界范围内通用的“工程技术的语言”。识读和绘制室内设计工程图纸是室内设计专业技术人员必备的基本素质。

2. 室内工程图纸的作用

室内工程图纸能够准确而详尽地表达室内各界面的造型、尺寸和材料，以及室内布局、室内装修结构和室内各种设备管线的分布，是指导室内装修工程施工的基础性文件，也是室内设计师表达设计思想的主要手段。

3. 室内工程图纸的分类

室内工程制图包含原始结构图、家具平面布置图、地材布置图、天花布置图、立面图、剖面图、构造节点大样图、室内水电图等，还包括图纸封面、图纸说明、图纸目录、材料表等。见图 1-1～图 1-10 所示。

御凯名都17#02户型 样板房

图纸目录

页码	图号	图纸名称	口期	规格	页码	图号	图纸名称	口期	规格
01	DL-01	日录	2019.06	A3	34	DY-03	电视背景剖面图	2019.06	A3
02	CO-01	室内装饰代码说明	2019.06	A3	35	DY-04	沙发背景剖面图	2019.06	A3
03	CO-02	室内装饰图例说明.材料工艺索引说明.图号说明	2019.06	A3	36	DY-05	次卧背景、儿童房背景剖面图	2019.06	A3
04	CO-03	室内设计施工工艺说明（一）	2019.06	A3	37	DY-06	主卧背景剖面图	2019.06	A3
05	CO-04	室内设计施工工艺说明（二）	2019.06	A3	38	DY-07	卫生间墙身剖面图	2019.06	A3
06	CO-05	室内设计施工工艺说明（三）	2019.06	A3	39	DY-08	公卫洗手台大样图	2019.06	A3
07	CO-06	室内设计施工工艺说明（四）	2019.06	A3	40	DY-09	次/主卫洗手台大样图	2019.06	A3
					41	DY-10	洗手台大样图	2019.06	A3
08	P-01	立面索引图	2019.06	A3	42	DY-11	入户柜大样图	2019.06	A3
09	P-02	平面布置图	2019.06	A3	43	DY-12	餐厅柜大样图	2019.06	A3
10	P-03	墙体尺寸图	2019.06	A3	44	DY-13	餐厅柜大样图	2019.06	A3
11	P-04	地面铺装图	2019.06	A3	45	DY-14	书柜大样图	2019.06	A3
12	P-05	天花布置图	2019.06	A3	46	DY-15	书柜大样图	2019.06	A3
13	P-06	灯具定位图	2019.06	A3	47	DY-16	主卧衣柜大样图	2019.06	A3
14	P-07	开关布置图	2019.06	A3	48	DY-17	主卧衣柜大样图	2019.06	A3
14a	P-07a	照明平面图	2019.06	A3	49	DY-18	次卧衣柜大样图	2019.06	A3
15	P-08	强电平面图	2019.06	A3	50	DY-19	儿童房衣柜大样图	2019.06	A3
16	P-09	弱电平面图	2019.06	A3	51	DY-20	儿童房衣柜大样图	2019.06	A3
17	P-10	给排水示意图	2019.06	A3					
18	P-11	配电系统图	2019.06	A3	52	DM-01	卧室门剖面图	2019.06	A3
					53	DM-02	卫生间门剖面图	2019.06	A3
19	E-01	客餐厅 A1/A2立面图	2019.06	A3	54	DM-03	厨房门套剖面图	2019.06	A3
20	E-02	客餐厅 A3/A4立面图	2019.06	A3					
21	E-03	书阅读休闲区 B1/B2/B3/B4立面图	2019.06	A3					
22	E-04	厨房 C1/C2/C3/C4立面图	2019.06	A3					
23	E-05	公卫 D1/D2/D3/D4立面图	2019.06	A3					
24	E-06	次卧 E1/E2/E3/E4立面图	2019.06	A3					
25	E-07	次卫 F1/F2/F3/F4立面图	2019.06	A3					
26	E-08	主卧 G1/G2/G3/G4立面图	2019.06	A3					
27	E-09	主卫 H1/H2/H3/H4立面图	2019.06	A3					
28	E-10	儿童房 I1/I2/I3/I4立面图	2019.06	A3					
29	DT-01	天花剖面图	2019.06	A3					
30	DT-02	天花剖面图	2019.06	A3					
31	DT-03	天花剖面图	2019.06	A3					
31a	DT-03a	天花剖面图	2019.06	A3					
32	DY-01	淋浴石、窗台石剖面图	2019.06	A3					
33	DY-02	电视背景剖面图	2019.06	A3					

图 1-1 室内工程图纸目录

御凯名都17#02户型 样板房
材料表

编号	名称	品牌	型号	规格尺寸	空间	材料说明
石材						
ST01	金镶玉			20mm厚	门槛石/淋浴石/挡水石	表面处理：光面
ST02	雅典娜灰			20mm厚	窗台石/洗手台/电视背景	表面处理：光面
ST03	云多拉灰			20mm厚	客厅地面	表面处理：光面
瓷砖						
CT01	抛釉砖			800*800mm	厨房地面/墙身	表面处理：光面
CT02	抛釉砖			800*800mm	卫生间地面	表面处理：光面
CT03	仿古砖			600*600mm	阳台地面	表面处理：仿古面
CT04	抛釉砖			1200*600mm	卫生间墙身	表面处理：光面
CT05	抛釉砖			2400*1200mm	电视背景	表面处理：光面
木材						
WD01	木地板		yTA3000-1		房间地面	复合木地板
WD02	木饰面（浅）	梵品	ND9676 银丝		沙发背景、次卧背景、柜	
WD03	木饰面（深）	梵品	ND9627 柚木		主人房背景、柜	
WD04	木饰面（深）	梵品	ND9627柚木波浪板		天花	
镜						
MR01	水银镜			5mm	见图纸	
MR02	灰镜喷砂			5mm	柜	
玻璃						
GL01	玻璃			8mm	见图纸	
金属						
MT01	磨砂黑钢				见图纸	
墙纸						
WP01	墙布	CHARLOTTE VI	LX351305 PAGE25		客餐厅、房间	
WP02	墙纸	DIARY	Page No. 49		儿童房床头背景	
编织物						
FA01	皮革	瑞丽爱家	237-7		主人房床头背景	
FA02	皮革	苏炼布行	S006-14#		儿童房床头背景	

编号	名称	品牌	型号	规格尺寸	空间	材料说明
浴室五金						
B01	水龙头	贝朗			厨房洗菜盆	
B02	水龙头	贝朗			卫生间洗手台	
B03	淋浴花洒	贝朗			淋浴花洒	
B04	浴缸龙头	贝朗			浴缸	
洁具						
SW01	双星盆				厨房	
SW02	坐厕				卫生间	
SW03	淋浴屏				卫生间	
SW04	台下盆				卫生间	
SW05	浴缸				主卫	
涂料						
PT01	白色乳胶漆				见图纸	

中域设计装饰工程有限公司
ZHONGYU DECORATION ENGINEERING CO., LTD
地址：江门市蓬江区新昌路上城铂雍汇花园林溪一街1号131-132
ADD: 1-131~132, LinXi1st, XinChang Rd, Pengjiang District, JiangMen City
电话：(0750)3338111 传真：(0750)3332777

备注：
一切以图内标注为准，切勿以此比例量度此图，承建人必须在工地核对图内数字之准确，如发现任何矛盾应立即通知设计师，未经本公司设计师书面批准，不得将任何部份翻印。

MEMO:
ALL MEASUREMETS MUST BE CHECKED AT THE SITE DO NOT SCALE DRAWINGS FIGURED DIMENSIONS TO BEOBSERVED READ THIS DRAWING IN CONNECTION WITH GENERAL ARCHITECTURAL PLANS AND OTHER TO BE NOTFIED IMMEDIATELY OF ANY DISCREPANCY FOUND THEREIN.

甲方确认 CLIENT AFFIRM
本人同意施工单位按照此图则所示之内容进行施工，同时本人清楚并了解该工程项目之最终验收标准并不以此图则所示之尺寸及数据作为验收依据。
甲方签名：

工程名称 PROJECT
御凯名都
17#02户型

DESIGNER 设计：中域设计部
DRAW 制图：中域设计部
CHECKE 复核：中域设计部
DATE 日期：2019/06
SCALE 比例：见图
DRAW NO. 图号：
PAGE 页码：00

图 1-2 室内工程图纸材料表

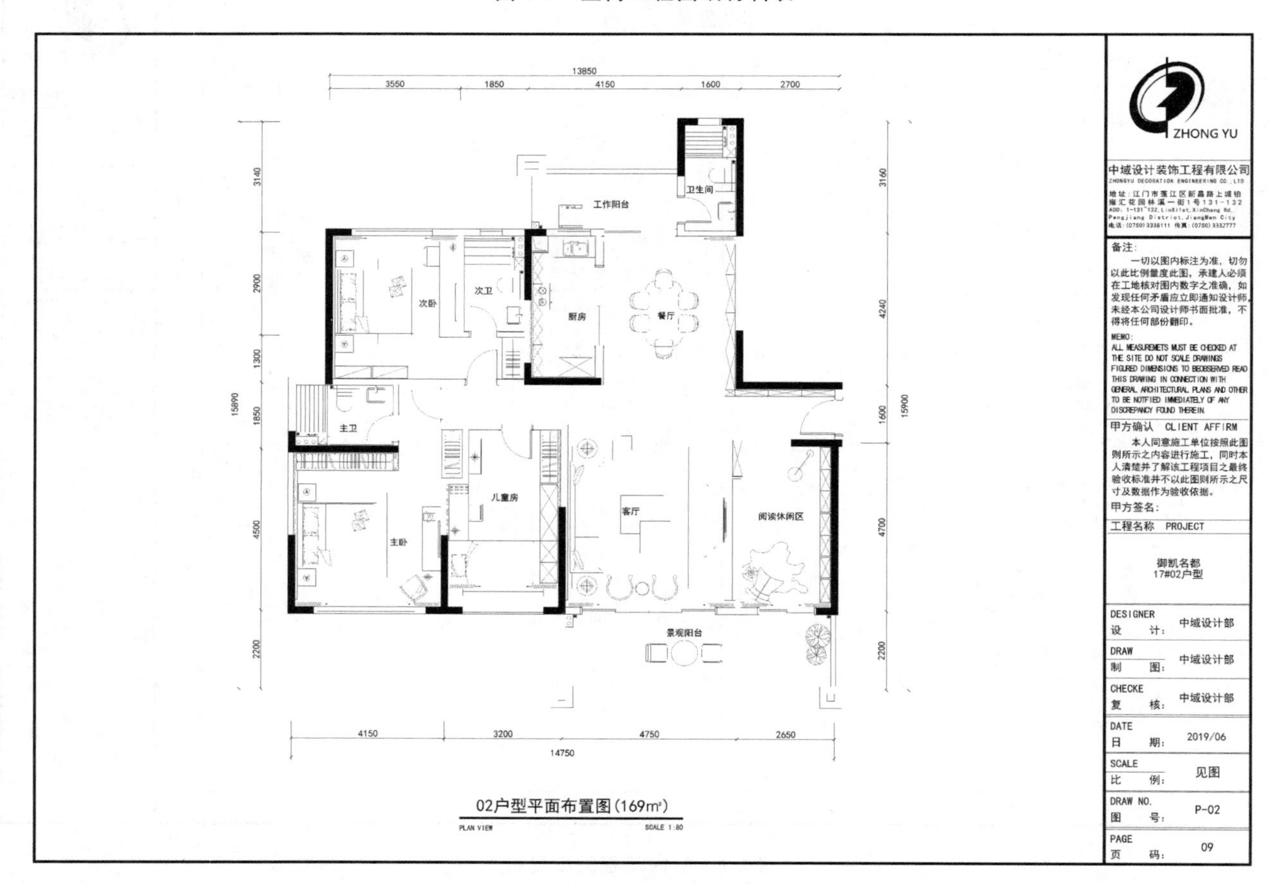

图 1-3 室内平面布置图

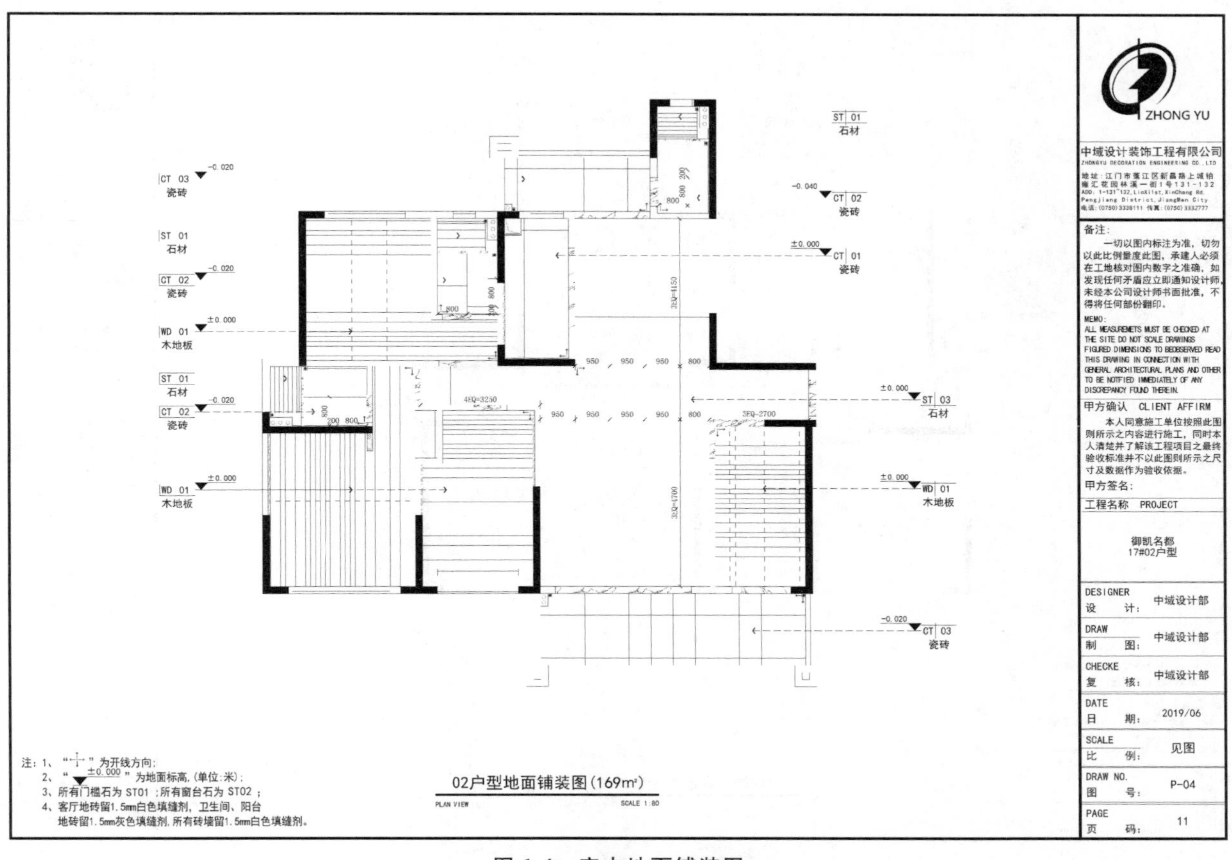

图 1-4　室内地面铺装图

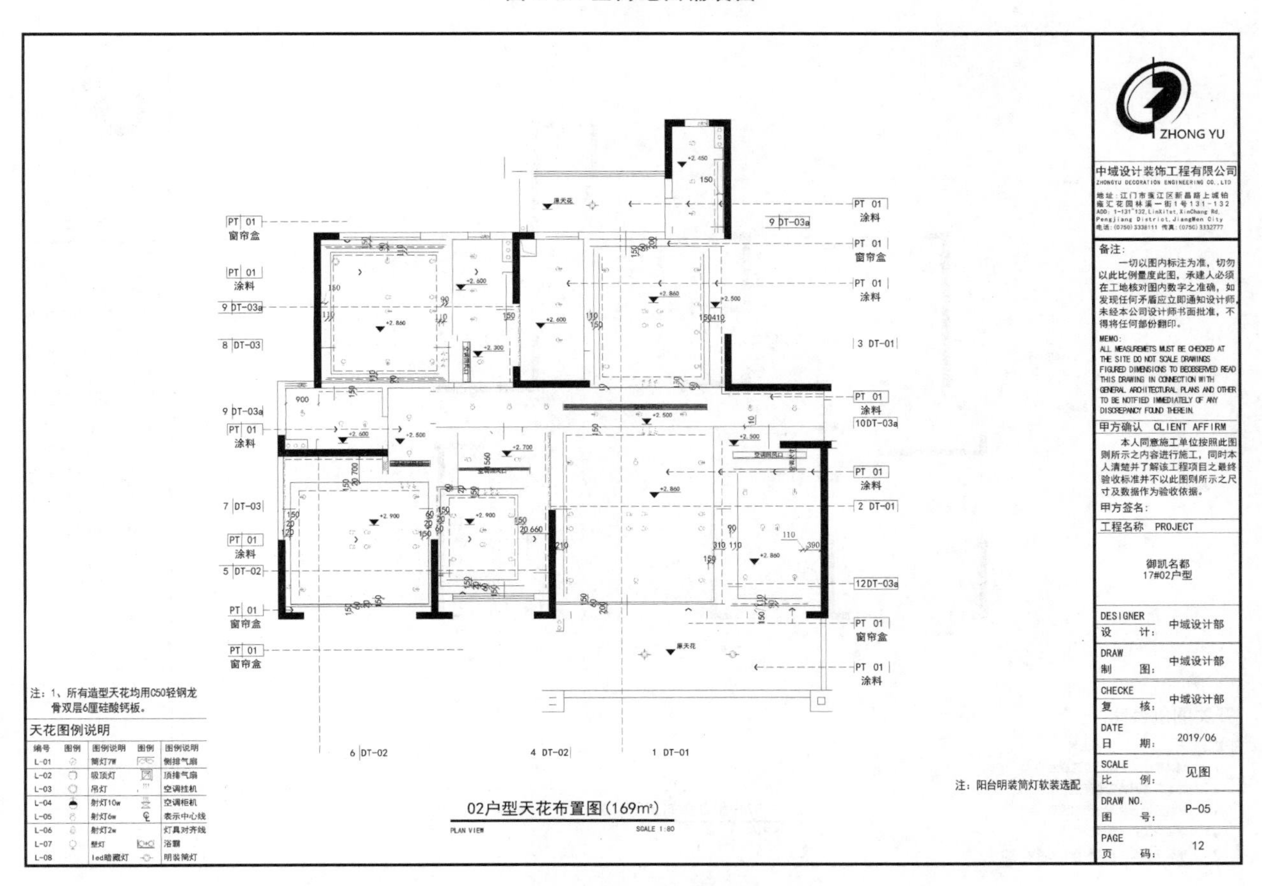

图 1-5　室内天花布置图

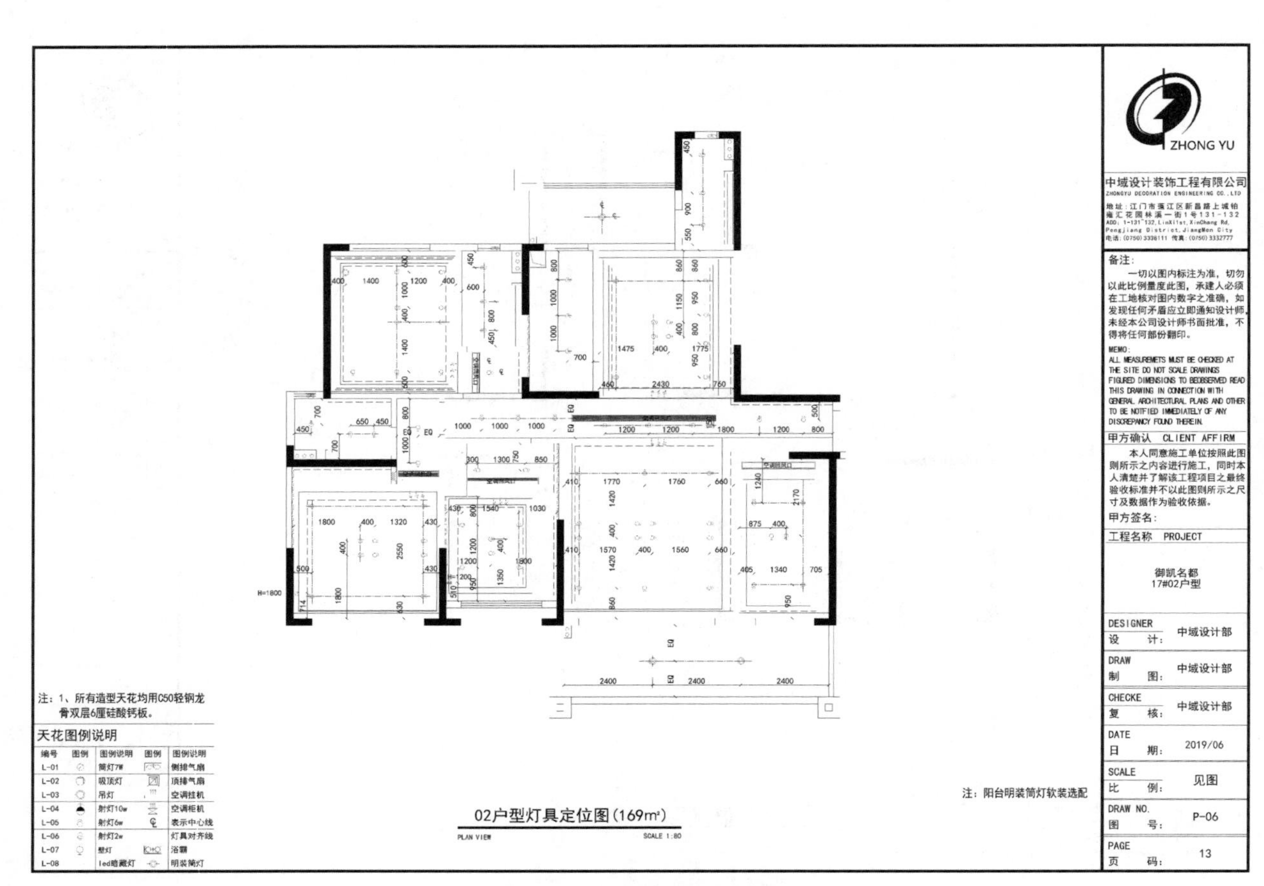

图 1-6 室内灯具定位图

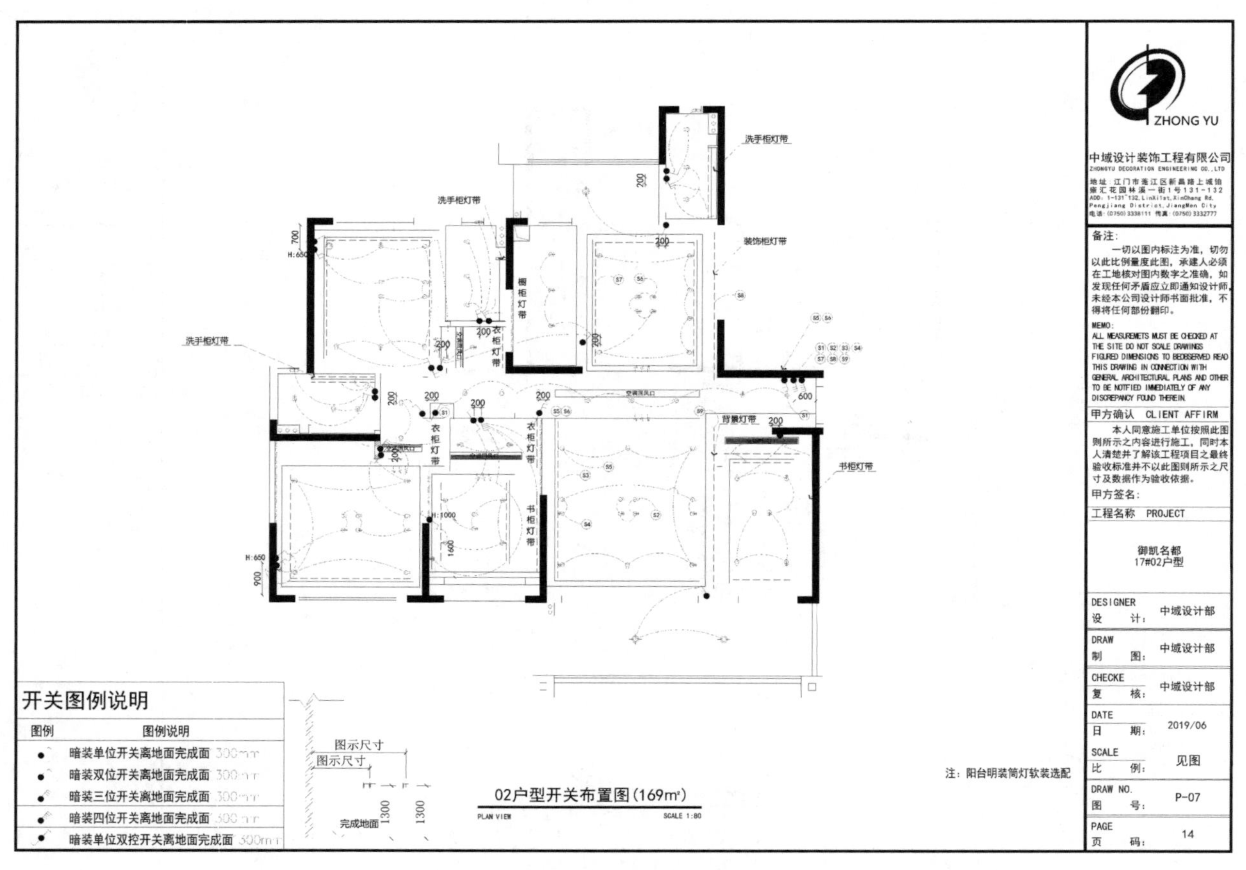

图 1-7 室内开关布置图

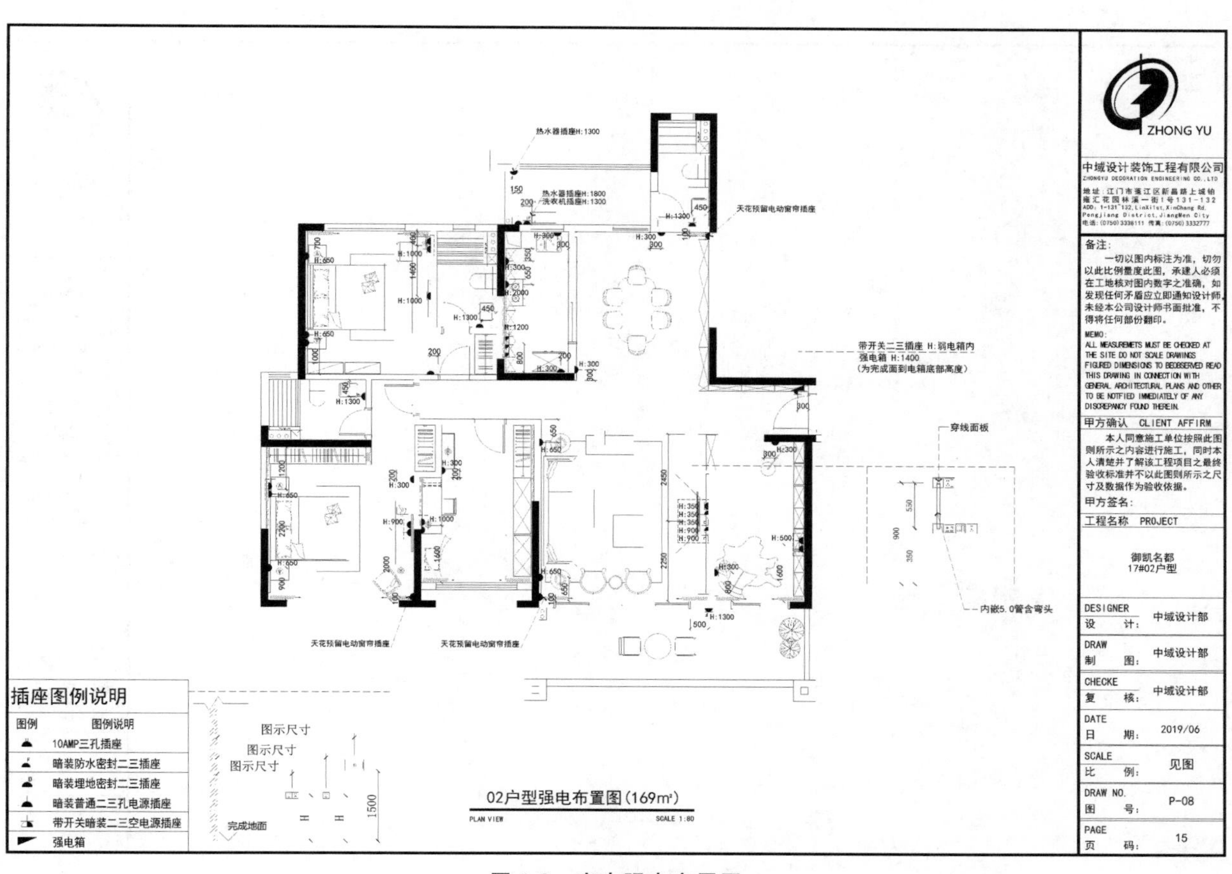

图 1-8 室内强电布置图

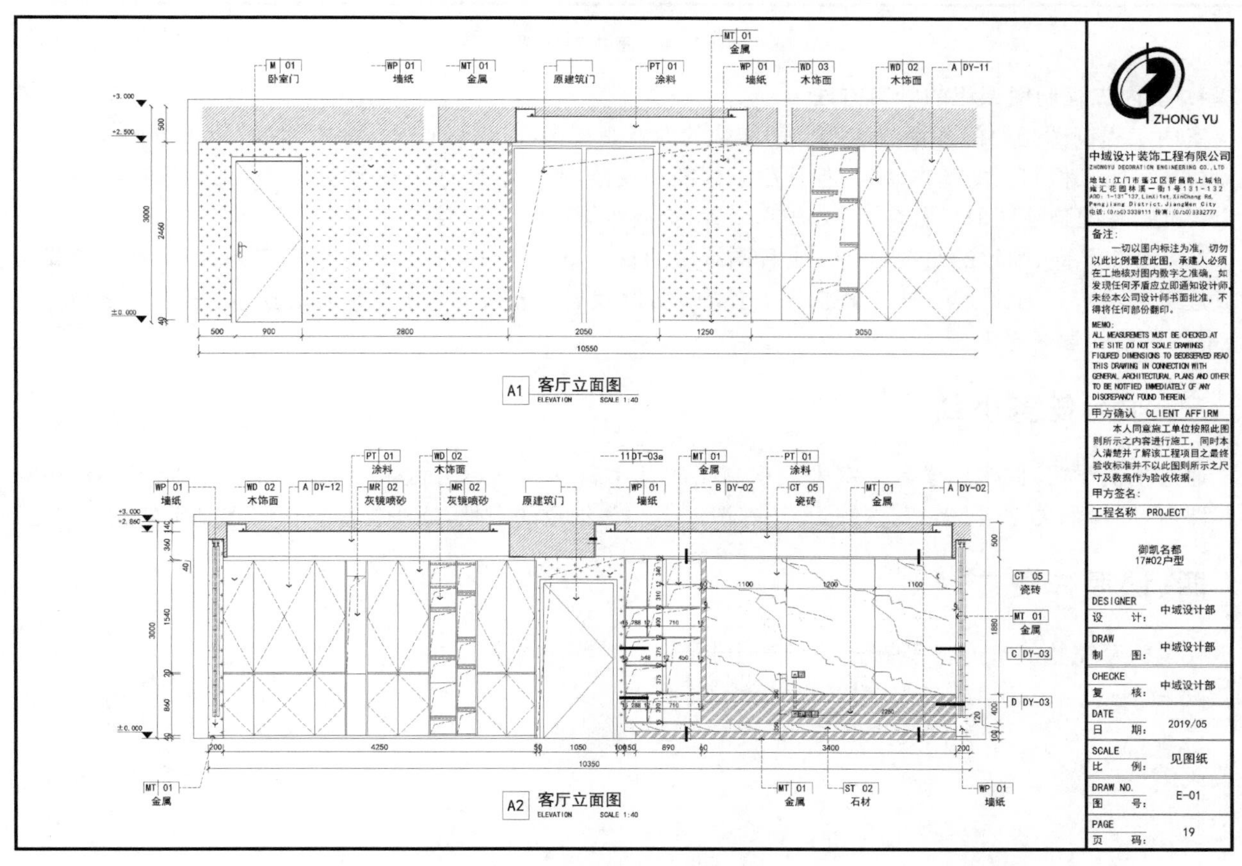

图 1-9 室内立面图

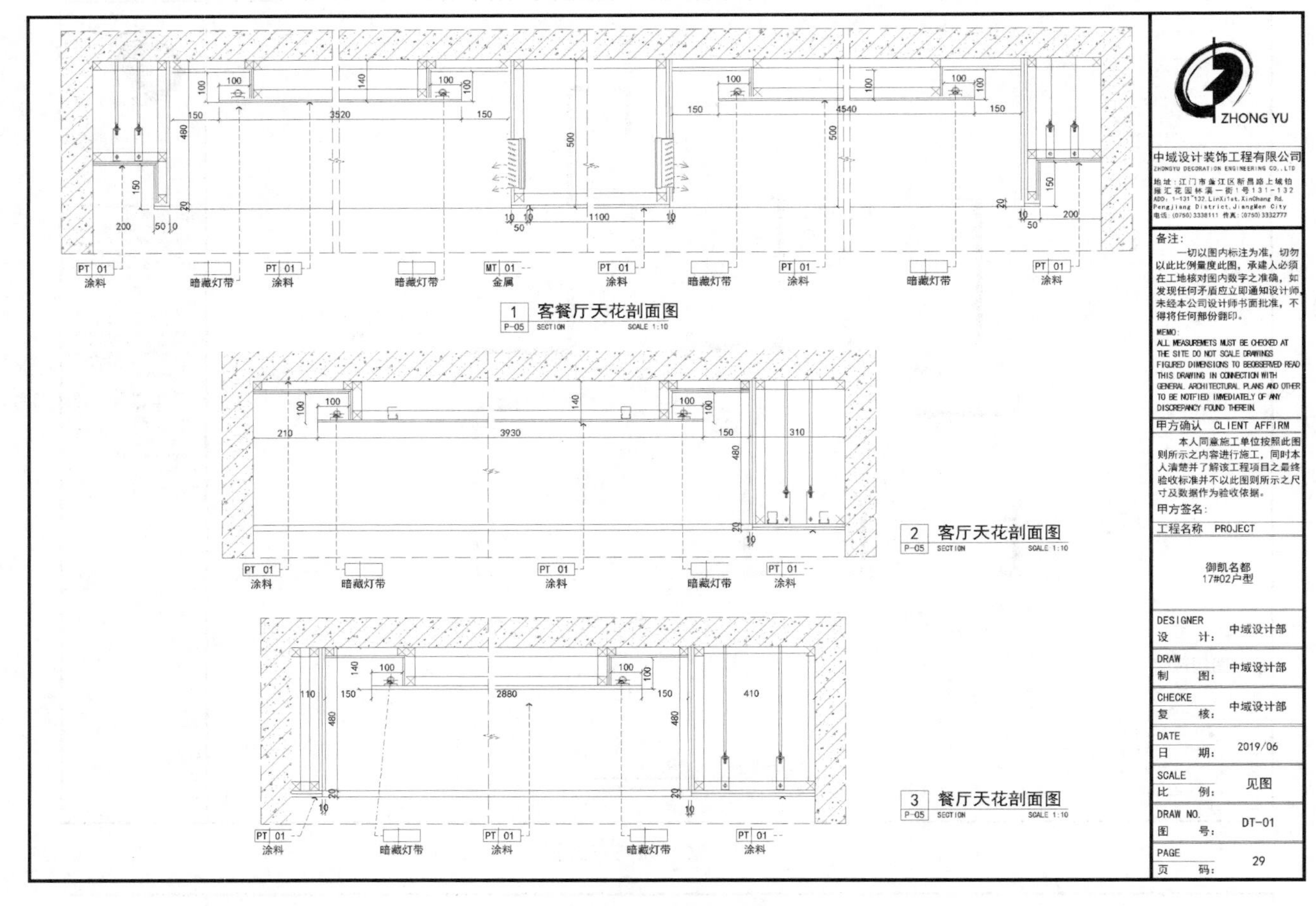

图 1-10　室内剖面图

4. 室内工程制图课程的学习方法

室内工程制图是一门理论与实践紧密结合的专业基础课程。我们在学习中要注意以下方面。

(1) 掌握工程制图的基本知识，包括制图标准和规范，严格按照标准和规范进行绘图训练。

(2) 熟悉电脑绘图的各种命令、方法和步骤，提高绘图的质量和效率。

(3) 培养严谨、细致的绘图习惯。工程图纸中的每一条线和符号都代表相应的工程内容，如有差错必将造成返工和浪费。因此，从初学工程制图开始，同学们就要严格要求自己，养成认真、负责的习惯和一丝不苟、精益求精的学习态度。

三、学习任务小结

通过本次学习，同学们学习了室内工程制图的基本概念和学习方法，了解了室内工程图纸的作用和分类。课后，同学们要多看、多想、多练习，培养严谨、认真、细致的习惯，逐步提高室内工程制图的绘制能力。

四、课后作业

收集一套完整的室内工程图纸，并进行分析。

学习任务二　室内工程图纸的目录和施工说明

教学目标

(1) 专业能力:了解室内工程图纸的封面、目录和施工说明。

(2) 社会能力:提高室内工程图纸的识别、整理和创新能力。

(3) 方法能力:工程图纸的识读、分析、总结能力。

学习目标

(1) 知识目标:了解室内工程图纸的目录和施工说明的撰写方式。

(2) 技能目标:能根据室内装修工程的要求撰写室内工程图纸的目录和施工说明。

(3) 素质目标:养成严谨、细致的学习习惯。

教学建议

1. 教师活动

教师进行知识点讲授和案例分析,引导学生掌握知识点。

2. 学生活动

认真听讲、主动思考、互助互评、积极沟通。

一、学习任务导入

室内工程图纸是否规范和系统，首先就要看图纸目录与施工说明是否规范与系统。通过图纸目录可以了解一套设计图纸的主要内容、名称和排列顺序，以及相关图纸所在的页码，方便进行快速查阅。室内工程图纸的施工说明主要阐述室内工程项目的施工工艺和施工材料。

二、学习任务讲解

1. 室内工程图纸封面

室内工程图纸封面一般包括装修公司商标、装修公司名称、工程项目名称、工程项目地址、工程项目负责人、联系电话等。见图 1-11 所示。

泷景花园XX期XX座XX先生雅居装饰施工图

TEL:0757-86811066

图 1-11　室内工程图纸封面

2. 室内工程图纸目录

室内工程图纸目录包含图纸序号、图纸名称、图号比例、图纸页码等内容。图纸的数量由工程的复杂程度和绘图的必要性决定。图纸的识读一定要前后参考。图 1-12 所示为某装饰工程施工图纸目录，包括序号、图号、图名、图纸内容、绘制日期与比例。

3. 工程施工说明

工程施工说明主要包括以下几个方面。

（1）工程名称。

（2）装修施工范围。

（3）防火要求。要根据国家要求在工程施工中采用阻燃性材料和难燃性材料。所有隐蔽木结构部分表面（包括木龙骨、基层板双面）必须涂刷防火漆。

（4）防潮防水。如墙、顶面造型部分，为防止潮气侵入引起木结构变形和腐蚀，所有隐蔽木结构部分表面（包括木龙骨、基层板双面）应涂刷防腐油漆一遍。厨房、卫生间墙、地面采用 SBS 防水涂料，防水距地高度为 500 mm，淋浴间为 1800 mm。

（5）防腐防锈。为防止钢构件腐蚀，所有钢结构表面涂刷红丹防锈漆两遍。

（6）吊顶装饰工程施工说明。包括各区域吊顶所用的施工工艺和装饰材料。例如客厅采用木龙骨纸面

项目名称		泷景花园XX期XX座XX号XX先生雅居装饰施工图			
序号	图号	图名	日期	比例	备注
01	P-01	原始结构图	2021.01	1:60	
02	P-02	平面布置图	2021.01	1:60	
03	P-03	拆墙体图	2021.01	1:60	
04	P-04	建墙体图	2021.01	1:60	
05	P-05	地面材质图	2021.01	1:60	
06	P-06	天花材质图	2021.01	1:60	
07	P-07	天花尺寸图	2021.01	1:60	
08	P-08	开关连线图	2021.01	1:60	
09	P-09	插座布置图	2021.01	1:60	
10	P-10	水路布置图	2021.01	1:60	
11	P-11	家具尺寸图	2021.01	1:60	
12	P-12	立面索引图	2021.01	1:60	
13	P-13	配电系统图	2021.01	1:30	
14	P-11	中厨布置图	2021.01	1:30	
15	P-12	西厨布置图	2021.01	1:30	
16	P-13	主卫布置图	2021.01	1:30	
17	P-14	客卫布置图	2021.01	1:30	
18	P-15	衣帽间布置图	2021.01	1:30	

图 1-12　某装饰工程施工图纸目录(局部)

石膏板吊顶,刷立邦白色乳胶漆。

(7) 地面装饰工程施工说明。包括各区域地面所用的施工工艺和装饰材料。例如客厅地面采用白色 800 mm×800 mm 玻化砖满铺;厨房、卫生间地面采用 300 mm×600 mm 深灰色防滑砖满铺。

(8) 墙面装饰工程施工说明。包括各区域墙面所用的施工工艺和装饰材料。例如客厅电视背景墙采用木龙骨框架,大芯板基层面贴深灰色亚麻布装饰。

(9) 灯具、五金配件说明。筒灯、定位射灯、吊灯等采用节能型灯具。五金配件尽量采用耐腐蚀的不锈钢件或铜件产品。

(10) 施工工艺说明。例如乳胶漆施工工艺要求,抹灰面、板材面做乳胶漆部分全部清油封底;抹灰面、板材面做乳胶漆,满批腻子两遍,部分或全部涂刷乳胶漆三遍。

三、学习任务小结

通过本次学习,同学们初步学习了室内工程图纸的目录和施工说明的主要内容和撰写方式。课后,同学们可以收集室内工程图纸的目录和施工说明,研究其编写规范和撰写技巧,为今后编写室内工程图纸目录和施工说明打好基础。

四、课后作业

为某室内工程案例编写一份图纸目录,并撰写一份简单的施工说明。

学习任务三　室内工程制图的要求和规范

教学目标

(1) 专业能力:了解室内工程制图的基本要求和规范。

(2) 社会能力:能根据室内工程制图的标准和规范识读工程图纸。

(3) 方法能力:工程图纸整理、归纳、总结、识别能力。

学习目标

(1) 知识目标:掌握工程图纸的图幅、图框、线型、文字、标高、索引符号、尺寸标注和轴线的绘制要求和规范。

(2) 技能目标:能根据室内工程制图的标准和规范识读和绘制工程图纸。

(3) 素质目标:培养严谨、认真的学习习惯。

教学建议

1. 教师活动

教师进行知识点讲授和图纸绘制示范,指导学生进行图纸绘制练习。

2. 学生活动

认真听讲、主动思考、互助互评、积极练习。

一、学习问题导入

工程图纸是工程施工的主要技术文件,也是工程界交流技术的共同语言。工程图纸的表达必须统一、规范,便于识读。工程图纸中图幅和图框大小、线型的粗细、字体的式样、尺寸的标注、材料图例的标识以及详图索引符号等具有统一的标准(即国家制图标准和规范)。

二、学习任务讲解

1. 学习要求

室内工程制图与建筑制图的原理是一致的,建筑制图是室内工程制图的基础。因此学习室内工程制图必须先学习建筑制图原理、方法和标准,再将其运用到室内工程制图中。

2. 图纸幅面规格

(1) 图纸规格。

图纸的幅面是指图纸的大小规格,简称图幅。一般以 A0 号图纸(841 mm×1189 mm)为图幅基准,通过对折共分为 5 种规格,见表 1-1 所示。为了使图纸整齐,便于装订和管理,图纸的大小规格应力求统一。

表 1-1 图纸基本幅面及图框尺寸

(单位:mm)

幅面代号	A0	A1	A2	A3	A4
B×L	841×1189	594×841	420×594	297×420	210×297
E	20		10		
C	10			5	
A	25				

B 为图幅短边尺寸,L 为图幅长边尺寸,A 为装订边尺寸,其余三边尺寸为 C。图纸以短边为垂直边称作横式,以短边为水平边称作立式。一般 A0～A3 图纸宜作横式使用。见图 1-13 所示。

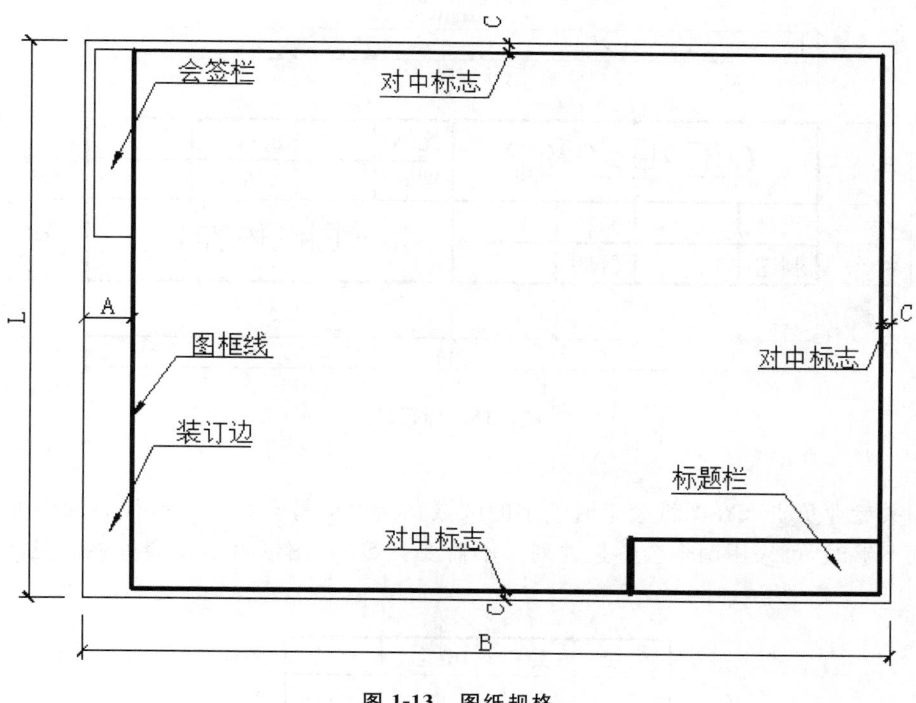

图 1-13 图纸规格

（2）图纸图框。

图框是指界定图纸内容的线框，以标志图纸中的绘图范围，具体尺寸见图 1-14 所示。图框用粗实线画出，图纸的图框和标题栏外框用粗线绘制。

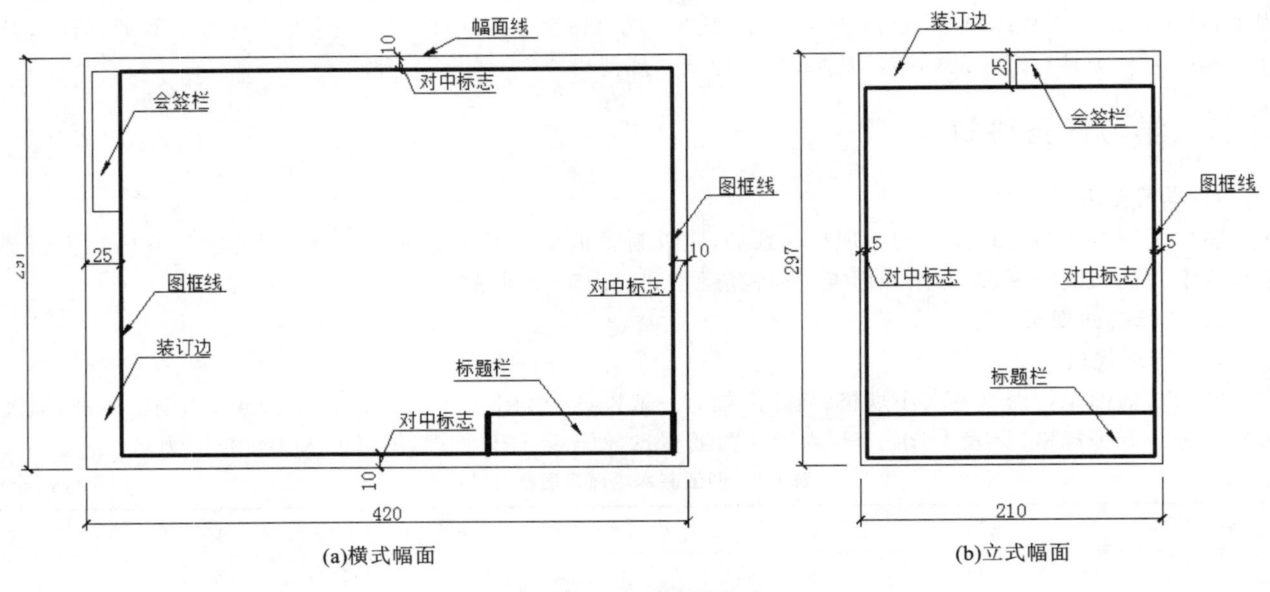

(a)横式幅面　　(b)立式幅面

图 1-14　图幅样式

（3）标题栏与会签栏。

①标题栏。

在工程制图中，为了方便读图及查询相关信息，规定每张图纸都应在图框的右下角设置标题栏，也称图标。标题栏应表示出工程项目的相关信息，其中包括工程名称、设计单位名称、工程号、图号、图纸内容等内容。见图 1-15 所示。

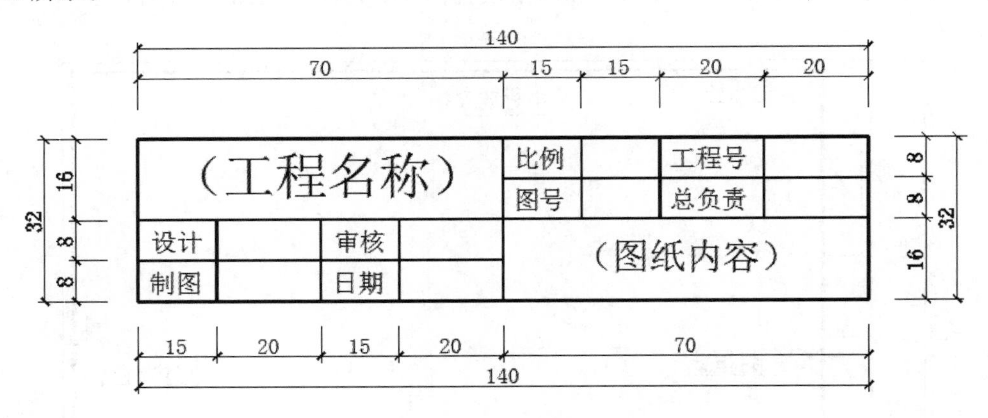

图 1-15　标题栏

②会签栏。

会签栏是相关专业负责人在图纸会审时签字的区域。栏内填写会签人员所代表的专业、姓名和签名日期。一个会签栏不够时，可采用两个会签栏并列。不需要会签的，图纸可不设会签栏。见图 1-16 和图 1-17 所示。

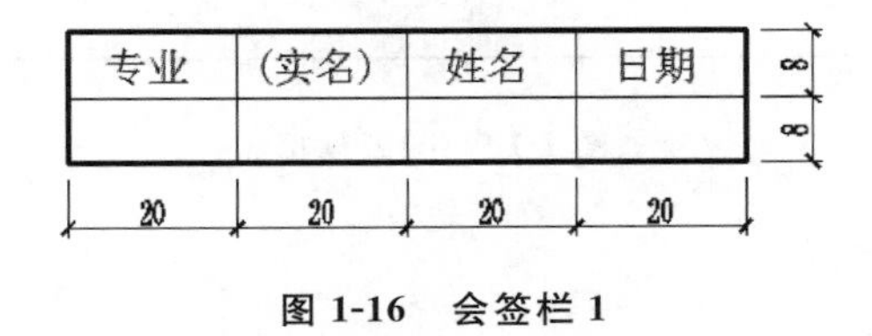

图 1-16　会签栏 1

专业	（实名）	姓名	日期	专业	（实名）	姓名	日期
建筑				电器			
结构				给排水			

20 20 20 20 20 20 20 20　8 8 8 24

图 1-17　会签栏 2

3. 文字

（1）文字（包括数字、符号的说明和注释）是工程图的重要组成部分，其作用是表明物体的位置、大小、颜色、规格以及施工技术和工艺说明等。

（2）美观的图纸线条和文字是清楚表达设计图纸的基本要求。

（3）图纸中的汉字宜采用长仿宋体。

（4）汉字的字高应不小于 3.5 mm。汉字的字高一般选用 3.5 mm、5 mm、7 mm、10 mm、14 mm、20 mm，手写汉字的字高一般不小于 5 mm。

（5）数字有阿拉伯数字和罗马数字，有时采用倾斜字体。

（6）字母有拉丁字母与希腊字母，字母与数字的字高不应小于 2.5 mm。

（7）当字母和数字跟汉字并列书写时，字母和数字高度比汉字高度小一至二号。

（8）长仿宋体字高与字宽见表 1-2 所示。

表 1-2　长仿宋体字高与字宽

字高	20	14	10	7	5	3.5
字宽	14	10	7	5	3.5	2.5

文字书写范例见图 1-18 所示。

14号 建筑装饰装修工程

10号 室内外装饰设计

7号 室内设计制图与识读

5号 A B C D E F G H J K L M N P Q R S T U V W X Y

3.5号 0 1 2 3 4 5 6 7 8 9 10

首层平面布置图1:100

图 1-18　文字书写范例

4. 线型和比例

（1）线型。

①工程图纸的线条称为图线，图线是构成图纸的基本元素。熟悉图线名称、线型、线宽以及用途，做到线条清晰准确、图线粗细分明，是工程制图的基本要求。

②装饰线型有实线、虚线、单点画线、双点画线、折断线、点线、云线等。实线、虚线分粗、中、细三种。图形不同内容用不同线型来表达。图线名称、线型、线宽和用途见表 1-3 所示。

表 1-3　图线名称、线型、线宽和用途

名　称	线　型	线　宽	用　途
粗实线		b	①平面图、剖面图中被剖切的主要建筑构造（包括构配件）的轮廓线。②建筑立面图或室内立面图的外轮廓线。③建筑构造详图中被剖切的主要构件轮廓线。④建筑构配件详图主要构件外轮廓线。⑤平面图、立面图、剖面图的剖切符号
中实线		0.5b	①平面图、剖面图中被剖切的次要建筑构造（包括构配件）的轮廓线。②建筑平面图、立面图、剖面图中建筑构配件轮廓线。③建筑构造详图及建筑构配件一般轮廓线
细实线		0.25b 0.5b	小于0.5b的图形线、尺寸线、尺寸界限、图例线、索引符号、标高符号、详图材料做法引出线
中虚线		0.25b	①建筑构配件不可见的轮廓线。②平面图中起重机（吊车）轮廓线。③拟扩建的建筑物轮廓线
细虚线		0.25b	图例线、小于0.5b的不可见轮廓线
粗点画线		b	起重机（吊车）轨道线
细点画线		0.25b	中心线、对称线、定位轴线
折断线		0.25b	不需画全的断开界线

（2）比例。

①建筑实体图形一般比图纸大，所以在制图时应将实体图形按照一定比例缩小绘制在图纸上。合适的比例能使图纸内容表达得清晰、准确和真实。

②图样比例是图形尺寸与图形所对应表达的实物尺寸之比。

③比例符号用“∶”表示，标在两值中间，数值应以阿拉伯数字表示，分子一般为1。

④比例1∶50表示图纸所画物体的尺寸为实物尺寸的1/50。1表示物体的图上距离，50表示物体实际距离，比值0.02就是比例的大小。

⑤比例的大小是指其比值的大小，如1∶100＝0.01；1∶200＝0.005。

⑥相同物体可用不同比例表示，不同比例表达同样的物体，其物体的实际尺寸不变。

⑦图样常用比例见表1-4所示。

表 1-4　图样常用比例

图　名	常用比例
平面图	1∶200、1∶100、1∶50
立面图	1∶100、1∶50、1∶30、1∶25、1∶20
大样图	1∶50、1∶30、1∶20、1∶10、1∶5、1∶2

5. 尺寸标注

（1）尺寸标注包括尺寸线、尺寸界限、尺寸起止符号、尺寸数字等要素。

(2) 尺寸线表示所注尺寸的度量方向和长度，不能用其他线代替，也不能重合。

(3) 尺寸线用细实线绘制，根据需要外部尺寸可以绘制一道、两道或三道尺寸线。

(4) 外围第一道尺寸线离建筑最外围图形的距离相等，三道尺寸线之间的距离相等。

(5) 尺寸界线用细实线表示，尺寸界线突出尺寸线的长度和起点偏移距离相等。

(6) 尺寸起止符号有箭头和 45°短画线两种，短画线用粗实线绘制，一般长 2～3 mm。

(7) 尺寸数字表示尺寸的大小，尺寸数字一般写在尺寸线的上方中间稍偏尺寸线位置。

(8) 尺寸标注是否标准、规范与美观，直接关系到图形绘制的标准、规范与美观。

尺寸标注见图 1-19～图 1-21 所示。

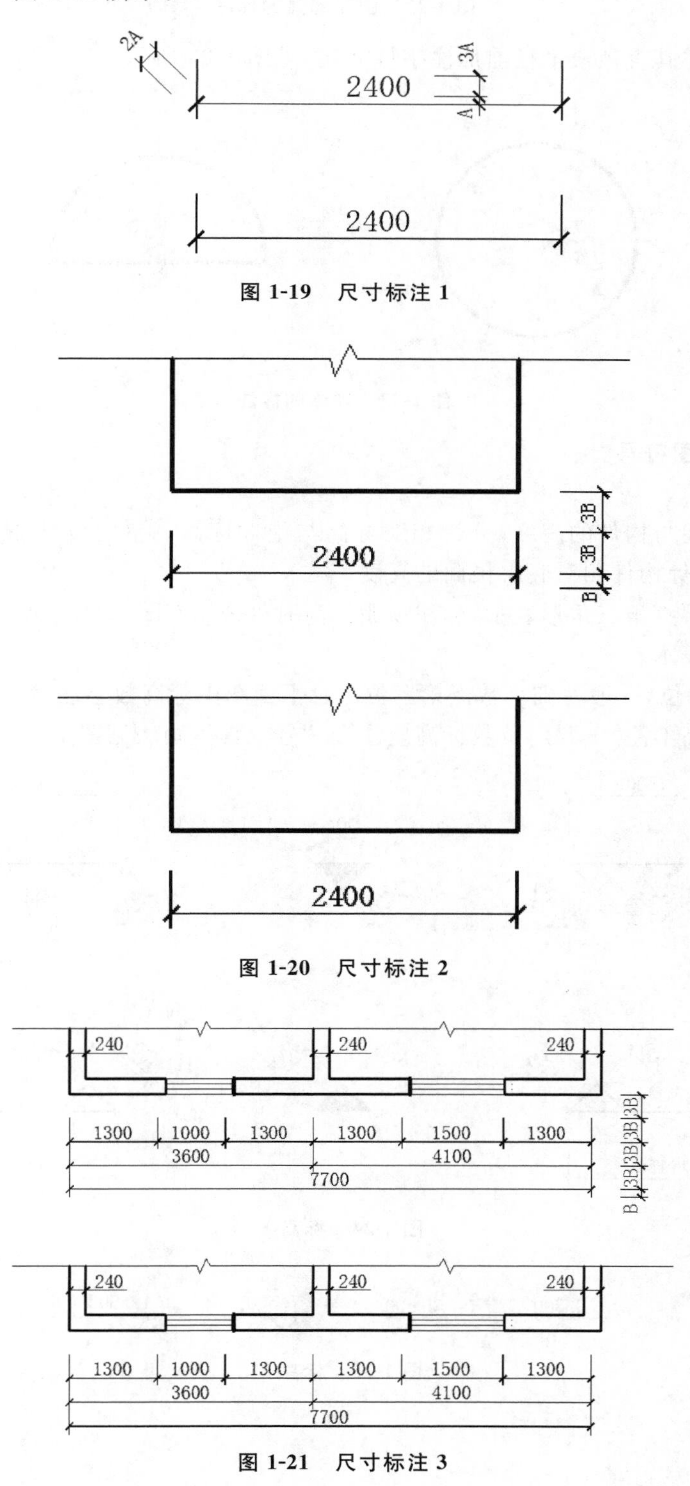

图 1-19　尺寸标注 1

图 1-20　尺寸标注 2

图 1-21　尺寸标注 3

圆及圆弧通常标注直径、半径、弧长和角度。标注直径时，应在直径数字前加注字母“ϕ”。标注半径时，应在半径数字前加注字母“R”。见图 1-22 所示。

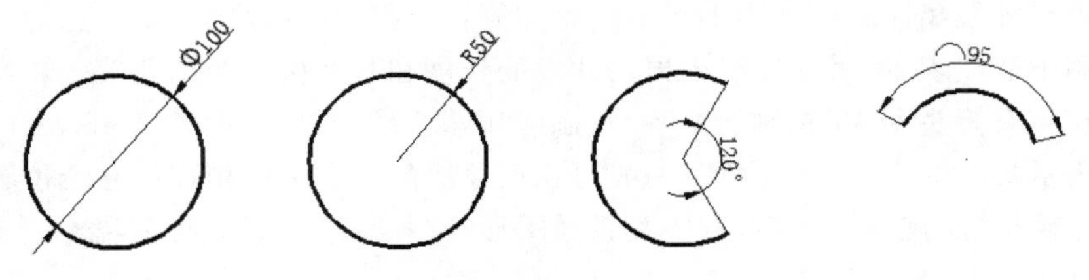

图 1-22　圆和圆弧的标注

球体的尺寸标注应在其直径或半径前加注字母“S”。见图 1-23 所示。

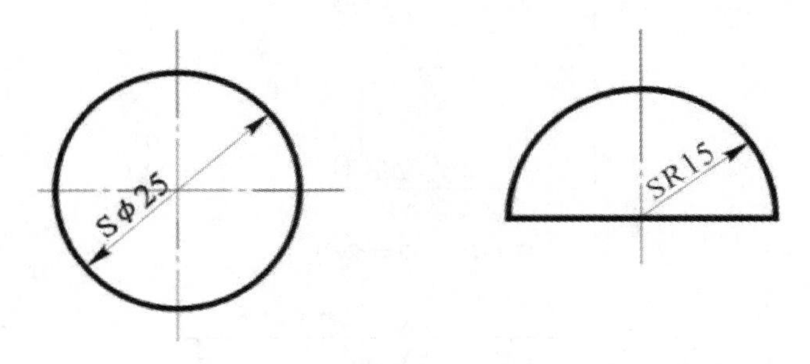

图 1-23　球体的标注

6. 室内设计各类制图符号

(1) 标高。

①标高表示建筑空间与构件的高度，分为相对标高与绝对标高。室内设计制图中一般用相对标高，表示楼面、顶棚、梁板、门窗等构件相对底层楼面的高度。

②标高符号采用等腰直角三角形表示，标注顶棚标高时可采用 CH 符号表示，在总平面图的室外地坪标高可采用涂黑的三角形表示。

③标高以米(m)为单位，一般写到小数点第三位。总平面图中标高数字注写到小数点后第二位，零点标高写成±0.000；正数标高不注“+”号，负数标高应注“－”号。具体画法见图 1-24 和图 1-25 所示。

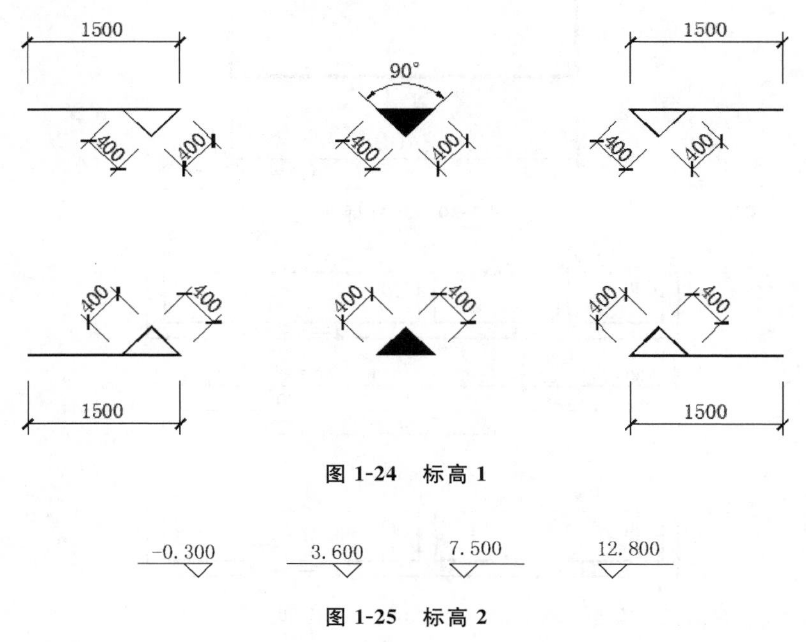

图 1-24　标高 1

图 1-25　标高 2

(2) 定位轴线。

①定位轴线确定了建筑物各承重构件的定位和布局,也是其他建筑构配件的尺寸基准线。画图时在轴线的端部用细实线画一个直径为 8～10 mm 的圆圈,并在其中注明编号。轴线编号注写的原则是:水平方向,由左至右用阿拉伯数字顺序注写;竖向方向,由下而上用拉丁字母注写,见图 1-26 所示。应注意,字母 I、O、Z 不得用作轴线编号。

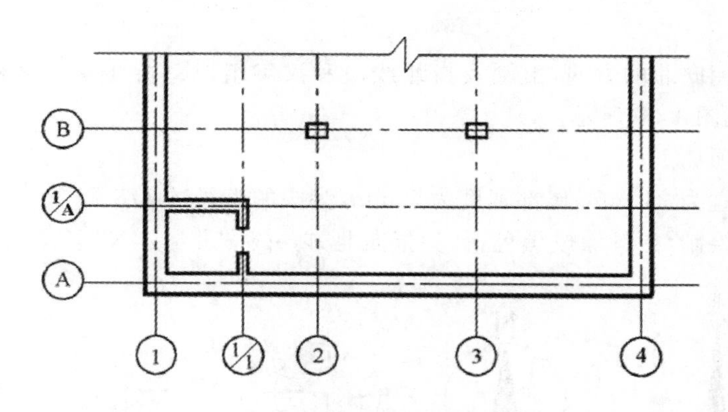

图 1-26　定位轴线符号与编号

②次要承重构件不在主要承重构件形成的轴线网上,这种构件的轴线编号用分数表示附加轴线,见图 1-27 所示。附加轴线编号中,分母表示主要承重构件编号,分子表示位于主轴线前或后的第几条附加轴线的编号。轴线之前的附加轴编号只用于 A 轴线和 1 轴线。

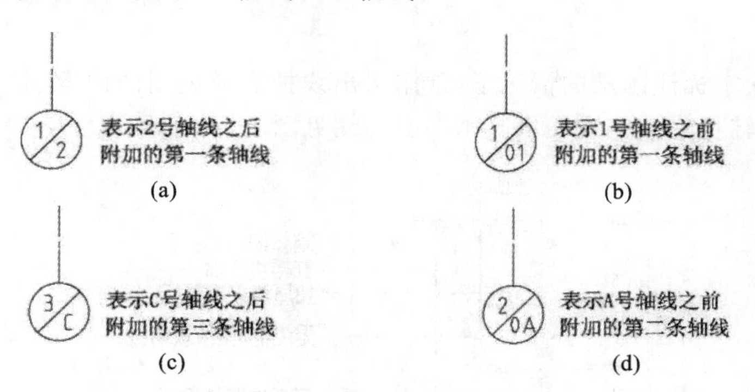

图 1-27　定位轴线符号与编号

(3) 索引符号和详图符号。

①对某些需要放大说明的部位,使用索引符号指明。放大后的详细图样用详图符号表明。索引符号与详图符号互相对应,便于查找与阅读。

②索引符号的编号画成直径为 10 mm 的细线圆,详图符号画成直径为 14 mm 的粗线圆。见图 1-28 和图 1-29 所示。

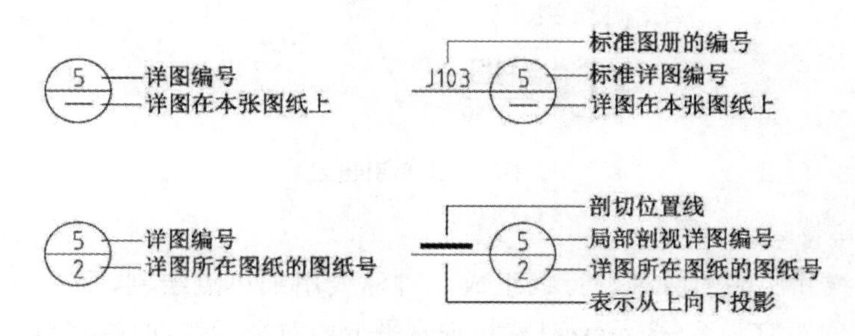

图 1-28　索引符号和详图符号画法 1

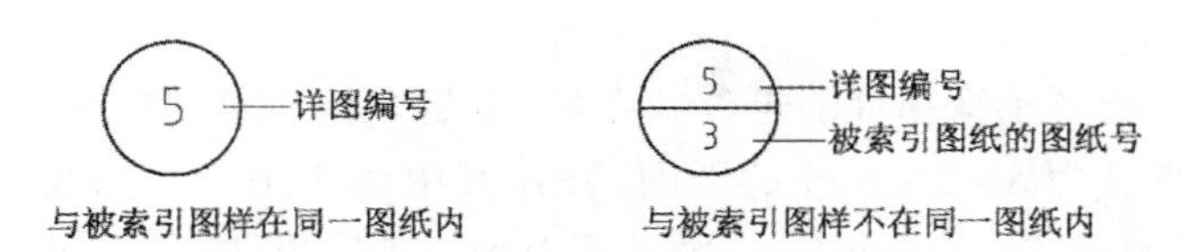

图 1-29　索引符号和详图符号画法 2

(4) 指北针。

指北针表示平面图朝向北的方向，由圆及指北线段和汉字组成。指北针有多种绘制方式，其中以第一种绘制方式使用最多，见图 1-30 所示。

绘制指北针注意事项如下。

①指北针外圆直径宜为 24 mm，尾部宽度为 3 mm，为圆的直径的 1/8。

②指北针用细实线绘制，指针涂成黑色，针尖指向北方，并注“北”或“N”字。

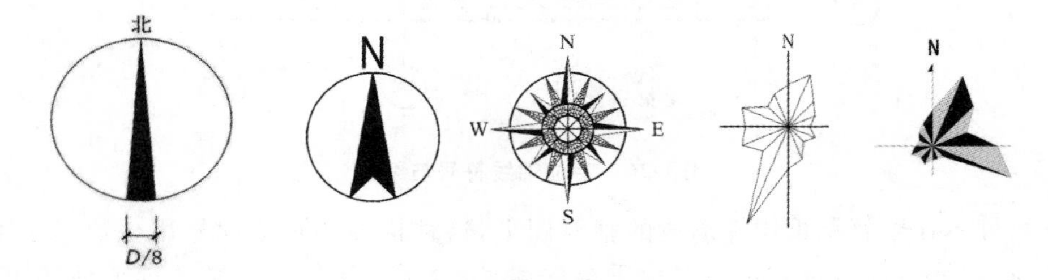

图 1-30　指北针

(5) 引出线。

室内设计施工图内文字标注困难的情况下，常用引出线把需要说明的内容引出注写在图样之外。引出线可用水平、垂直、倾斜、转折的细实线表示。水平引出线见图 1-31 所示。

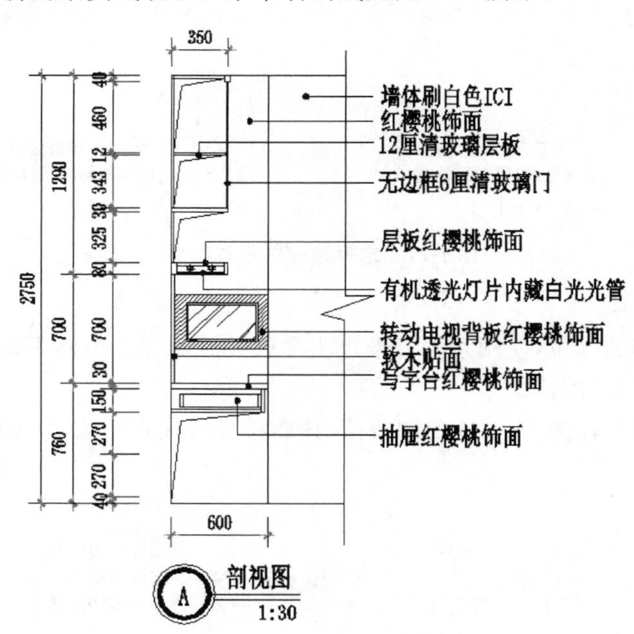

图 1-31　水平引出线

(6) 对称符号与连接符号。

①对称符号由对称线和两端的两对平行线组成。对称线用细单点绘制，平行线用细实线绘制，其长度宜为 6～10 mm，每对的间距宜为 2～3 mm；对称线垂直平分两对平行线，两端宜超出平行线 2～3 mm。

②连接符号应以折断线表示连接的部位。两部位相距过远时，折断线两端靠图样一侧应标注大写拉丁字母表示连接编号。两个被连接的图样使用相同的字母编号。见图 1-32 所示。

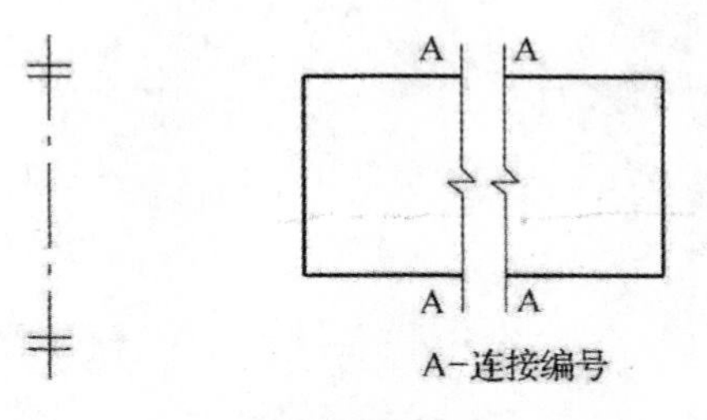

图 1-32　对称符号和连接符号

三、学习任务小结

通过本次任务的学习，同学们已经初步了解了工程图纸的制图标准和规范，对室内设计工程制图有了全面的认识。同学们课后要通过反复练习，将工程制图的要求和规范应用到图纸识读与绘制中，为图纸识读与绘制打下扎实基础。

四、课后作业

按照室内工程制图的制图标准和规范进行图纸识读与绘制练习。

学习任务四　室内工程制图的绘制工具与用品

教学目标

（1）专业能力：了解室内工程制图绘制所使用的工具与用品。

（2）社会能力：掌握工具的使用方法和技巧。

（3）方法能力：绘图工具的购买、使用、保管。

学习目标

（1）知识目标：了解室内工程制图的绘制工具特点和使用方法。

（2）技能目标：能熟练使用绘图工具。

（3）素质目标：能选择合适的绘图工具进行绘图。

教学建议

1. 教师活动

（1）教师准备绘图工具和用品，讲授绘图工具的使用方法。

（2）激发学生学习积极性、主动性，指导学生动手练习。

2. 学生活动

（1）认真听课，积极思考，参与讨论，掌握绘图工具的使用方法。

（2）购买绘图工具，为后续练习图形绘制做准备。

一、学习问题导入

对于初学者来说，要从手工绘制工程图纸开始进行绘图训练。手工绘制工程图纸可以让绘图者理解与掌握制图的标准和规范，为后期的电脑绘图打下扎实的基础。手工绘制室内工程图纸离不开绘图工具的选择和使用。

二、学习任务讲解

1. 图纸绘制工具及其用法

图纸绘制工具主要有图板、丁字尺，绘图三角板，绘图纸，铅笔，擦图片橡皮擦，绘图笔等。

（1）图板、丁字尺和三角板。

图板用于铺放图纸，表面要求平整光洁，图板的左侧为导边，必须平直顺滑平整。丁字尺用于绘制水平线或与三角板配套绘制垂直线。将丁字尺尺头内侧紧靠图板左侧导边，上下移动丁字尺，笔从左至右画水平线。将丁字尺紧靠图板左侧不动，三角板紧靠丁字尺上边左右移动，笔从下往上画垂直线。见图 1-33～图 1-35 所示。

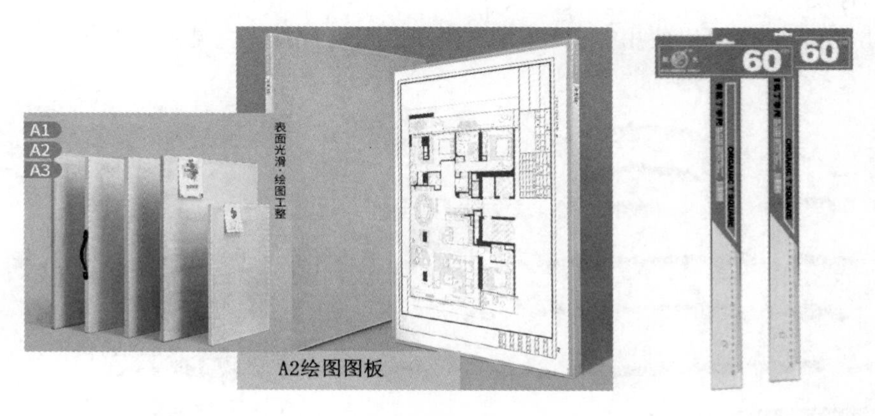

图 1-33　图板和丁字尺

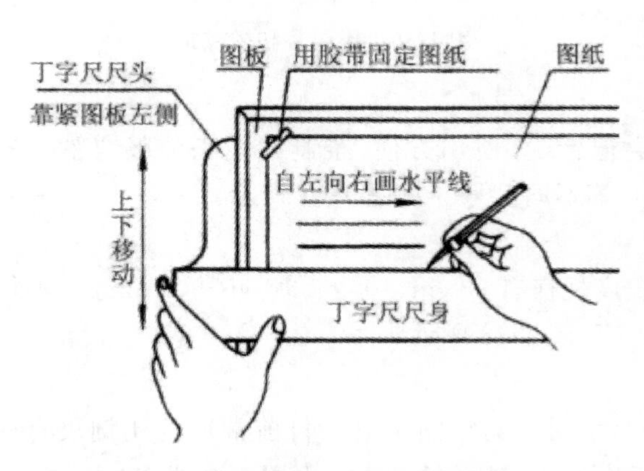

图 1-34　图板和丁字尺配合使用

（2）绘图纸。

绘图纸主要用于画铅笔图或墨线图，要求纸面洁白，质地厚实，用橡皮擦拭不起毛，适合铅笔、钢笔、签字笔等多种绘图工具绘图。常用的绘图纸为 150 克的 A3 绘图纸。

（3）绘图铅笔。

绘图铅笔分为木质铅笔和自动铅笔。木质铅笔的笔芯有软硬之分。笔芯越软，画的线就越深；反之，画的线就越淡。其中，HB 为中性铅笔，2H～6H 为硬性铅笔，2B～6B 为软性铅笔。自动铅笔的铅芯根据粗细可分为 0.3～0.8 不同型号，可根据绘图需要选择。木质铅笔可以选择国产的中华牌和德国生产的辉柏嘉牌

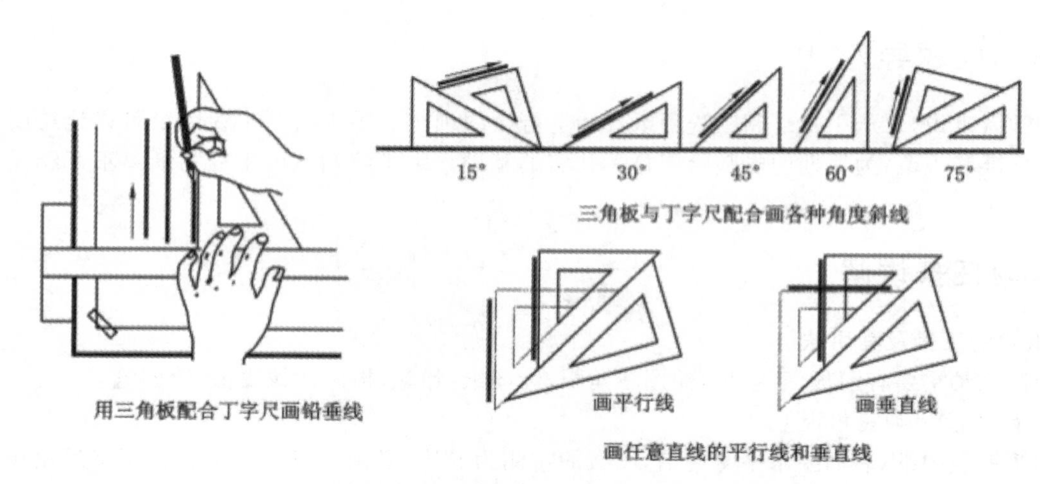

图 1-35 图板、丁字尺和三角板配合使用

铅笔。自动铅笔可以选择德国生产的红环自动铅笔。

（4）擦图片和橡皮擦。

当绘制图纸出现错误时，可以使用擦图片、橡皮擦和小刀进行修改。见图 1-36 所示。

图 1-36 擦图片和橡皮擦

（5）绘图笔。

绘图笔又叫针管笔，其笔尖似针尖，使用方便，绘制的线条流畅自然，细致耐看。针管笔有 0.1、0.2、0.3、0.4、0.5、0.6、0.7、0.8、1.0 等不同型号。见图 1-37 所示。

（6）直尺和平行尺。

直尺主要用于绘制直线，长度规格有 30 cm、40 cm、60 cm、80 cm 等。平行尺是画工程图纸常用的工具，其移动方便，精度高，使用顺畅。见图 1-38 所示。

（7）比例尺。

比例尺是直接用来放大或缩小图形的绘图工具。目前常用的比例尺有两种：一种是三棱柱体比例尺，上面有六种不同比例，一般用于度量相应比例的尺寸，不用于画线；另一种是有机玻璃直尺，有多比例刻度，又称扇形比例尺。见图 1-39 所示。

（8）圆规与分规。

圆规主要用来画圆或者画圆弧，分规主要用来等分线段或量取尺寸。圆规一般配有三种插腿，即铅笔插腿、直线笔插腿、钢针插腿（代替分规用）。在圆规上接上延伸杆，可用来画半径更大的圆或圆弧。使用圆规时要注意使钢针和插腿均垂直于图纸面。见图 1-40 所示。

（9）制图模板。

为了提高工程制图的质量和速度，可以把图样上常用的图例、符号、比例等刻画在有机玻璃的薄板上，这就是制图模板。常用的有建筑模板、家具模板、字体模板等。见图 1-41 所示。

图 1-37　绘图笔

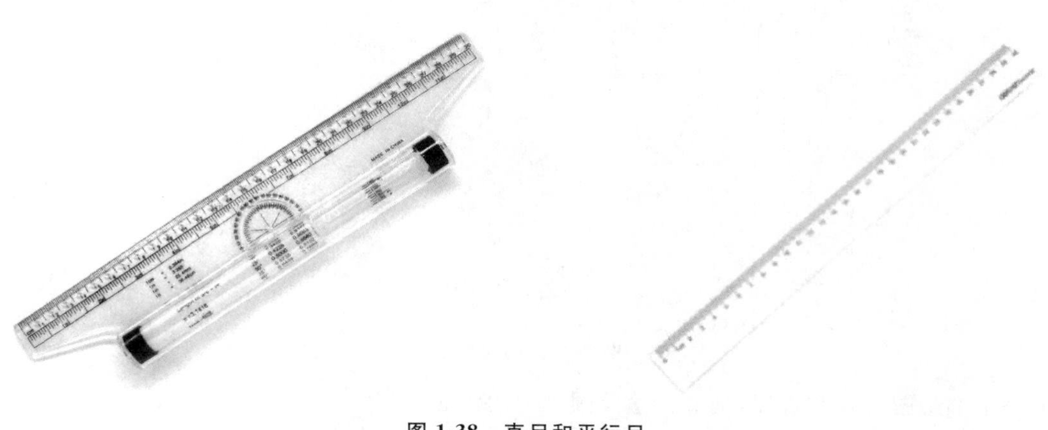

图 1-38　直尺和平行尺

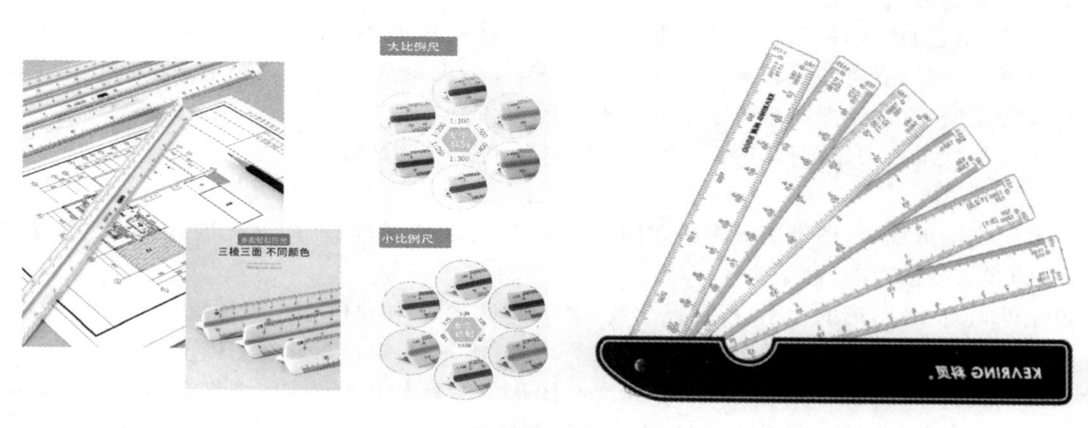

图 1-39　比例尺

2．工程制图的绘制步骤

（1）准备工作。

①准备绘图桌和绘图板，不宜对窗安置绘图桌，尽量使光线从图板的侧面射入，以免纸面反光而影响视觉感受。

②将需要使用的绘图工具按照顺序放在绘图桌内，这样不占据绘图桌面，避免妨碍制图工作。

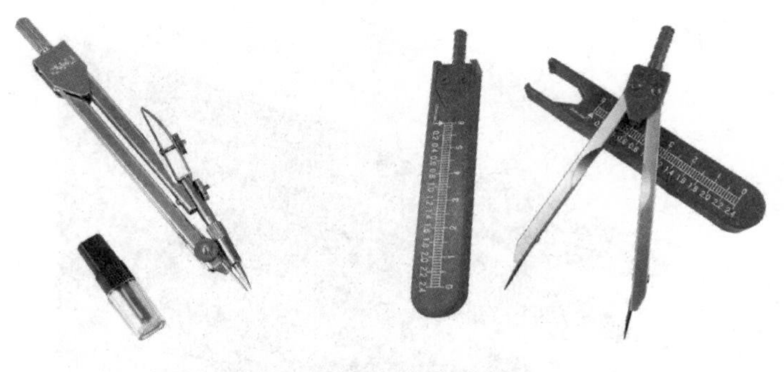

图 1-40　圆规和分规

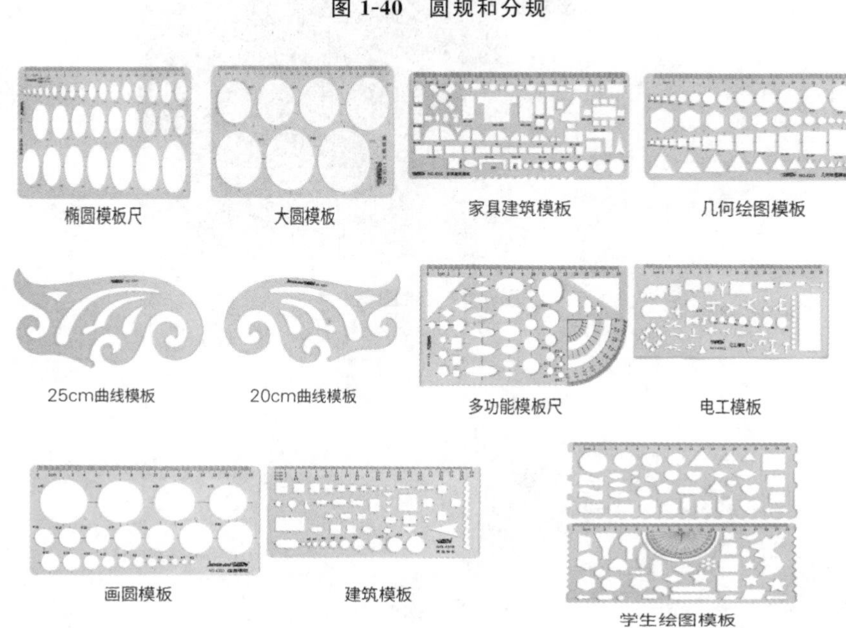

图 1-41　制图模板

③擦干净全部绘图工具和仪器，削好铅笔及圆规上的铅芯。

④为保持图面整洁，画图前应洗手。

⑤固定图纸，用透明胶贴住图纸的四个角进行固定。将图纸的正面向上贴于图板上，并且用丁字尺进行校正。当图纸较小时，应将图纸布置在图板的左下方，注意图纸底边距离图板下边的距离要略大于丁字尺或平行直尺的宽度，方便绘图时放置丁字尺或平行尺。

⑥用丁字尺和三角板确定图框、图标、会签栏位置，绘制图框、图标、会签栏。

（2）绘制图纸底稿。

①用铅笔绘制图纸底稿，图纸底稿是整幅图纸绘制的基础，要准确、严谨。底稿宜用自动铅笔或 HB 铅笔绘制，底稿的线条要细而淡，便于修改。

②确定比例，预估各图形的大小，预估尺寸线、文字说明、图名和比例标注等位置。

③将图形、尺寸线、文字说明、图名和比例标注等均匀、整齐、美观地布置在图纸上。

④绘制图纸底稿，首先画轴线或中心线，其次画图形的主要轮廓线，然后画细部。图纸底稿基本完成后，再画尺寸标注和索引符号。图纸的图名、文字说明和比例标注一般不在底稿中画出，待加深或上墨线时再全部画出。需要画墨线的底稿，在线条的交接处可画出交接线，以便清楚辨别墨线的起止位置。

（3）画墨线。

①首先应根据线型的宽度，选择好针管笔的号数，并在与图纸相同的纸片上试画，待确定后再在图纸上描线。如果要改变线型宽度，应重新选择针管笔的号数，并必须经过试画，确定后才能在图纸上描线。

②图纸画线应先画细线，再画中线，最后画粗线。图纸应一次性画完相同型号线宽的墨线，避免由于经常调整针管笔的号数而使相同型号的线条粗细不一致。

③画同一线宽的线条应先画水平线，再画垂直线，最后画斜线或曲线。同时，要按照先长后短的顺序进行绘制。

④如果需要修改墨线，可以等墨线干透后，在图纸下面垫上三角板，用锋利的薄型刀片轻轻刮除，再用橡皮擦去掉污垢，待错误线或墨污全部擦干净后，再画正确的图线。用橡皮擦时要配合擦图板，并向一个方向擦，以免擦破图纸。

（4）画标注、书写文字说明。

先标注图形内部尺寸，绘制图形内部的符号，注明内部文字说明。再标注图形外部尺寸，注意尺寸线标注的规范，做到统一和美观。完成图名、比例的书写，绘制图名下画线，完善标题栏和会签栏。

三、学习任务小结

通过本次学习，同学们了解了专业制图工具的名称、种类、规格、要求、选购要点和使用注意事项。课后请每位同学按照要求购买绘图工具，为后续的工程图纸绘制做好准备。

四、课后作业

购置绘图工具，并进行练习。

项目二　工程制图的投影与实训

学习任务一　工程制图的投影分类

学习任务二　工程制图的投影规则

学习任务三　点、线、面的投影与实训

学习任务四　组合体的投影与实训

学习任务一　工程制图的投影分类

教学目标

（1）专业能力：了解和掌握工程制图的投影概念和投影分类。

（2）社会能力：通过教师讲授、课堂师生问答、小组讨论，培养交流能力。

（3）方法能力：学以致用，加强实践，通过不断学习和实际操作，掌握工程制图投影的基本知识及各种投影法的绘制方法。

学习目标

（1）知识目标：理解和掌握工程制图投影的基本知识。

（2）技能目标：厘清工程制图投影的分类，能陈述各种投影法的特点，能够正确绘制出各种投影法的投影图。

（3）素质目标：自主学习、一丝不苟、细致观察、举一反三，理论与实操相结合，提升专业兴趣，提高学生严谨的工作态度。

教学建议

1. 教师活动

（1）教师前期收集各种投影法的图片和视频等资料，并运用多媒体课件、教学视频等多种教学手段，提高学生对工程制图投影的直观认识。

（2）知识点讲授和应用案例分析应深入浅出、通俗易懂。

（3）引导课堂师生问答，互动分析知识点，引导课堂小组讨论。

2. 学生活动

（1）认真听课、看课件、看视频；记录问题，积极思考问题，与教师良性互动，解决问题；总结，做笔记、写步骤、举一反三。

（2）细致观察、学以致用，积极进行小组间的交流和讨论。

一、学习问题导入

今天我们一起来学习投影的相关知识。大家平时有没有仔细观察过影子呢？我们看到在太阳光照射下，房子、树木、电线杆等物体在地面上形成影子，这是自然的投影现象，见图 2-1 所示。但这些影子只能反映出形体的轮廓，表达不出空间形体的真实尺寸。而投影是模拟各表面轮廓线受光线照射的结果，它是由线组成的。投影是能反映空间形体内部形状的图形，见图 2-2 所示。

图 2-1 影子

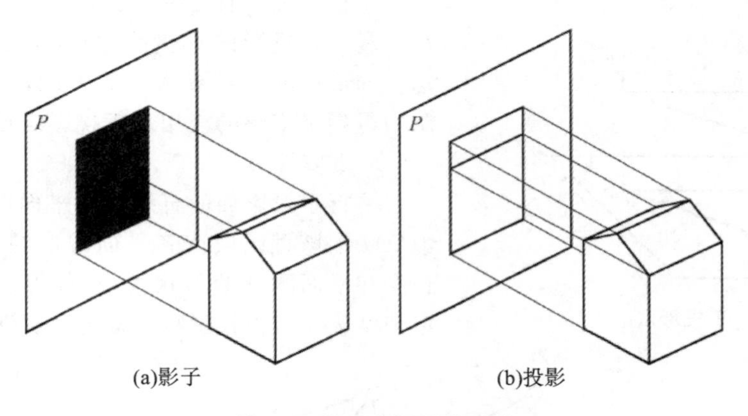

(a)影子　(b)投影

图 2-2 影子和投影的区别

影子和投影的区别是：影子只能反映出物体形体的轮廓，而不能表达形体的形状；投影不仅能反映出形体的轮廓，而且还可以表达形体的形状。

二、学习任务讲解

1. 投影法

投影法是指在一定的投射条件下，在承影平面上获得与空间几何形体一一对应的图形的过程。见图2-3所示，由投射中心 S 作出空间$\triangle ABC$ 在承影平面 P 上的$\triangle abc$ 的过程：经过投射中心 S 分别作投射线 SA、SB、SC 与承影平面 P 相交，得到点 a、b、c，连接 a、b、c，则$\triangle abc$ 就是空间$\triangle ABC$ 在承影平面 P 上与之对应的图形。我们称这种获得图形的方法为投影法，称所获得的图形为投影，称获得投影的承影平面为投影面。

产生投影时必须具备三个基本要素，即投射线、投影面和被投影的物体。

2. 投影分类

根据投影三个要素的相互变化，投影方法可分为中心投影法、平行投影法两类。

（1）中心投影法。

由中心点 S 发出放射状的投影线所产生的投影，称为中心投影，这种方法称为中心投影法。见图 2-4

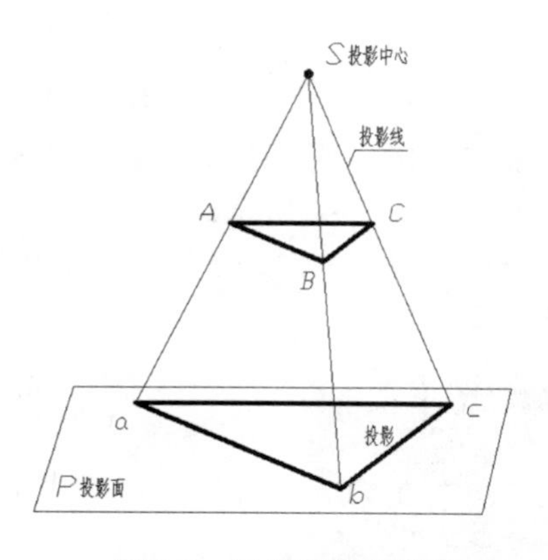

图 2-3　投影法基本概念

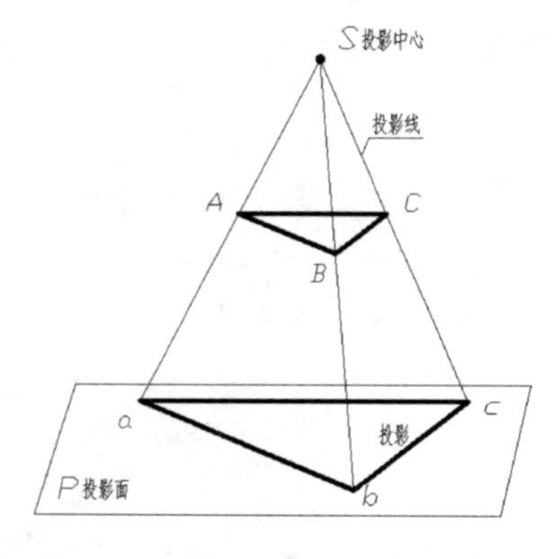

图 2-4　中心投影法

所示。

这种投影法不能真实地反映物体的大小和形状，不适用于绘制表达形体图样，但其立体感比较强，适用于绘制表达形体的透视图。

（2）平行投影法。

平行投影即投影线按一定的投影方向平行投射，所作出的投影。这种方法称为平行投影法。平行投影法根据投影线与投影面的角度不同，又分为正投影法和斜投影法。斜投影法的投射方向倾斜于投影面；正投影法的投射方向垂直于投影面。

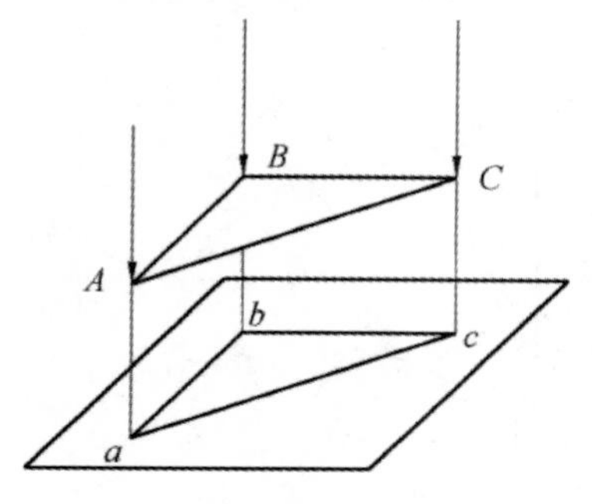

图 2-5　正投影法

①正投影法有三种投影特性，即真实性、积聚性和类似性。利用正投影的真实性的特点，正投影图像能真实地表达空间形体的形状和大小。因此，它在室内工程图纸的绘制中得到了广泛的应用。正投影法见图 2-5 所示。

a. 真实性。

平行于投影面的直线段或平面图形在该投影面上的投影反映了该直线段或者平面图形的实长或实形，即线段的长度和平面图形的形状大小，都可以直接从其平行投影确定和度量。这种投影特性称为真实性。见图 2-6 所示。

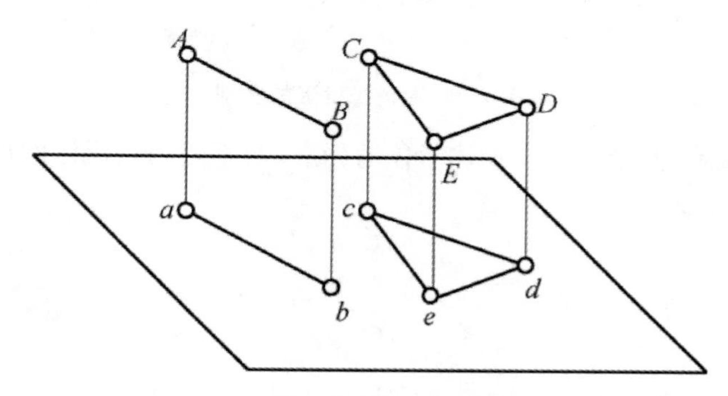

图 2-6　正投影的真实性

b. 积聚性。

垂直于投影面的直线段或平面图形，在该投影面上的投影积聚成为一点或一条直线，这种投影特性称为积聚性。见图 2-7 所示。

c. 类似性。

倾斜于投影面的直线段在该投影面上的投影长度变短，或平面图形在该投影面上呈一个比真实图形小，但形状相似、边数相等的图形，这种投影特性称为类似性。见图 2-8 所示。

②斜投影法。投射线与投影面倾斜的平行投影法称为斜投影法，见图 2-9 所示。斜投影法一般用于轴

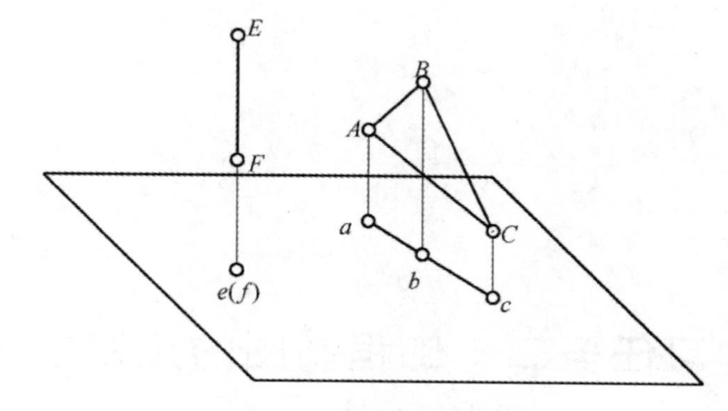

图 2-7　正投影的积聚性

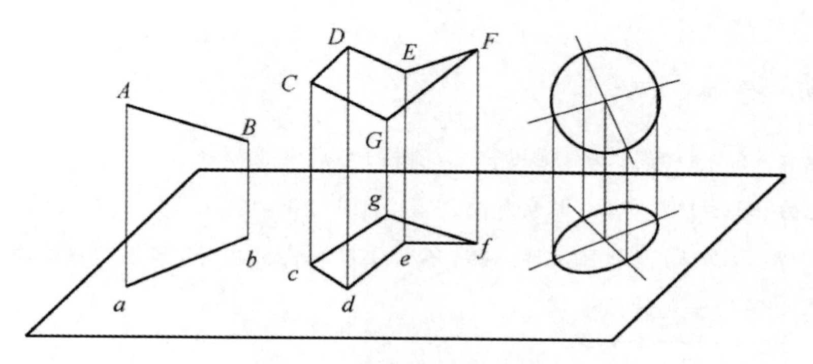

图 2-8　正投影的类似性

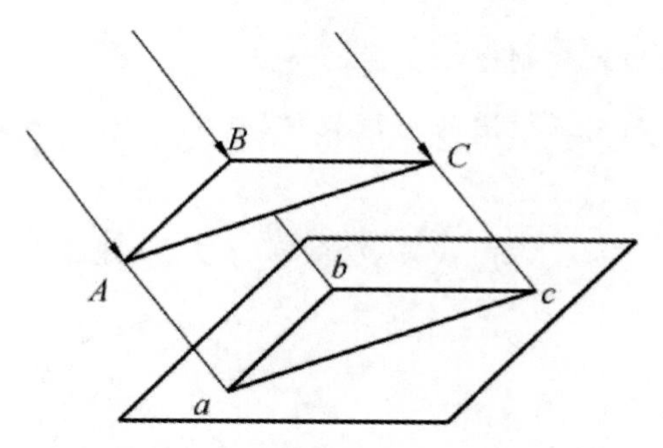

图 2-9　斜投影法

测图的绘制，能表现出物体的立体形象和尺寸。

三、学习任务小结

通过本次学习，同学们已经初步了解工程制图投影法的概念、分类和用途，对各种投影法有了全面的认识。室内工程图纸是依据投影原理而形成的，绘制工程图纸的基本方法是投影法，同学们课后要练习绘制投影图，为今后深入学习室内工程制图奠定良好的基础。

四、课后作业

(1) 借用笔，体会线正投影真实性、积聚性和类似性的特点，开展线的投影实训。

(2) 借用作业本，体会面正投影真实性、积聚性、类似性的特点，开展面的投影实训。

学习任务二　工程制图的投影规则

教学目标

(1) 专业能力：了解和掌握工程制图中三视图的形成和投影规律。

(2) 社会能力：通过教师讲授、课堂师生问答、小组讨论，培养交流能力。

(3) 方法能力：学以致用，加强实践，通过不断学习和实际操作，掌握工程制图中三视图的基本知识和几何体三视图的绘制方法。

学习目标

(1) 知识目标：理解和掌握工程制图三视图的特点。

(2) 技能目标：厘清工程制图三视图的形成规律，并能陈述三视图的特点，能够正确绘制出各种几何体的三视图。

(3) 素质目标：自主学习、一丝不苟、细致观察、举一反三，理论与实操相结合。

教学建议

1. 教师活动

(1) 教师前期收集三视图的图片和视频等资料，并运用多媒体课件、教学视频等多种教学手段，提高学生对三视图投影的直观认识。

(2) 知识点讲授和应用案例分析应深入浅出、通俗易懂。

(3) 引导课堂师生问答，互动分析知识点，引导课堂小组讨论。

2. 学生活动

(1) 认真听课、看课件、看视频；记录问题，积极思考，与教师良性互动，解决问题；总结，做笔记、写步骤、举一反三。

(2) 细致观察、学以致用，积极进行小组间的交流和讨论。

一、学习问题导入

各位同学，今天我们一起来学习三视图。为什么空间形体需要三面投影来确认呢？这三面投影是指哪三面投影呢？见图 2-10 所示，三个不同形状的物体，在同一投影面上的投影却是相同的。这说明在正投影法中，物体的一个视图不能反映出其真实形态。因此，要正确反映物体的完整形状，通常需要三个投影，在工程制图中称为三视图。

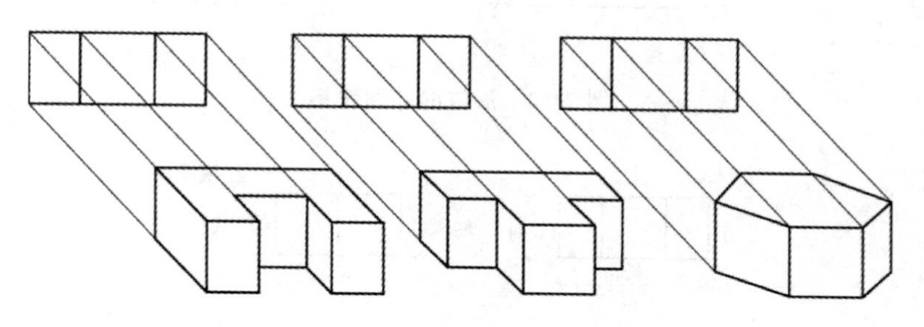

图 2-10　单面投影相同的物体

二、学习任务讲解

1. 三视图的形成

见图 2-11 所示，通常把 V、H、W 三个两两垂直的投影面所构成的空间称为三投影面体系，V 面为正立投影面，简称正立面；H 面为水平投影面，简称水平面；W 面为侧立投影面，简称侧立面。与之相对应的三面投影分别为 V 面投影(或正面投影)、H 面投影(或水平投影)、W 面投影(或侧面投影)。三个投影面垂直相交，得到三条投影轴 OX、OY 和 OZ。OX 轴表示物体的长度；OY 轴表示物体的宽度；OZ 轴表示物体的高度。三个轴相交于原点 O。

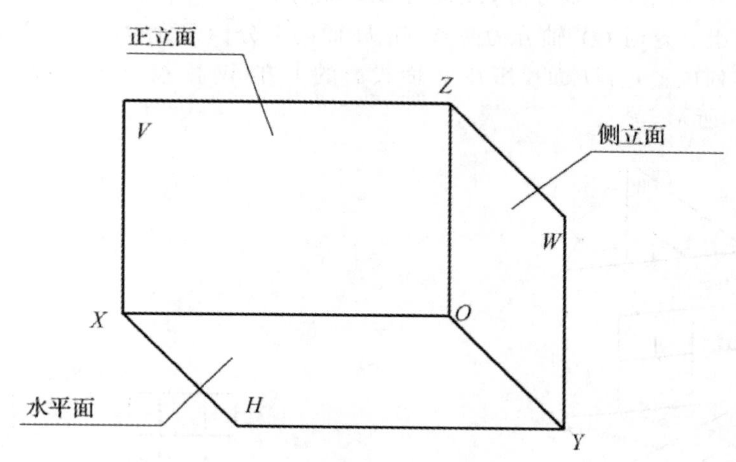

图 2-11　三面投影体系

见图 2-12 所示，在三面投影体系中放置一个形体，使形体的三个主要表面分别平行于三个投影面(形体的底面平行于 H 面，形体的前、后端面平行于 V 面，形体的左、右端面平行于 W 面)，然后将形体向各个投影面进行投影，即可得到三个方向的正投影图，称为三视图。

三视图说明如下。

(1) 主视图：又称正立面图，即从形体的前方向后方投射，在 V 面上得到的视图。

(2) 俯视图：又称平面图，即从形体的上方向下方投射，在 H 面上得到的视图。

(3) 左视图：又称侧立面图，即从形体的左方向右方投射，在 W 面上得到的视图。

通过图 2-13 观察三视图中形体位置的对应关系。

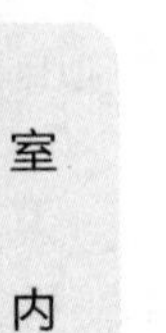

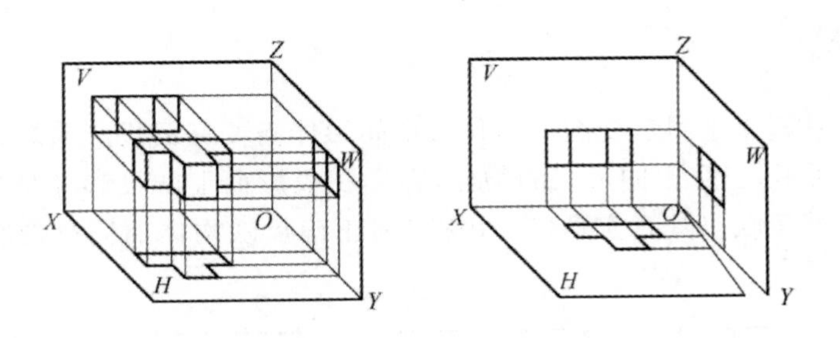

图 2-12　形体的三面投影

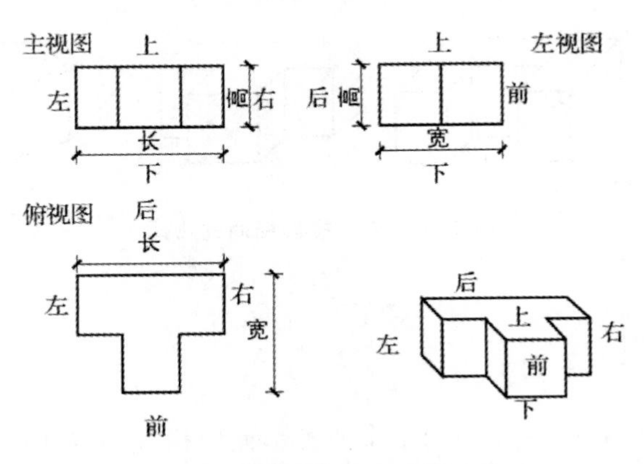

图 2-13　形体的三视图及对应关系

2. 三视图的展开及其规律

要把三个视图画在一张图纸上，就必须把三个投影面按规则展开成一个平面，其方法见图 2-14 所示。V 面保持不动，将 H 面与 W 面沿 OY 轴分开，H 面绕 OX 轴向下旋转 90°，W 面绕 OZ 轴向右旋转 90°，使三个投影面展开在同一平面上。这时 OY 轴分为两条，随 H 面的部分标记为 OY_H，随 W 面的部分标记为 OY_W。

展开后三视图的排列位置是：H 面投影在 V 面投影的下方，W 面投影在 V 投影的右方，三个视图位置不发生改变。见图 2-15 所示。

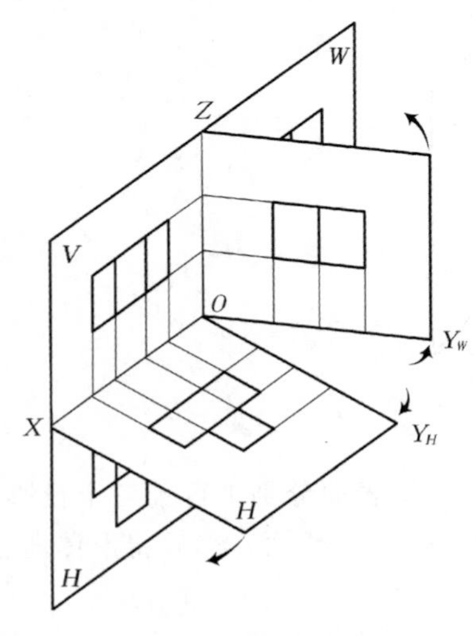

图 2-14　三面投影的展开

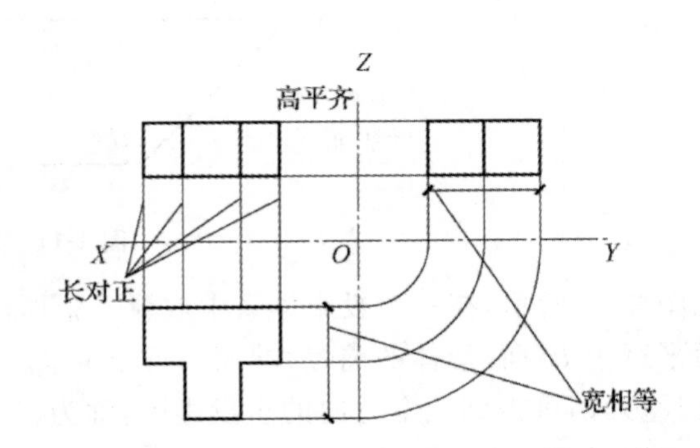

图 2-15　三面投影的“三等”关系

从图 2-14 和图 2-15 看出，每个视图都表示形体的四个方位和两个方向。

V 面投影反映了形体上下、左右的相互关系，即形体的高度和长度。

H 面投影反映了形体左右、前后的相互关系，即形体的长度和宽度。

W 面投影反映了形体上下、前后的相互关系，即形体的高度和宽度。

注意：H 面投影和 W 面投影中，远离面投影的一边是形体的前面，靠近 V 面投影的是形体的后面。

三视图的投影规律为：

H 面投影和 V 面投影长对正；

W 面投影和 V 面投影高平齐；

H 面投影和 W 面投影宽相等。

3. 几何体的三视图

家具、室内装饰造型，都是由各种简单的几何体按一定的方式组合而成的。分析几何体三视图，可以深入了解三视图的特性和绘图方法，为绘制复杂的室内装饰设计工程图打好基础。

(1) 棱锥体的三视图。

棱锥体的特点是底面为多边形，侧棱为三角形，侧棱都交于一点。四棱锥体由五个面围成，底面平行于 H 面，左右侧面均为三角形，四侧棱相交于一点。把其置于三投影面体系中，使底面平行于 H 面，左右侧面垂直于 V 面，前后侧面垂直于 W 面，见图 2-16(a)所示。画图时，一般先画反映棱锥体底面实形的特征投影，然后再根据投影关系和锥高画出其他投影，四棱锥体的三视图见图 2-16(b)所示。

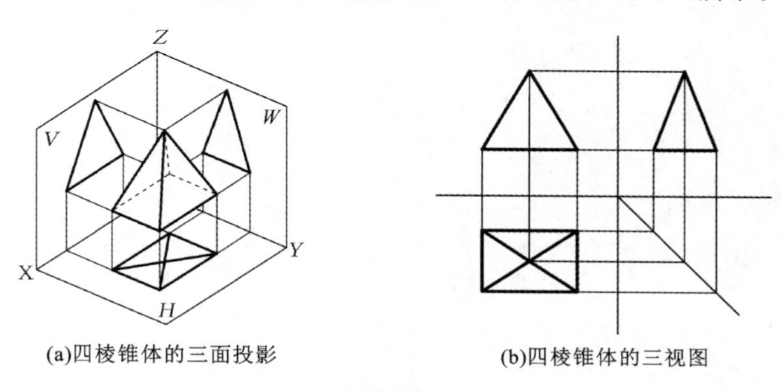

(a)四棱锥体的三面投影　　(b)四棱锥体的三视图

图 2-16　棱锥体三视图

(2) 圆柱体的三视图。

圆柱体是曲面立体图形，其形体特点是由三个面围成，其中一个是柱面，两个底面是平行且全等的圆，轴线与底面垂直并通过圆心，柱面上的竖线与轴线平行。画圆柱体的三视图时，应先画出轴线，再画反映底面实形的特征投影图，而后根据投影关系和柱高画出其他投影。圆柱体的三面投影见图 2-17(a)所示，圆柱体的三视图见图 2-17(b)所示。

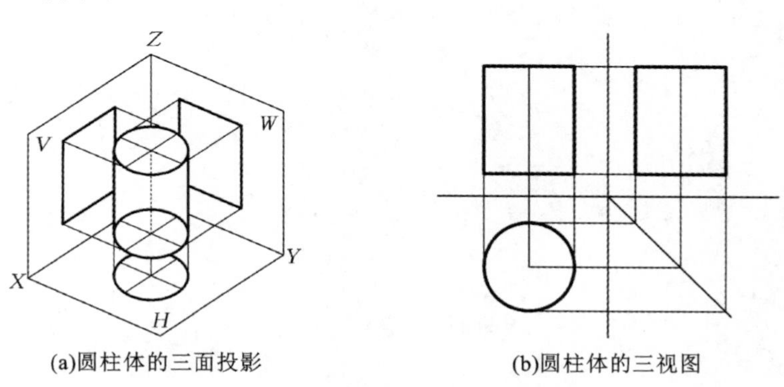

(a)圆柱体的三面投影　　(b)圆柱体的三视图

图 2-17　圆柱体三视图

三、学习任务小结

通过本次学习，同学们对工程制图的三视图的概念和规律有了比较清晰的了解。有了这些理论知识作为支撑，将为后续课程的学习奠定良好的基础。课后，同学们要尝试运用三面投影的规则绘制各种几何体的三视图，加强实操练习，提高自身的专业水平。

四、课后作业

（1）借用三面投影模型，体会圆柱体、棱锥体正投影长对正、高平齐、宽相等的投影特点，开展圆柱体、棱锥体的正投影实训。

（2）参考图 2-16 和图 2-17，开展圆柱体、棱锥体等几何体正投影图的绘制实训。

学习任务三　点、线、面的投影与实训

教学目标

(1) 专业能力：了解和掌握工程制图中的点、线、面投影的特性。

(2) 社会能力：通过教师讲授、课堂师生问答、小组讨论，培养交流能力。

(3) 方法能力：学以致用，加强实践，通过不断学习和实际操作，掌握点、线、面投影的基本知识及点、线、面投影图的绘制方法。

学习目标

(1) 知识目标：能够理解和掌握点的三面投影规律在作图中的应用，会判断空间点的相对位置；理解和掌握各种直线的投影特性及其作图方法，会判断直线的相对位置；理解和掌握各种平面的投影特性及其作图方法，会判断点、直线是否在平面上。

(2) 技能目标：能够厘清点、线、面投影的特性，并能描述点、线、面投影的特性以及能够正确绘制出点的三面投影图、各种位置直线和平面的三面投影图。

(3) 素质目标：自主学习、一丝不苟、细致观察、举一反三，理论与实操相结合。

教学建议

1. 教师活动

(1) 教师前期收集点、线、面投影的图片和视频等资料，并运用多媒体课件、教学视频等多种教学手段，提高学生对点、线、面投影的直观认识。

(2) 进行知识点讲授和应用案例分析。

(3) 引导课堂师生问答，互动分析知识点，引导课堂小组讨论。

2. 学生活动

(1) 认真听课、看课件、看视频；记录问题，积极思考，与教师良性互动，解决问题；总结，做笔记、写步骤、举一反三。

(2) 细致观察、学以致用，积极进行小组间的交流和讨论。

一、学习问题导入

各位同学，大家好，今天我们一起来学习点、线、面的投影。点、线、面是所有空间形体的构成要素。室内设计工程平面图、立面图、剖面图等均是由多个面组成的，而面是由多条线组合而成的，线又是由无数个点组成的，所以分析点、线、面的投影规律是研究空间形体的前提。点是形体最基本的要素，是定位的依据。点的投影是线、面、体投影的基础。

二、学习任务讲解

1. 点的三面投影及其规律

将空间点 A 放置在三面投影体系中，将点 A 分别向 3 个投影面投影，其投影线与投影面的交点分别是：a 为点 A 在 H 面的投影，称为水平投影；a' 为点 A 在 V 面的投影，称为正面投影；a'' 为点 A 在 W 面的投影，称为侧面投影。在投影中，规定空间点用大写字母表示，点的投影用相应的小写字母表示，见图 2-18(a)所示。

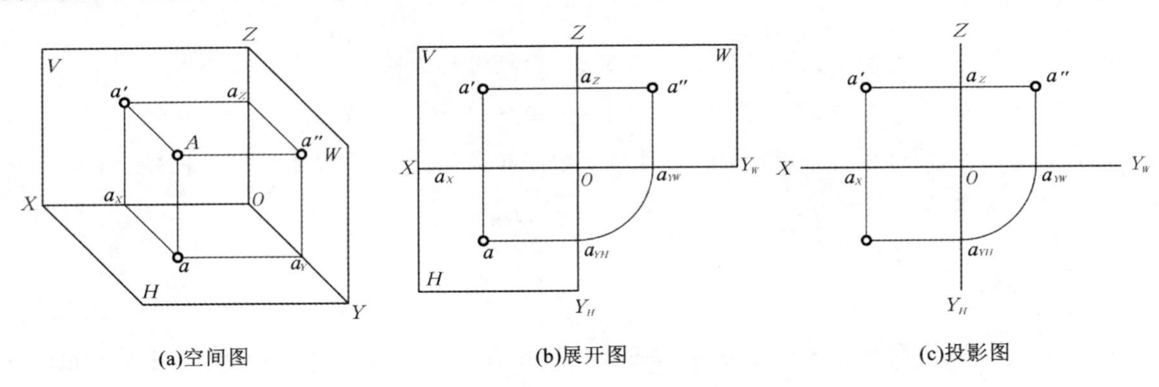

图 2-18　点的三面正投影

(1) 点的三面投影特性。

由正投影性质得知，图 2-18(a)中 $Aa \perp H$ 面，$Aa' \perp V$ 面，所以平面 $Aa'a_Xa$ 是矩形，且垂直于 V 面和 H 面，也必垂直于 V 面和 H 面的交线 OX 轴，那么 $a'a_X \perp OX$，$aa_X \perp OX$。当三投影面展开后，点 A 的 a 和 a' 的连线必垂直于 OX 轴，即 $a'a \perp OX$，见图 2-18(b)所示。

同理，点 A 的 a' 和 a'' 的连线必垂直于 OZ 轴，即 $a'a'' \perp OZ$。

由图 2-18(a)可知，平面 Aaa_Ya'' 垂直于 OY 轴，所以 $aa_X = Aa' = a_YO = a''a_Z$，即 $aa_X = a''a_Z$。

点的三面投影的实质是过点分别向三个投影面作垂线的垂足。点的投影规律如下。

①点的水平投影与正面投影的连线垂直于 OX 轴。

②点的正面投影和侧面投影的连线垂直于 OZ 轴。点的水平投影到 OX 轴的距离等于侧面投影到 OZ 轴的距离。

③点到某投影面的距离等于其在另两个投影面上的投影到相应投影轴的距离。

根据以上点的投影特性可知，点的每两个投影之间都存在一定的联系。因此，只要给出一点的任意两面投影，便可以求出其第三面投影。

案例一：已知 A 点的 H 面投影 a 和 V 面投影 a'，求 A 点的 W 面投影 a''。见图 2-19(a)所示。

分析：由点的投影规律可知 $a'a \perp OX$，且 $aa_X = a''a_Z$。

作图步骤如下。

a. 过 a' 引 OZ 轴的垂线 $a'a_Z$。

b. 在 $a'a_Z$ 的延长线上截取 $a''a_Z = aa_X$，则 a'' 即为所求，见图 2-19(b)所示。也可按图 2-19(c)作法求出。

2. 直线的三面投影

(1) 直线的投影为直线或点。

由图 2-20 可知，已知直线 AB，过直线上各点向 H 面所作的投影线形成一个平面，它与 H 面的交线 ab

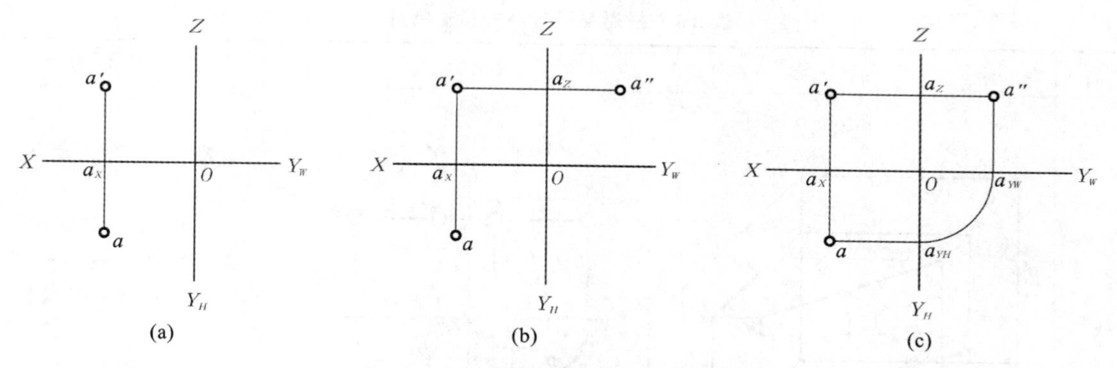

图 2-19　已知点的两面投影求第三面投影

即为直线 AB 在 H 面上的投影。空间直线的投影可由直线上的两端点的投影来确定。只要作出直线两端点的投影，连接同面投影即为直线 AB 的投影。当直线 DE 垂直于 H 面时，投影积聚为一点。

作直线 AB 的三面投影图。可分别作出 A、B 两点的三面投影 (a, a', a'')，(b, b', b'')，然后连接其同面投影 ab，$a'b'$，$a''b''$ 即得直线 AB 的三面投影图，见图 2-21 所示。

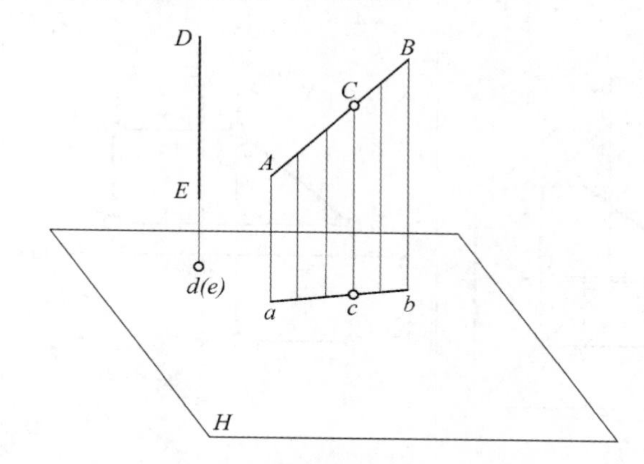

图 2-20　直线的投影

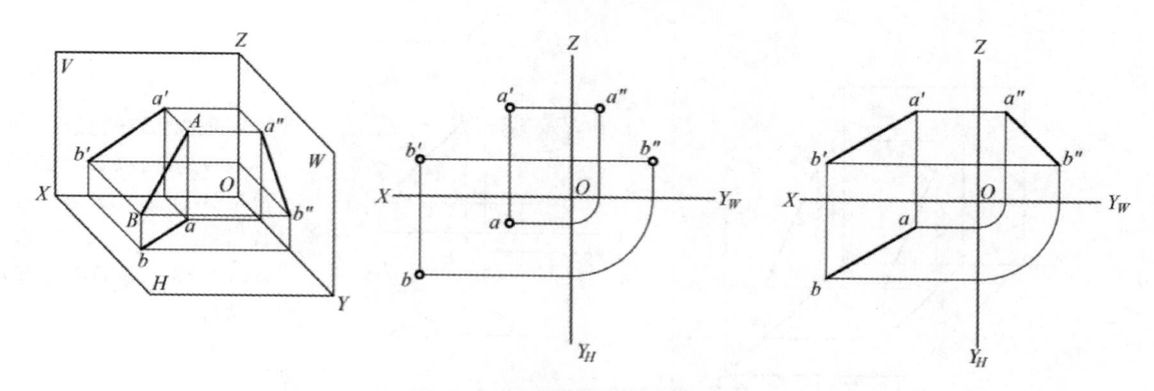

图 2-21　直线三面投影图的画法

(2) 各种位置直线的投影特性。

在三面投影体系中，按直线对投影面的相对位置可分为 3 类，即直线平行于投影面、直线垂直于投影面、一般位置直线。前两类又称为特殊位置直线。

投影面平行线即与某一个投影面平行的直线。与 H 面平行的直线，称为水平线；与 V 面平行的直线，称为正平线；与 W 面平行的直线，称为侧平线。

投影面平行线的投影特性见表 2-1 所示。

表 2-1　投影面平行线的投影特性

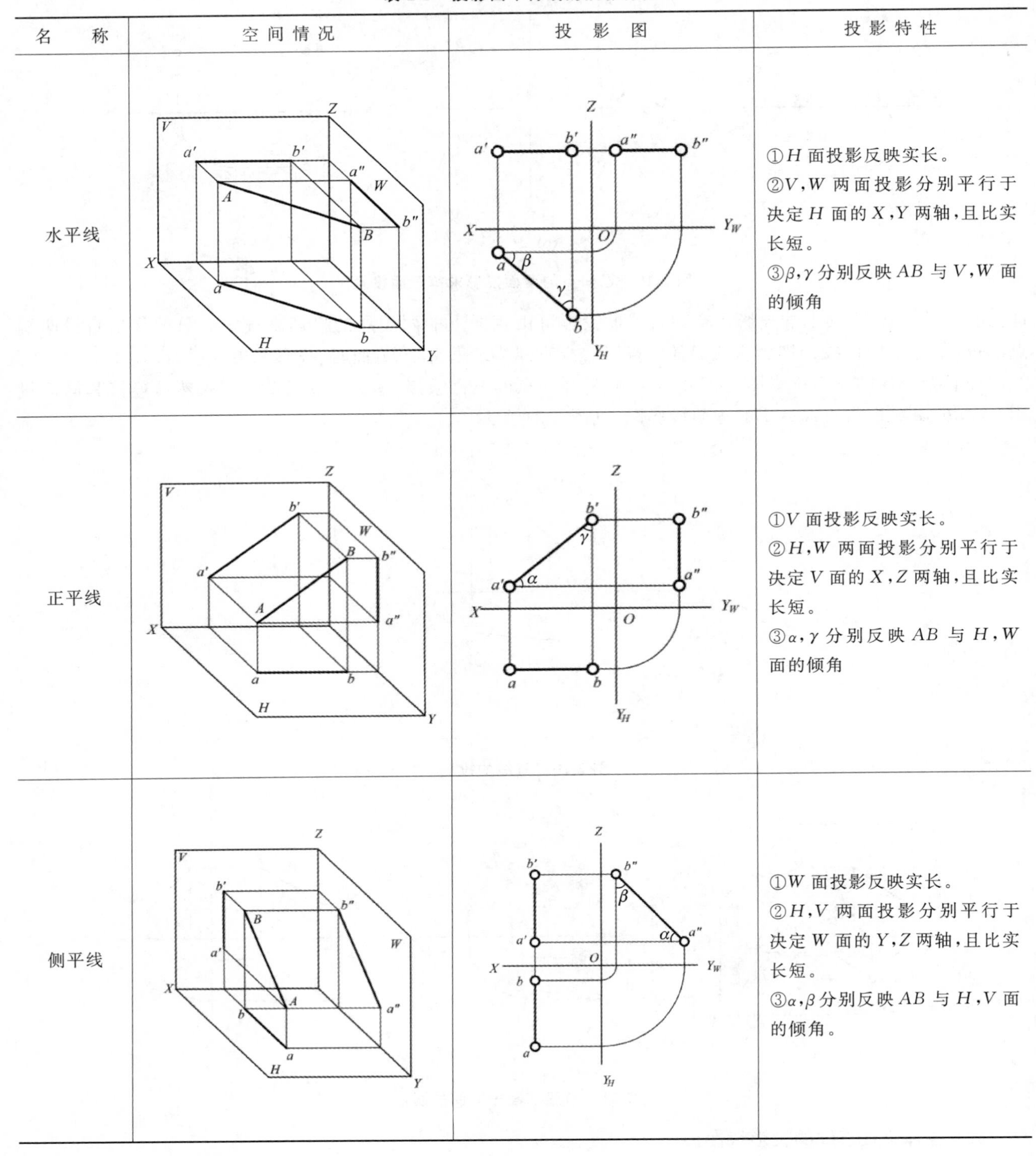

名　称	空间情况	投影图	投影特性
水平线			①H 面投影反映实长。 ②V,W 两面投影分别平行于决定 H 面的 X,Y 两轴,且比实长短。 ③β,γ 分别反映 AB 与 V,W 面的倾角
正平线			①V 面投影反映实长。 ②H,W 两面投影分别平行于决定 V 面的 X,Z 两轴,且比实长短。 ③α,γ 分别反映 AB 与 H,W 面的倾角
侧平线			①W 面投影反映实长。 ②H,V 两面投影分别平行于决定 W 面的 Y,Z 两轴,且比实长短。 ③α,β 分别反映 AB 与 H,V 面的倾角。

投影面平行线的投影特性如下。

①直线在与其平行的投影面上的投影,反映线段的实长;该投影面与相应投影轴的夹角反映直线与另外两个投影面的倾角。

②直线其他投影均平行于相应的投影轴,但不反映线段的实长,均小于实长。

只与某一投影面垂直的直线,统称为投影面垂直线。与 H 面垂直的直线,称为铅垂线;与 V 面垂直的直线,称为正垂线;与 W 面垂直的直线,称为侧垂线。

投影面垂直线的投影特性见表 2-2 所示。

表 2-2　投影面垂直线的投影特性

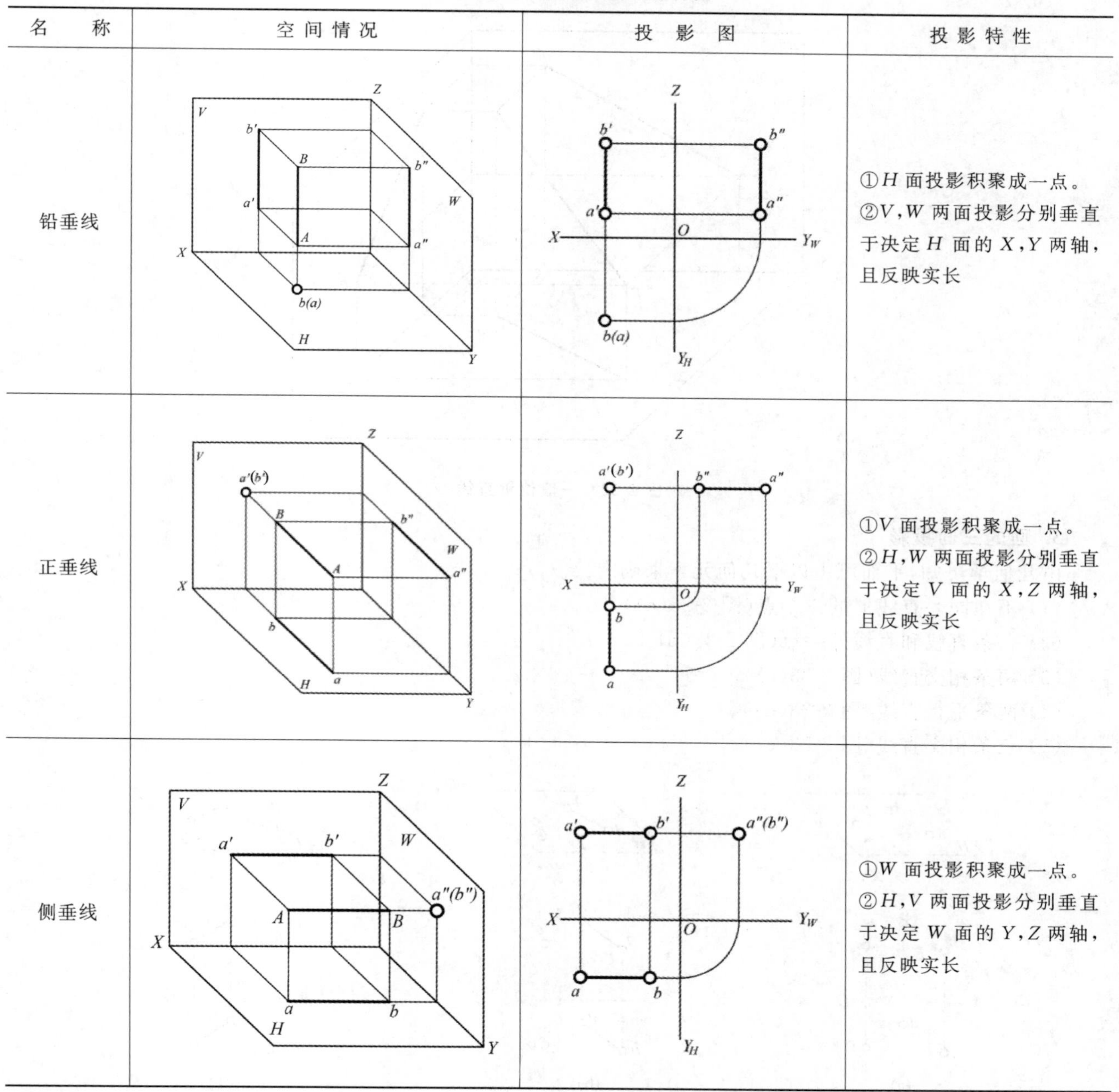

名　称	空间情况	投影图	投影特性
铅垂线			①H 面投影积聚成一点。 ②V,W 两面投影分别垂直于决定 H 面的 X,Y 两轴，且反映实长
正垂线			①V 面投影积聚成一点。 ②H,W 两面投影分别垂直于决定 V 面的 X,Z 两轴，且反映实长
侧垂线			①W 面投影积聚成一点。 ②H,V 两面投影分别垂直于决定 W 面的 Y,Z 两轴，且反映实长

投影面垂直线的投影特性如下。

①直线在与其垂直的投影面上的投影积聚成一点。

②其他两投影均垂直于相应的投影轴，且反映线段的实长。

与三个投影面均处于倾斜位置的直线，统称为一般位置直线。因此，线段的各投影均短于实长，且无积聚性。直线各投影与投影轴都处于倾斜位置，而且它们与投影轴的夹角不反映空间直线对任何投影面的倾角，如图 2-22 所示的直线 AB，它的三面投影 ab,$a'b'$,$a''b''$ 与各投影轴既无垂直关系，也无平行关系，故 AB 为一般位置直线。

一般位置直线的投影特性如下。

①一般位置直线在三个投影面上的投影均倾斜于投影轴。

②一般位置直线的投影与三个投影轴的夹角均不反映空间直线对投影面的倾角。

③一般位置直线的投影长度均小于实长。

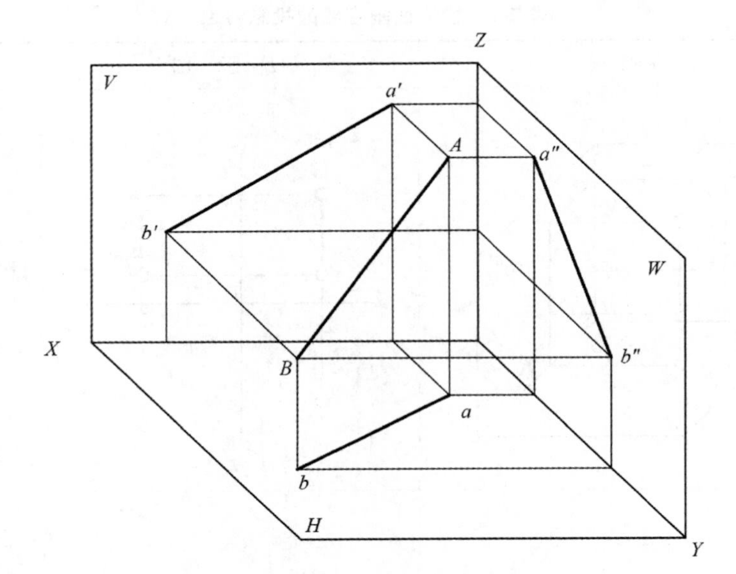

图 2-22　一般位置直线

3. 面的三面投影

由几何学可知，平面可由以下几何元素来确定。

(1) 不在同一直线上的三个点(图 2-23(a))。

(2) 一条直线和直线外一点(图 2-23(b))。

(3) 两条相交直线(图 2-23(c))。

(4) 两条平行直线(图 2-23(d))。

(5) 三条相交直线(图 2-23(e))。

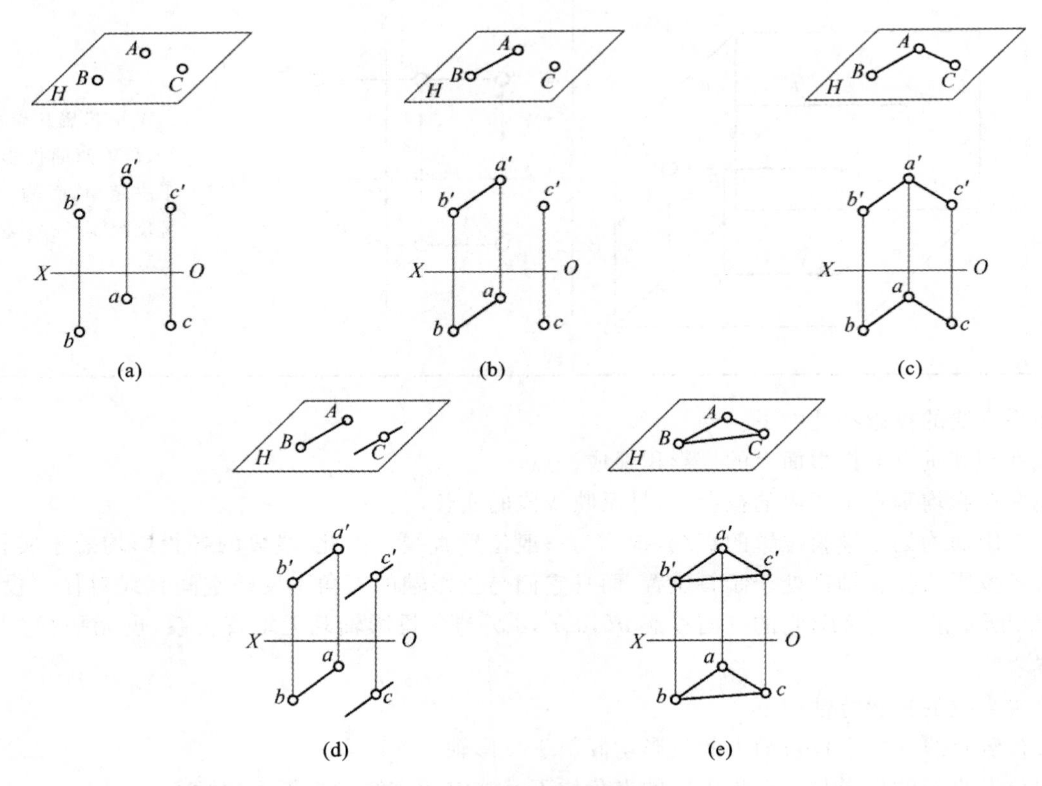

图 2-23　几何元素的投影关系

空间平面在三面投影体系中的位置可以划分为三种情况。

(1) 投影面平行面。只平行于一个投影面,而与另外两个投影面垂直的平面。

(2) 投影面垂直面。只垂直于一个投影面,而与另外两个投影面倾斜的平面。

(3) 一般位置平面。与三个投影面都倾斜的平面。

投影面平行面有 3 种:平行于 H 面的平面,称为水平面;平行于 V 面的平面,称为正平面;平行于 W 面的平面,称为侧平面。投影面平行面的投影特性见表 2-3 所示。

表 2-3 投影面平行面的投影特性

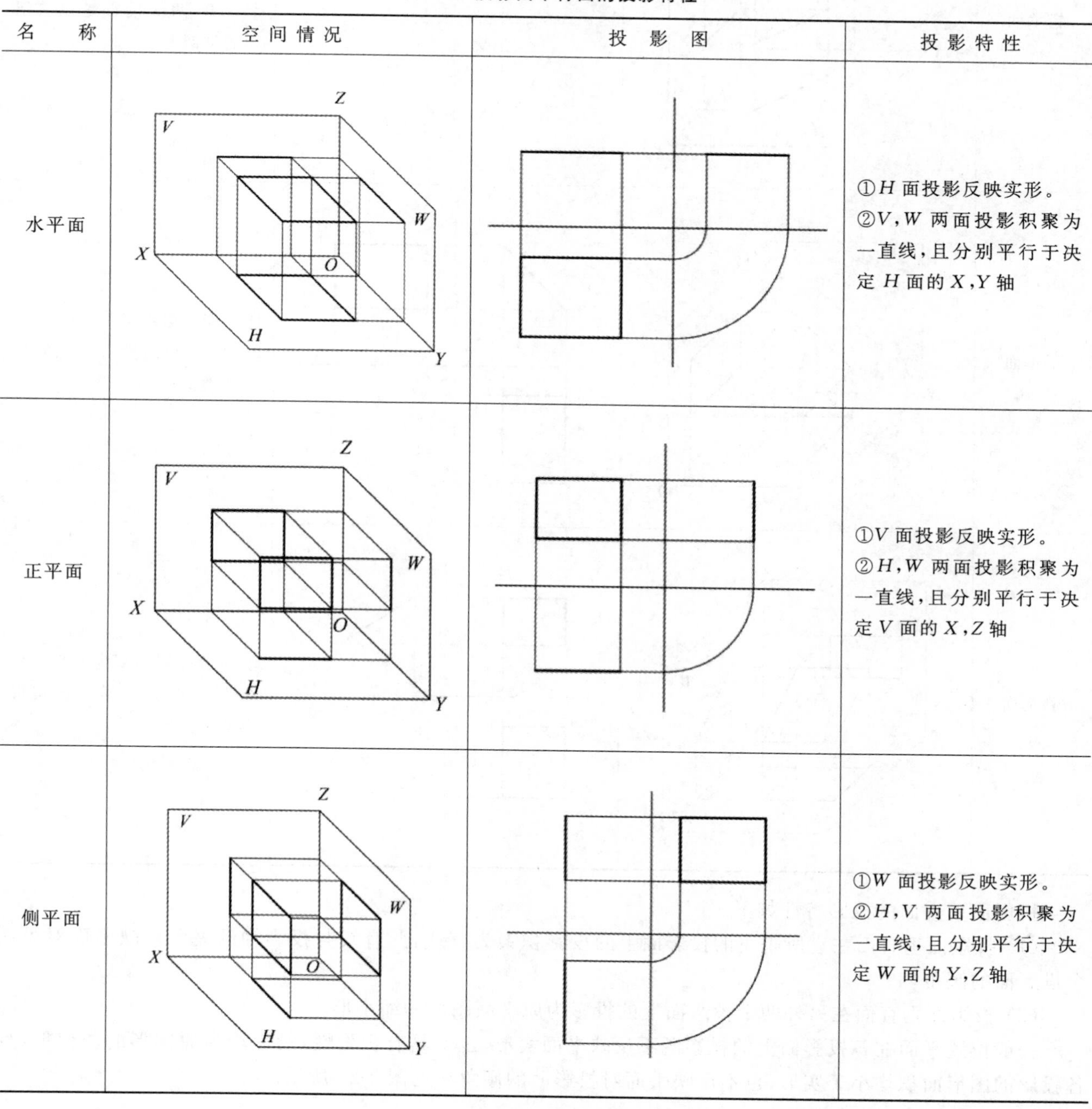

名　称	空间情况	投影图	投影特性
水平面			①H 面投影反映实形。②V,W 两面投影积聚为一直线,且分别平行于决定 H 面的 X,Y 轴
正平面			①V 面投影反映实形。②H,W 两面投影积聚为一直线,且分别平行于决定 V 面的 X,Z 轴
侧平面			①W 面投影反映实形。②H,V 两面投影积聚为一直线,且分别平行于决定 W 面的 Y,Z 轴

投影面平行面的投影特性如下。

(1) 投影面平行面在它所平行的投影面上的投影反映实形。

(2) 投影面平行面在另外两个投影面上的投影积聚成直线,该直线分别平行于相应的投影轴。

投影面的垂直面有 3 种:垂直于 H 面的平面,称为铅垂面;垂直于 V 面的平面,称为正垂面;垂直于 W 面的平面,称为侧垂面。投影面垂直面的投影特性见表 2-4 所示。

表 2-4　投影面垂直面的投影特性

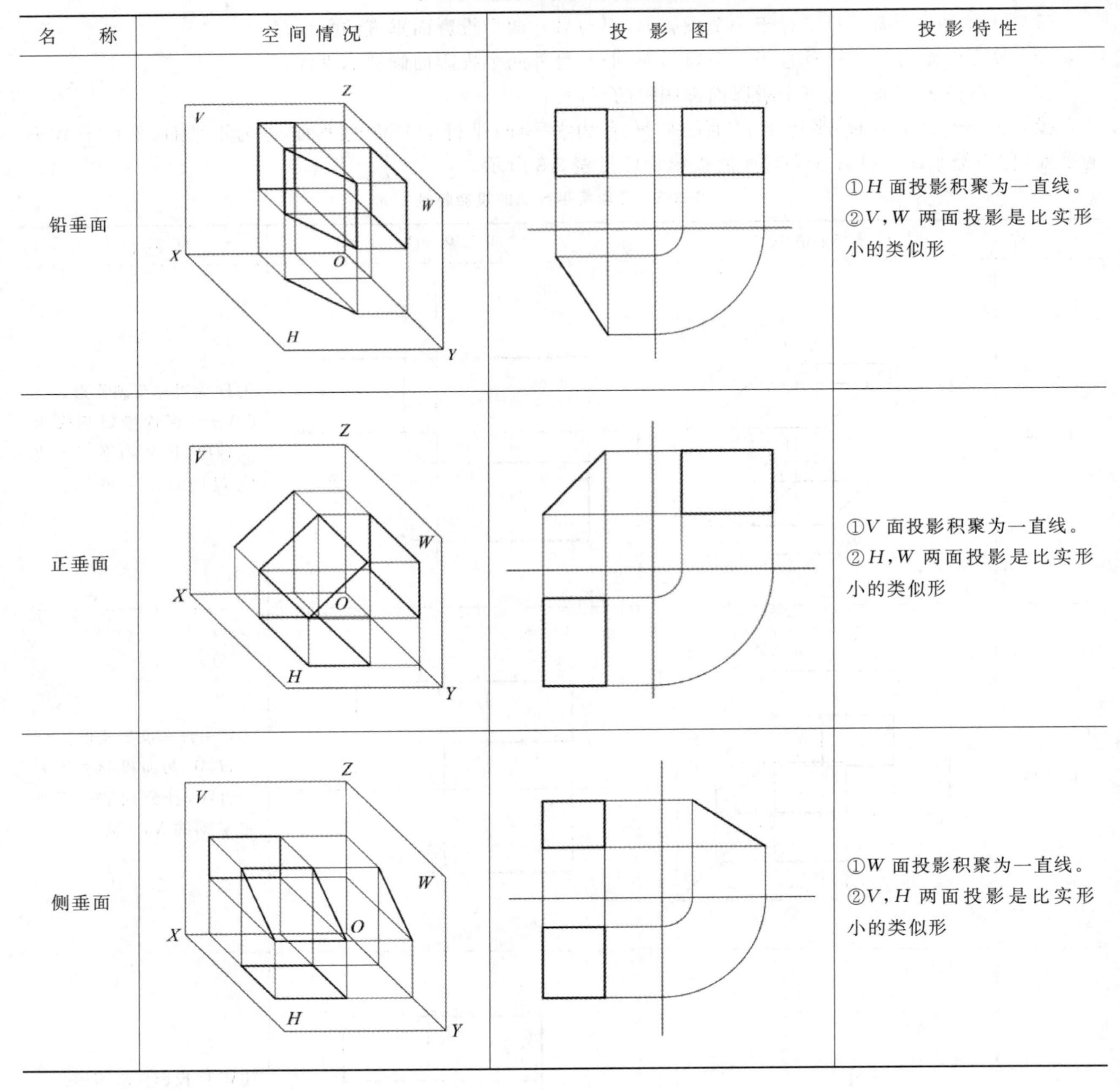

名　称	空间情况	投影图	投影特性
铅垂面			①H 面投影积聚为一直线。 ②V,W 两面投影是比实形小的类似形
正垂面			①V 面投影积聚为一直线。 ②H,W 两面投影是比实形小的类似形
侧垂面			①W 面投影积聚为一直线。 ②V,H 两面投影是比实形小的类似形

投影面垂直面的投影特性如下。

(1) 投影面垂直面在它所垂直的投影面上的投影积聚为直线,此直线与投影轴的夹角反映平面对另两个投影面的倾角。

(2) 投影面垂直面在另外两个投影面上的投影为原平面图形的缩小形。

一般位置平面在各投影面上的投影既不反映平面实形,也不具有积聚性,投影均为原图形的类似形,且各投影的图形面积均小于实形,也不反映平面对投影面的倾角。见图 2-24 所示。

三、学习任务小结

通过本次学习,同学们已经初步了解了点、线、面投影的特性及其作图方法,对三面投影图有了全面的认识。课后同学们应加强练习,提高自身的专业水平。

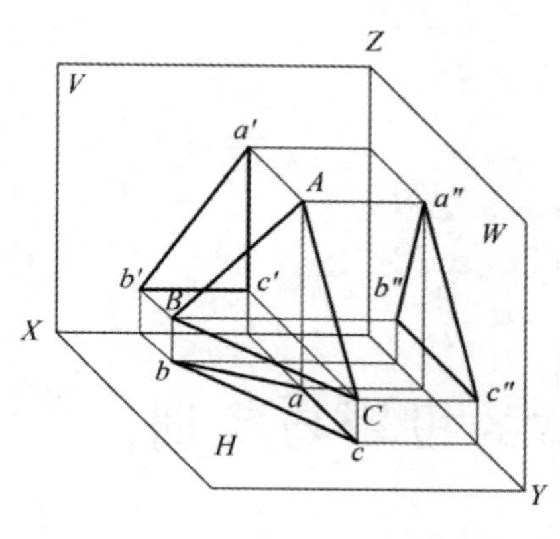

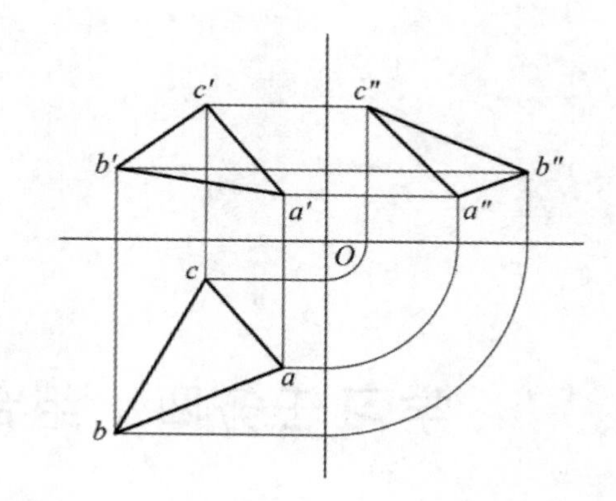

图 2-24　一般位置平面的投影

四、课后作业

（1）开展投影面平行线和垂直线的投影实训，绘制表 2-1 投影面平行线的投影和表 2-2 投影面垂直线的投影。

（2）开展投影面平行面和垂直面的投影实训，绘制表 2-3 投影面平行面的投影和表 2-4 投影面垂直面的投影。

学习任务四　组合体的投影与实训

教学目标

（1）专业能力：了解和掌握绘制组合体投影图的步骤及注意事项。

（2）社会能力：通过教师讲授、课堂师生问答、小组讨论，培养交流能力。

（3）方法能力：学以致用，加强实践，通过不断学习和实际操作，掌握组合体三视图的绘制方法和技巧。

学习目标

（1）知识目标：理解组合体组合方式的分类及组合体表面的连接关系，掌握绘制组合体投影图的步骤及注意事项。

（2）技能目标：厘清组合体投影图的绘画步骤，能对组合体进行形体分析，能够正确绘制出家具的三视图。

（3）素质目标：自主学习、一丝不苟、细致观察、举一反三，理论与实操相结合。

教学建议

1. 教师活动

（1）教师前期收集组合体和家具的图片和视频等资料，并运用多媒体课件、教学视频等多种教学手段，提高学生对组合体投影图的直观认识。

（2）进行知识点讲授和应用案例分析。

（3）引导课堂师生问答，互动分析知识点，引导课堂小组讨论。

2. 学生活动

（1）认真听课、看课件、看视频；记录问题，积极思考，与教师良性互动，解决问题；总结，做笔记、写步骤、举一反三。

（2）根据所学内容，完成课堂实训和课后作业。

一、学习问题导入

各位同学，今天我们一起来学习组合体的投影。组合体是由若干个基本几何体组合而成的。常见的基本几何体有棱柱体、棱锥体、圆柱体、圆锥体、球等。用正投影原理绘制组合体的投影图称为正投影图。一般情况下表达组合体需要画三投影图。从投影的角度讲，三投影图能唯一地确定形体。当形体比较简单时，只画三投影图中的两个即可；个别情况与尺寸相配合，仅画一个投影图也能表达形体。当形体比较复杂或形状特殊时，画投影图难以把形体表达清楚，可选用其他的投影图来表达形体。

二、学习任务讲解

1. 组合体组合方式的分类

组合体按组合方式可分为叠加式组合体、切割式组合体和混合式组合体。

(1) 叠加式组合体：把组合体看成由若干个基本形体叠加而成。见图 2-25(a)所示。

(2) 切割式组合体：组合体是由一个大的基本形体经过若干次切割而成。见图 2-25(b)所示。

(3) 混合式组合体：把组合体看成既有叠加又有切割的形体所组成。见图 2-25(c)所示。

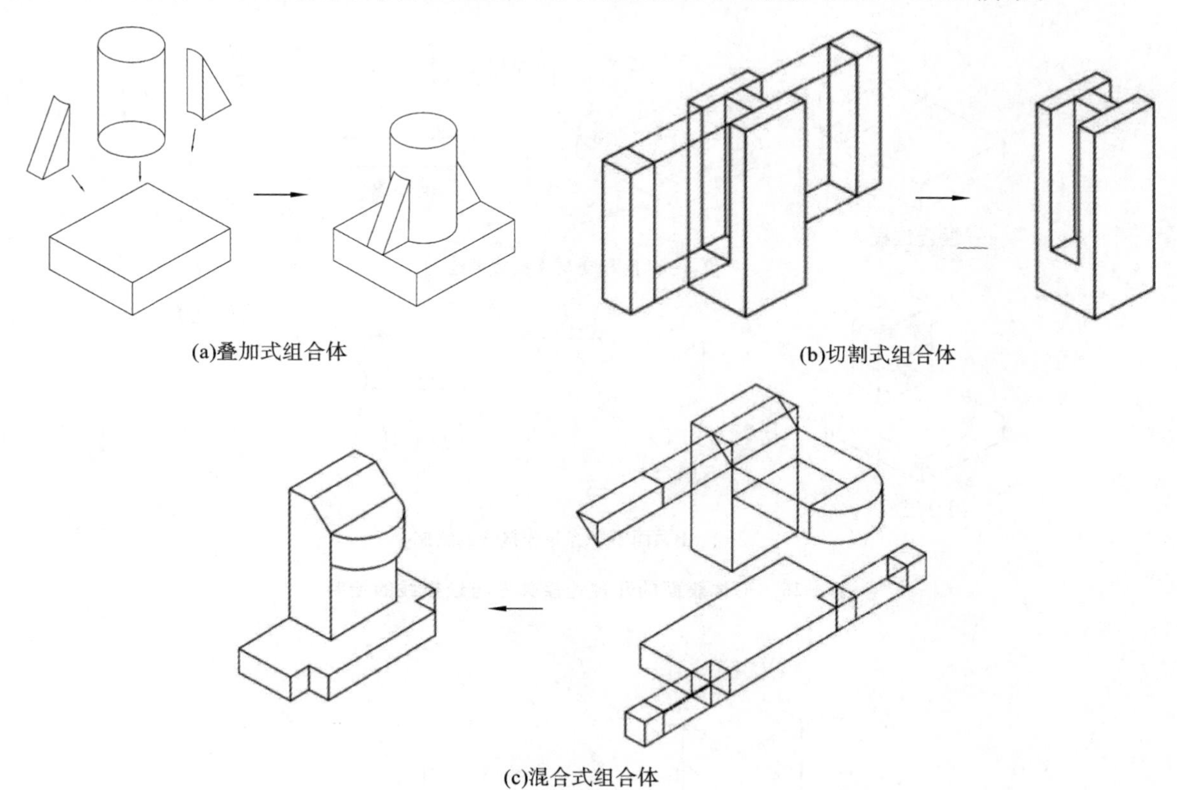

图 2-25 组合体的组合方式

2. 组合体表面的连接关系与连接线的绘制

组合体表面的连接关系是指基本形体组合时，各基本形体表面之间真实的相互关系。组合体表面的连接关系主要有表面平齐、表面相切、表面相交和表面不平齐。见图 2-26 所示。

3. 组合体上下叠加的位置关系

组合体由基本形体组合而成，基本形体之间除表面连接关系以外，还有相互之间的位置关系。图 2-27 所示为上下叠加式组合体的几种位置关系。

4. 形体分析实训

形体分析是指对组合体中基本形体的组合方式、表面连接关系及相互位置等进行分析，弄清各部分的形状特征。

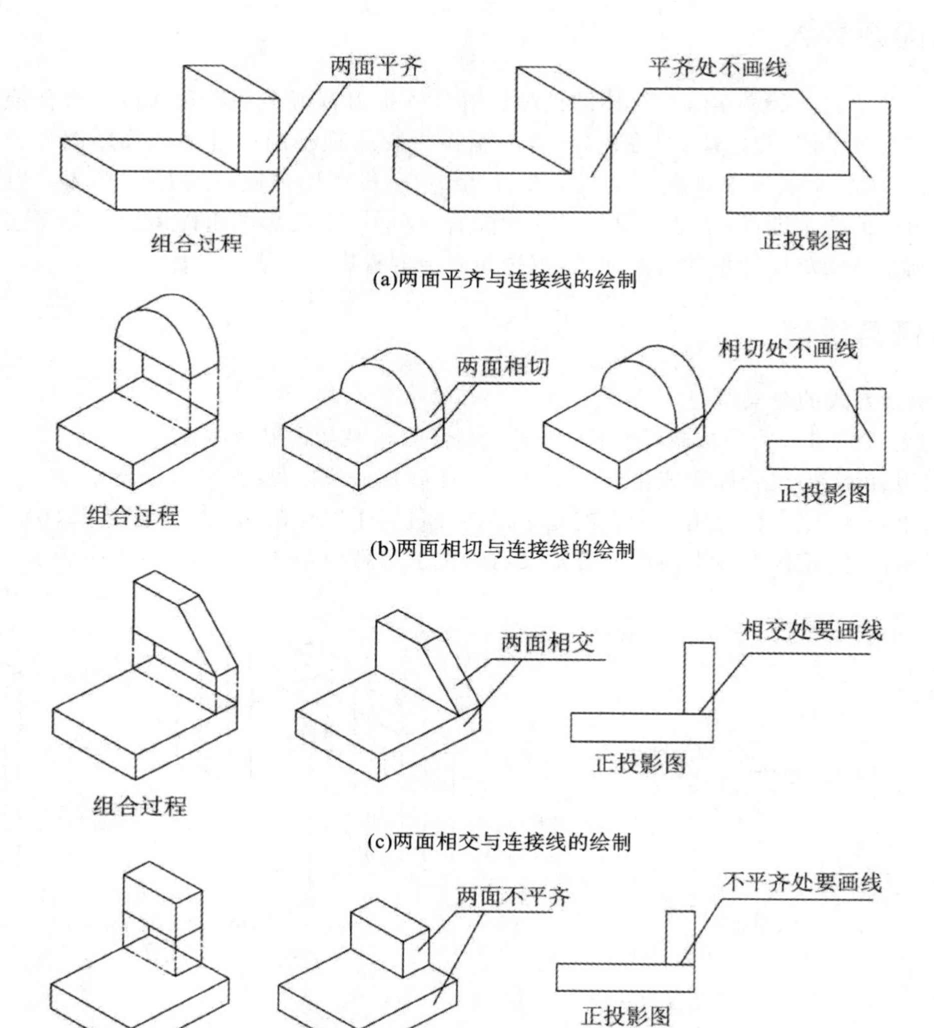

图 2-26　形体表面的几种连接关系与连接线的绘制

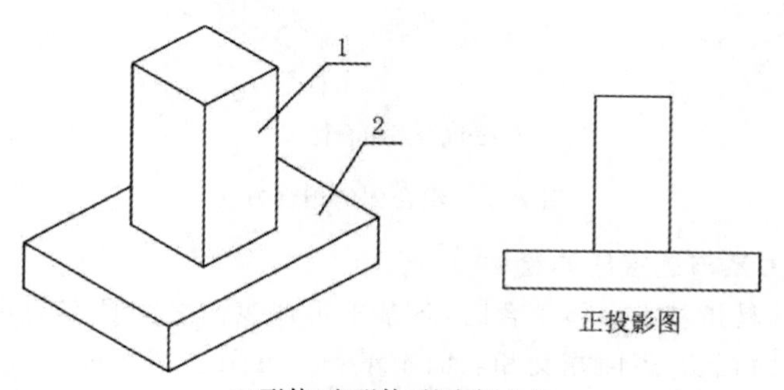

(a)形体1在形体2的中部上方

图 2-27　上下叠加式组合体的几种位置关系

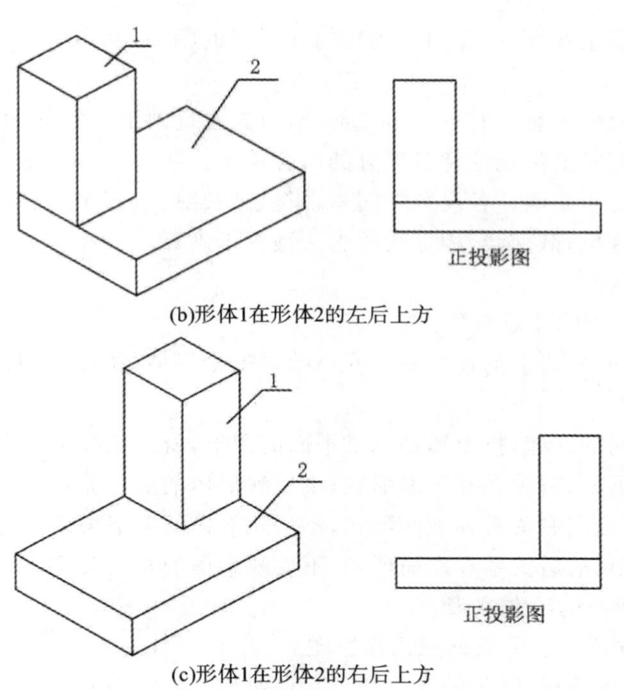

续图 2-27

（1）确定形体的放置位置和正面投影方向。

投影图随形体放置位置和正面投影方向的不同而改变。一般形体应按自然位置放置，与正面投影方向的确定相结合，一旦正面投影方向已确定，其他投影图的方向也就相应地确定了。形体的放置位置的原则是使形体各组成部分的实形及相互间关系的特征尽量多地在正面投影图中显现出来，并尽量减少各投影图中的虚线，同时还要考虑合理利用图纸。

如图 2-28 所示玄关桌，四个方向都可以作为正面投影方向。但比较起来三个圆环朝向一面反映的形体特征要比其他方向更充分一些，它既能反映桌子的形状特征，又能表达出桌面、圆环、底板之间的相对位置，因此选三个圆环朝向的平面为正面投影方向较好。

图 2-28　玄关桌立体示意图

（2）确定投影图数量。

确定投影图数量的原则是：在充分表达形体的前提下，尽量减少投影图，能用两个投影图的就不用三个投影图表示。

5. 常用家具的投影分析与绘制实训

（1）常用家具三面投影图的绘制步骤。

①进行形体分析。确定组合体是由哪些基本几何体以何种形式组合而成的，它们之间的相对位置及其形状特征如何。

②进行投影分析，确定投影方案。

③根据物体的大小和复杂程度，确定图样的比例和图纸的幅面，并用中心线、对称线或基线定出各投影在图纸上的位置。

④逐个画出各组成部分的投影。对每个组成部分，应先画反映形状特征的投影（如圆柱、圆锥反映圆的投影），再画其他投影。画图时要特别注意各部分的组合关系。

⑤检查所画的投影图是否正确。各投影之间是否符合“长对正、高平齐、宽相等”的投影规律；组合体的投影图是否有多线或漏线现象；截交线、相贯线的求法是否正确等。

⑥按规定线型加深图线。

(2) 常用家具三面投影图的注意事项。

①在三面正投影图中，三个面上的投影图共同反映同一个形体，所以它们必然符合“长对正、高平齐、宽相等”的关系。

②因为形体是三维空间的立体，投影图是二维平面的图形，所以在投影图中必然有以下规律。

正视图反映形体的上下、左右关系和正面形状，不反映形体的前后关系。

俯视图反映形体的前后、左右关系和顶面形状，不反映形体的上下关系。

侧视图反映形体的上下、前后关系和左面形状，不反映形体的左右关系。

(3) 常用家具三面投影图的绘制实训。

案例一：绘制如图 2-29 所示玄关桌的三面投影图。

分析：该玄关桌由长方体底板、竖放的 3 个圆环和桌面长方体三部分叠加而成。

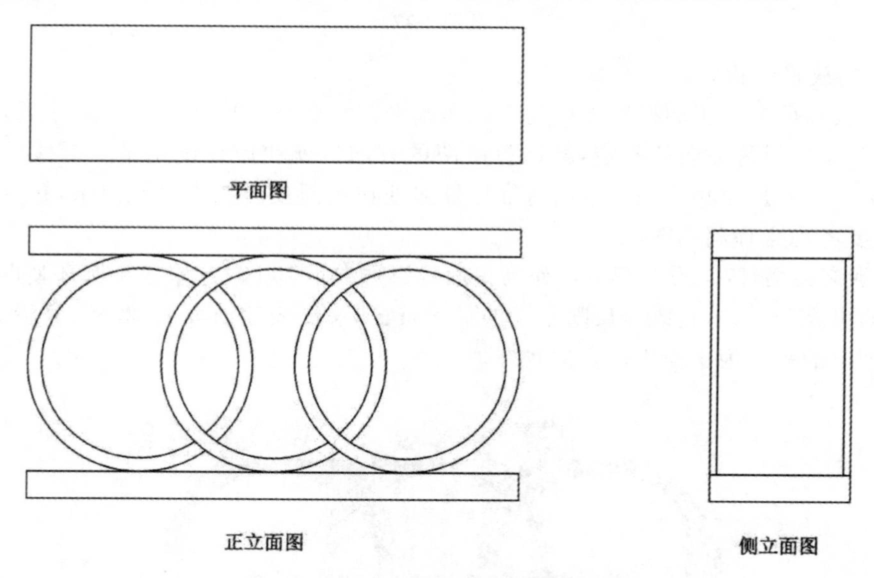

图 2-29　玄关桌的三面投影图的画法

案例二：绘制如图 2-30 所示边几的两面投影图。

边几的造型是圆形，正立面图和侧立面图是一致的，因此只需要平面图和正立面图就能够把边几的造型充分表达出来。

图 2-30　边几立体示意图

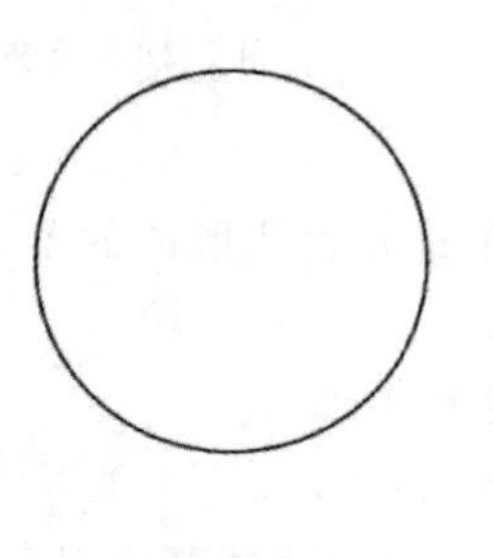

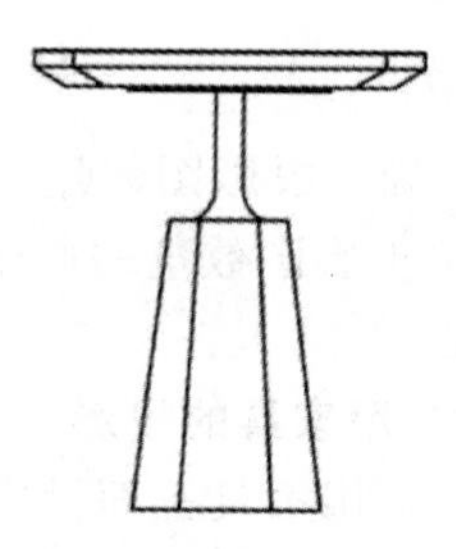

图 2-31　边几的两面投影图的画法

案例三:绘制如图 2-32 所示椅子的三面投影图。

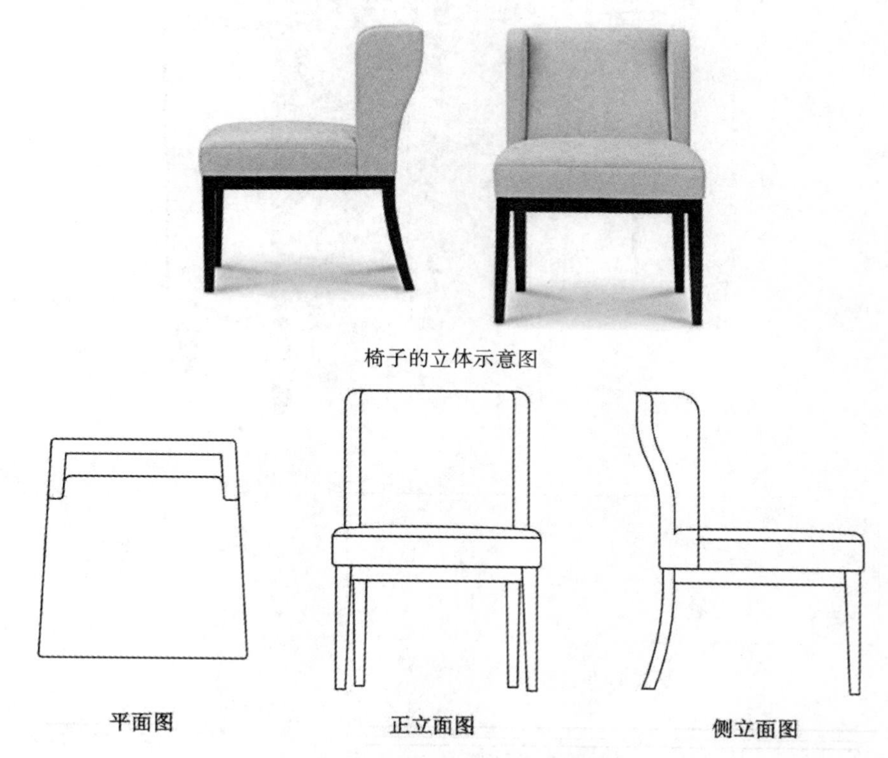

图 2-32　椅子的三面投影图的画法

案例四:绘制如图 2-33 所示茶几的三面投影图。

图 2-33　茶几的三面投影图的画法

案例五:绘制如图 2-34 所示柜子的三面投影图。

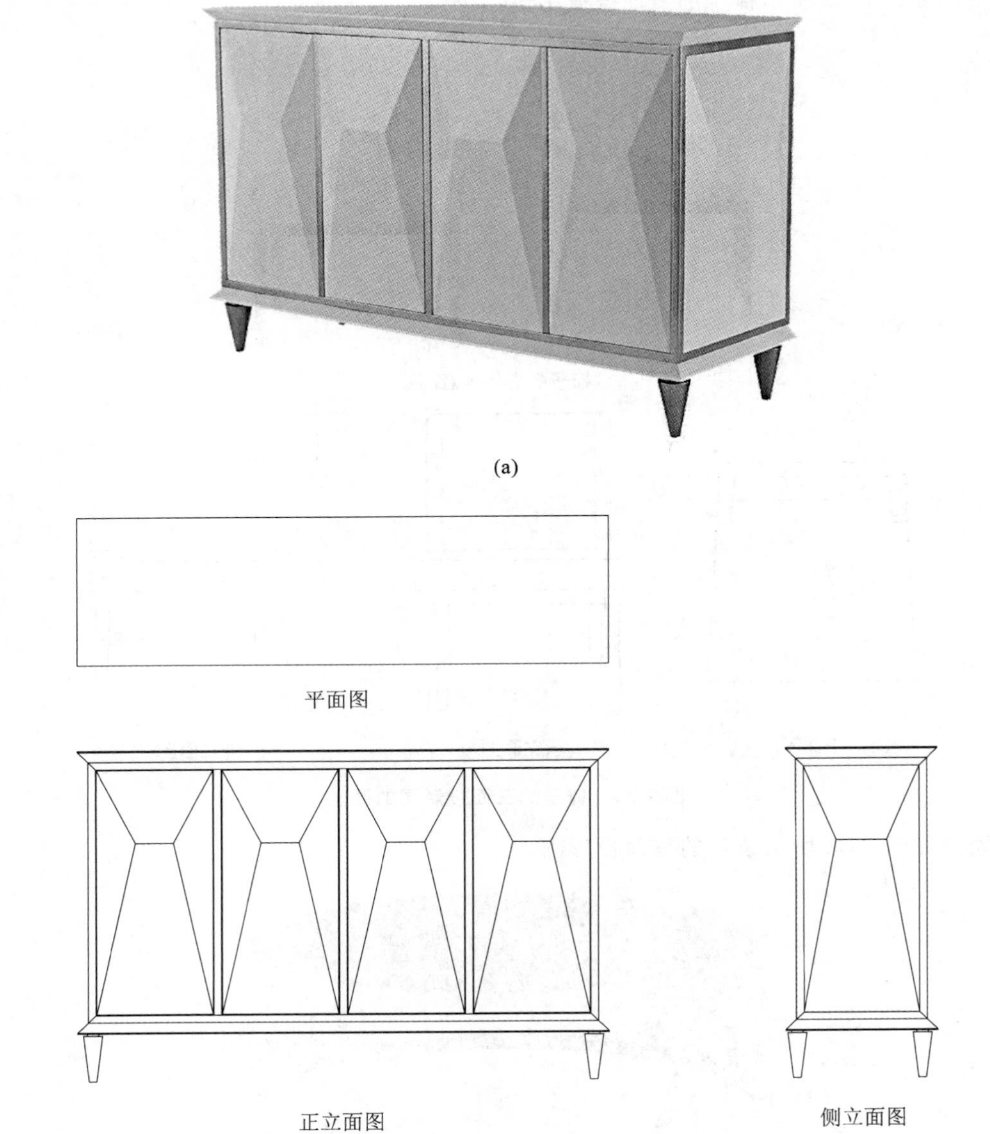

图 2-34　柜子的三面投影图的画法

三、学习任务小结

通过本次学习，同学们了解了组合体的分类和组合形体表面的连接关系，加深了对组合体的三面投影图的理解和认识。课后，同学们要多绘制一些不同家具的三面投影图，加强实操练习，对三视图的绘制进行思考和理解，掌握其中的规律和技巧。

四、课后作业

(1) 绘制如图 2-32 所示椅子的三面投影图。

(2) 绘制如图 2-33 所示茶几的三面投影图。

项目三　建筑工程图的识读与绘制实训

学习任务一　建筑设计概述与建筑总平面图的识读实训

学习任务二　建筑平面图的识读与绘制实训

学习任务三　建筑立面图的识读与绘制实训

学习任务四　建筑剖面图的识读与绘制实训

学习任务一　建筑设计概述与建筑总平面图的识读实训

教学目标

(1) 专业能力:学习建筑总平面图的形成、作用和图示方法,掌握其表达技巧和识读技能。

(2) 社会能力:激发学习兴趣,增强自信,提高组织能力,大胆沟通和表达。

(3) 方法能力:资料分析和整理能力,实践操作能力。

学习目标

(1) 知识目标:熟悉建筑总平面图形成、作用、图示方法、制图标准和识读实训。

(2) 技能目标:加强建筑总平面图的表达和识读实训,掌握建筑总平面图表达与识读技能。

(3) 素质目标:端正态度,树立目标,加强自律,认真负责,严谨规范。

教学建议

1. 教师活动

(1) 分析学生,研究教材,收集样图,评估现场,准备情景,激发兴趣。

(2) 确定项目,引导讨论,进行分组,分享案例,操作示范,教学评价。

(3) 关注学生思想,重视学生职业素质,把思政教育以及职业能力培养融入课堂内外。

2. 学生活动

(1) 主动预习,认真听讲,积极思考,参与讨论,加强实践,学会表达和自评互评。

(2) 查阅资料,主动观察,自主学习,自我管理,自我提高,举一反三,学以致用。

(3) 培养人文素养,锻炼职业能力,增强发现问题、反映问题以及解决问题的能力。

一、学习任务导入

室内设计是建筑设计的重要分支和延续，是对建筑物内部空间环境的完善、细化和补充，两者之间存在着密不可分的联系。建筑设计包括建筑空间环境的组合设计和构造设计两部分内容。建筑空间环境的组合设计包括建筑总平面设计、建筑平面设计、建筑剖面设计、建筑造型与立面设计。建筑空间环境的构造设计是对建筑基础、墙体、楼地面、楼梯、屋顶、门窗等构配件进行详细的构造设计。本次任务学习建筑设计概述和建筑总平面图的识读。图 3-1 所示为著名建筑师贝聿铭设计的苏州博物馆建筑立面设计图。

图 3-1　苏州博物馆建筑立面设计图

二、学习任务讲解

1. 建筑设计概述

（1）建筑设计概念。

建筑设计是在一定的思想和方法指导下，依据各种条件，运用科学技术知识和美学规律，通过分析、综合和创作，对建筑物各构造组成部分材料及构造方式进行设计，解决建筑物的功能、技术、经济和美观等问题，为创造良好空间环境提供方案和建造蓝图的一种创作活动。

（2）建筑设计的要求。

①考虑建筑物与周围环境的关系，使总体布局满足城市建设和环境规划的要求。

②考虑建筑物的功能和使用要求，创造良好空间环境，以满足人们生产、生活需要。

③考虑建筑物的内外形式，创造良好的建筑形象，以满足人们艺术欣赏和审美要求。

④考虑建筑材料、结构与设备布置的可能性和合理性，妥善地解决功能和艺术矛盾。

⑤考虑经济条件，使建筑设计符合技术经济指标以及节能要求，降低造价。

⑥考虑施工技术问题，为施工创造有利条件，并促进建筑科学化、工业化。

（3）建筑的内外组成。

建筑的外部主要包括基础、墙体、楼地面、楼梯、屋顶、门窗等构配件。建筑的内部主要包括地面、内墙、顶棚、内置楼梯等。见图 3-2 所示。

（4）建筑设计阶段。

①初步设计阶段。

初步设计是根据建筑项目的设计任务，对建筑的主要组成部分，如平面布置、水平与垂直的交通安排、建筑外形与内部空间处理的基本意图、建筑与周围环境的整体关系、建筑材料与结构形式的选择等进行初步考虑，形成能表达设计意图的平面图、立面图、剖面图等图样的设计，又称为方案设计图。设计方案确定后，需要进一步去解决结构、造型及布置、各工种之间的配合等技术问题，对方案作进一步完善，形成初步设计图。初步设计图包括总平面图、建筑平面图、立面图、剖面图。此外，还需要绘制效果图，制作沙盘模型等。

②施工图设计阶段。

依据报批获准的初步设计图，按施工要求予以具体化，要求用详尽的图形、尺寸、文字、表格等方式，把建筑工程的有关情况表达清楚，为施工、安装、编制工程概预算、工程竣工验收等工作提供完整依据。

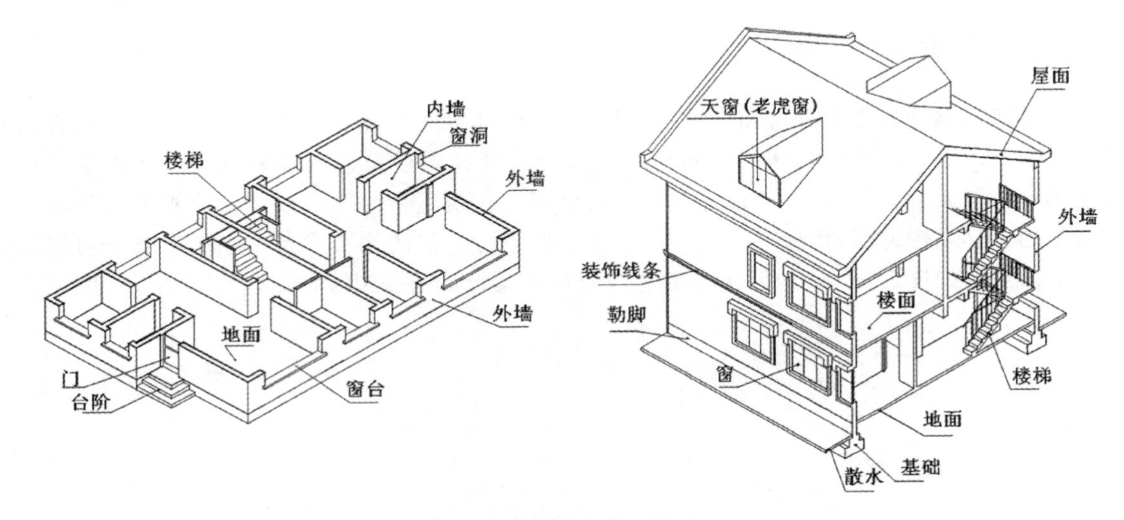

图 3-2　建筑的内外组成

(5) 完整施工图内容。

①图纸目录。图纸目录说明该项工程是由哪几个工种的图纸所组成的，各工程图纸的名称、张数和图号顺序，目的是便于查找图纸。

②设计总说明书。设计总说明书主要说明该项工程的概貌和总体要求。中小型工程的说明书一般放在建筑施工图内。

③建筑施工图。建筑施工图主要表达建筑物的内外形状、尺寸、结构构造、材料做法和施工要求等，其基本图纸包括总平面图、建筑平面图、立面图、剖面图和建筑详图。建筑施工图是建筑施工时定位放线、砌筑墙身、制作楼梯、安装门窗、固定设施以及室内外装饰的主要依据，也是编制工程预算和施工组织计划等的主要依据。

④结构施工图。结构施工图主要表达各种承重构件的平面布置，构件的类型、大小、构造的做法以及其他专业对结构设计的要求等。基本图纸包括结构说明书、基础图、结构平面图和构件详图。结构施工图是建筑施工时开挖地基，制作构件，绑扎钢筋，设置预埋件，安装梁、板、柱等构件的主要依据，也是编制工程预算和施工组织计划等的主要依据。

⑤设备施工图。设备施工图包括建筑给排水施工图，表达给水、排水管道的布置和设备安装；采暖通风施工图，表达供暖、通风管道的布置和设备的安装；电气照明施工图，表达电气线路布置和接线原理图。

2. 建筑总平面图

(1) 建筑总平面图的形成与作用。

将建筑新建工程四周一定范围内的新建、拟建、原有和拆除的建筑物、构筑物连同其周围的地形、地物状况用水平投影的方法和相应的图例所画出的工程图样，即为建筑总平面图。建筑总平面图主要是表达新建房屋的位置、朝向，与原有建筑物的关系，以及周围道路、绿化和给水、排水、供电条件等方面的情况。它是作为新建建筑施工定位、土方施工、设备管网平面布置，安排在施工时进入现场的材料和构件、配件堆放场地，构件预制的场地以及运输道路的依据。

(2) 建筑总平面图的内容和图示方法。

①标高以及图示方法。

建筑总平面图室外整平地面标高符号为涂黑的等腰直角三角形，标高数字注写在符号的右侧、上方或右上方。标高的画法见图 3-3 所示。

②指北针和风向玫瑰图。

指北针用于指明建筑物的朝向，见图 3-4 所示。总平面图按上北下南方向绘制。考虑场地形状或布局，可稍左或稍右偏转，但不宜超过 45°。

在建筑平面图中，通常以带指北针的风向玫瑰图来表示该地区常年的风向频率和建筑物的朝向。玫瑰图因其图形类似玫瑰花而得名。风向玫瑰图是根据当地多年平均统计的各个方向吹风次数的百分数，按一

(a)总平面图上的室外标高符号

(b)平面图上的楼地面标高符号

所注部位的引出线

(c)立面图、剖面图各部位的标高符号

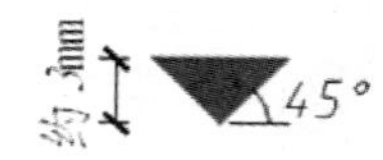

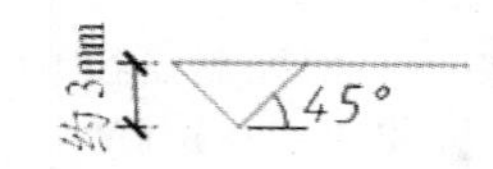

(d)具体画法

图 3-3 建筑标高符号与具体画法

定比例绘制的，风的吹向是指从外吹向中心。实线表示全年风向频率，虚线表示按6、7、8三个月统计得到的风向频率，见图3-5所示。绘制了风向玫瑰图，就不必绘制指北针。

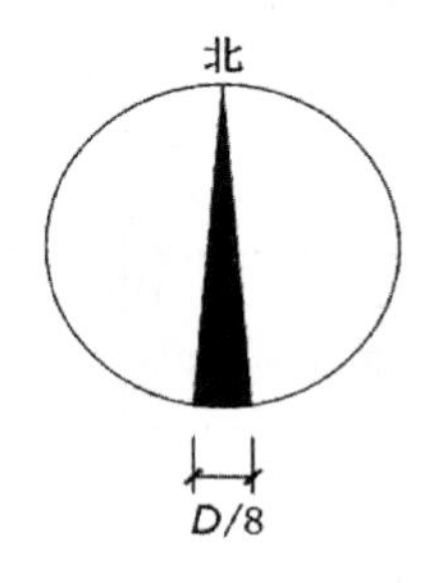

图 3-4 指北针符号

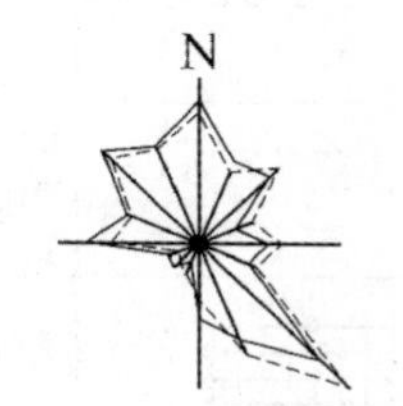

图 3-5 风向玫瑰图

③图例与图线。

建筑总平面图上的内容一般用图例表示，常用的图例见表3-1所示。当标准所列图例不够用时，可以自编图例，但要加以说明。

表 3-1 总平面图常用图例

名称	图例	备注
新建建筑物	8	①需要时，可用▲表示出入口，可在图形内右上角用点数或数字表示层数 ②建筑物外形(一般以±0.00高度处的外墙定位轴线或外墙面为准)用粗实线表示。需要时，地面以上建筑用中粗实线表示，地面以下建筑用细虚线表示
敞篷或敞廊		—
围墙及大门		上图为实体性质的围墙，下图为通透性质的围墙，若仅表示围墙时不画大门
露天桥式起重机		“+”为柱子位置
坐标	X105.00 Y425.00 A105.00 B425.00	上图表示测量坐标，下图表示建筑坐标
填挖边坡		边坡较长时，可在一端或两端局部表示。 下边线为虚线时，表示填方
护坡		
雨水口与消火栓井		上图表示雨水口，下图表示消火栓井
室内标高	151.00(±0.00)	—
室外标高	•143.00 ▼143.00	室外标高也可采用等高线表示

续表

名　　称	图　　例	备　　注
新建的道路		“R9”表示道路转弯半径为 9 m，“150.00”为路面中心的控制点标高，“0.6”表示 0.6%的纵向坡度，“101.00”表示变坡点间距离
原有建筑物		用细实线表示
计划扩建的预留地或建筑物		用中虚线表示
拆除的建筑物		用细实线表示
铺砌场地		—
原有道路		—
计划扩建的道路		—

名　　称	图　　例	备　　注
人行道		—
桥梁（公路桥）		用于旱桥时应注明
常绿针叶树		—
常绿阔叶乔木		—
常绿阔叶灌木		—
落叶阔叶灌木		—
草坪		—
花坛		—
绿篱		—

新建建筑物外形轮廓线用粗实线绘制；新建的道路、桥梁、围墙等用中实线绘制；计划扩建的建筑物用中虚线绘制；原有的建筑物、道路以及坐标网、尺寸线、引出线等用细实线绘制。

④比例。

建筑总平面图一般采用较小的比例。常用的比例有 1∶500、1∶1000、1∶2000 等。

⑤地形。

当地形复杂时，要画出等高线，表明地形的高低起伏变化，见图 3-6 所示。在每条等高线上都标注出海拔高度，单位是米。

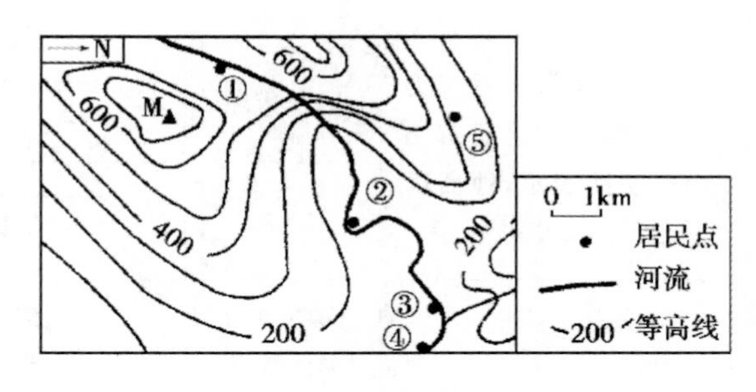

图 3-6　等高线

⑥尺寸标注。

建筑总平面图中，新建建筑物的总长和总宽、新建建筑物与原有建筑物或道路的间距、新增道路的宽度等要标注尺寸。标注尺寸以米为单位，在图纸中不需另外注明。

⑦坐标标注。

新建建筑物的定位方式有三种。

a. 利用新建建筑物与原有建筑物或道路中心线的距离确定新建建筑物的位置。

b. 利用施工坐标确定新建建筑物的位置。

c. 利用大地测量坐标确定新建建筑物的位置。

测量坐标网画成十字交叉线，坐标代号用“X,Y”表示。施工坐标网画成网格通线，坐标代号用“A,B”表示。坐标网格以细实线画出，一般表示 100 m×100 m 或 50 m×50 m 的方格网。表示建筑物位置的坐标宜标注其三个角点的坐标，见图 3-7 所示。

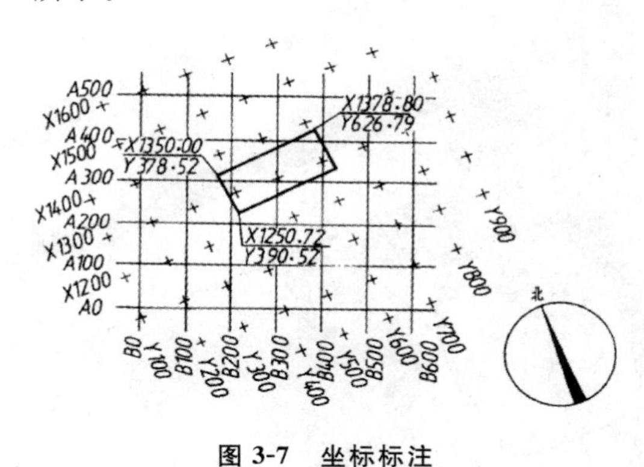

图 3-7 坐标标注

3. 建筑总平面图的识读

(1) 建筑总平面图表达内容。

①图名和比例。

②指北针或风向玫瑰图。

③新建建筑物所处的地形和等高线。

④新建建筑物的位置，采用坐标标注。

⑤相邻原有建筑物、拆除建筑物的位置或范围。

⑥附近的地形、地物等，如道路、河流、水沟、池塘、土坡等，应注明道路的起点、变坡、转折点、终点以及道路中心线的标高、坡向等。

⑦绿化规划和管道布置。

(2) 建筑总平面图的识读实训。

图 3-8 所示是某幼儿园的建筑总平面图。

①图名是总平面图，比例是 1:500。

②由风向玫瑰图可知，幼儿园朝向西南，该地区风向以东北方向风频线最长，主导风向为东北风。

③新建建筑物所处的地形较为平缓，室外道路绝对标高为 13 m，新建建筑风雨运动场相对标高 14.400 m，没有画出等高线。

④新建建筑物用地红线转折处用大地测量坐标标注，新建建筑物与用地红线或已建建筑物的距离确定位置，如设备用房距用地红线 7 m，风雨运动场距已建配套用房 7.5 m。

⑤新建教学楼 5 栋，高 3 层。设备用房 1 栋，高 1 层。风雨运动场(多功能厅)1 栋，高 2 层。屋面均用作活动场地，有建筑高度的图例说明。新建门卫室 1 栋，高 1 层。建风雨连廊与教学楼相连。风雨运动场(多功能厅)建开敞连廊，与已建配套用房相连。

⑥幼儿园东南面和东北面分别是宽 5.4 m 和 4.5 m 的道路，步行主入口在东南面。车行出入口有两个，主车行出入口在幼儿园西南角，次主车行出入口在西北角，建有 4 m 宽道路相通。非机动车地下室出入口在设备用房南角。

⑦教学楼周边建有室外活动场地和绿地。院区中心为活动广场，旁边有旗杆。

三、学习任务小结

本次任务主要学习了建筑设计的概念、任务、阶段、注意事项、完整施工图内容，建筑总平面图形成、作用、图示内容、图示方法、符号图例等，以及建筑总平面图识读方法和识读实训。通过学习，同学们对建筑设

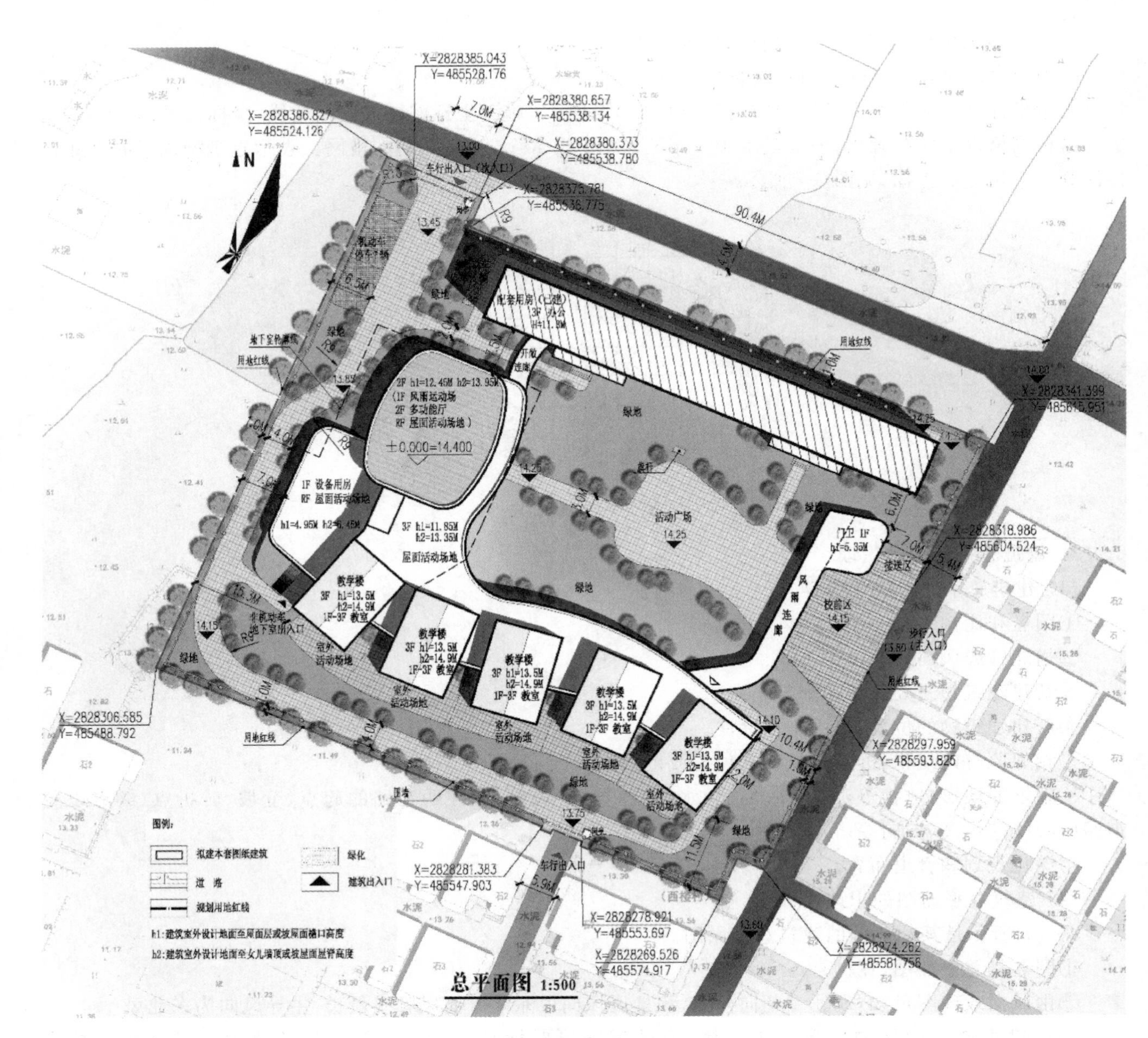

图 3-8　某幼儿园建筑总平面图

计和建筑总平面图有了全面的认识，熟悉了建筑总平面图主要内容和表达方法，能熟练地进行建筑总平面图的识读。

四、课后作业

（1）清楚复述建筑总平面图所表达内容。

（2）熟练识读图 3-8 所示某幼儿园建筑总平面图。

学习任务二　建筑平面图的识读与绘制实训

教学目标

(1) 专业能力:学习建筑平面图的形成、作用和图示方法,掌握其识读技巧和绘制技能。

(2) 社会能力:激发学习兴趣,增强自信,提高组织能力和沟通表达能力。

(3) 方法能力:资料分析和整理能力,实践操作能力。

学习目标

(1) 知识目标:熟悉建筑平面图形成、作用、图示方法、制图标准、识读和绘图的方法。

(2) 技能目标:加强建筑平面图的识读和绘制实训,掌握建筑平面图的识读与绘制技能。

(3) 素质目标:端正态度,树立目标,加强自律,认真负责,严谨规范。

教学建议

1. 教师活动

(1) 分析学生,研究教材,收集样图,评估现场,准备情景,激发兴趣。

(2) 确定项目,引导讨论,进行分组,分享案例,操作示范,教学评价。

(3) 关注学生思想,重视学生职业素质,把思政教育以及职业能力培养融入课堂内外。

2. 学生活动

(1) 主动预习,认真听讲,积极思考,参与讨论,加强实践,学会表达和自评互评。

(2) 查阅资料,主动观察,自主学习,自我管理,自我提高,举一反三,学以致用。

(3) 培养人文素养,锻炼职业能力,增强发现问题、反映问题以及解决问题的能力。

一、学习任务导入

室内设计是建筑设计的一个分支，它起源于建筑，依附于建筑，是建筑完成的最终阶段，对建筑起到进一步完善和美化的作用。室内设计和建筑设计是相辅相成的关系，两者不可分割。它们的设计目的是一致的，彼此相互渗透，目的在于共同创造出舒适的空间。室内设计不能脱离建筑而存在，必须在考虑建筑的结构、空间、功能、安全和环保的基础上进行设计。一栋建筑的设计与规划是否合理，还需要室内设计人员的参与，对建筑设计进行优化。在进行室内设计之前，必须全面熟悉建筑物的楼层分布、平面形状、交通路线、内部布局、面积大小、墙柱地面、门窗位置等具体情况。见图 3-9 所示。

图 3-9　建筑实体与建筑透视图样

二、学习任务讲解

1. 建筑平面图的形成

建筑平面图是建筑的水平剖面图。假想用一水平剖切平面沿着房屋门窗洞口的位置将房屋水平切开，移走上部分，向下作出切面以下部分的水平投影图，即为建筑平面图，见图 3-10 所示。建筑平面图是施工放线、砌筑墙体、安装门窗、室内装修、安装设备、编制预算、施工备料等的重要依据。

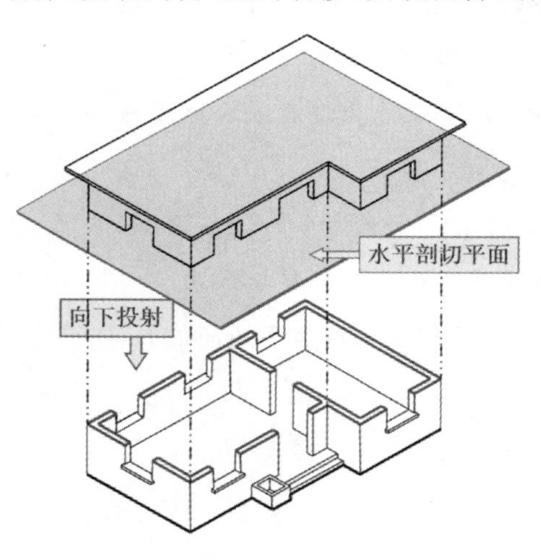

图 3-10　建筑平面图

如果是多层建筑，沿底层剖开所得到的全剖视图称为底层平面图，沿第二层剖开得到的全剖视图称为二层平面图，以此类推，并在各层平面图的下方注明相应的图名和比例。一般建筑物有多少层就画多少个平面图，但当图层的房间数量、大小、布局等都完全相同时，只需统一画一个平面图即可，称为标准层平面图或××层平面图。此外，还有屋顶平面图。

2. 建筑平面图图示方法

（1）定位轴线。

定位轴线的绘制方法及注意事项参见项目一“学习任务三　室内工程制图的要求和规范”中的相关介绍。

（2）常用建筑构造和配件图例见表 3-2 所示。

表 3-2 常用建筑构造和配件图例

名称	图例	说明
楼梯	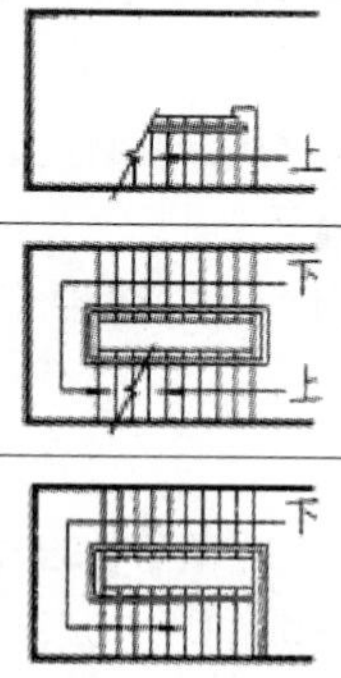	①上图为底层楼梯平面，中图为中间层楼梯平面，下图为顶层楼梯平面。 ②楼梯及栏杆扶手的形式和步数应按实际情况绘制
检查孔		左图为可见检查孔。右图为不可见检查孔
孔洞		阴影部分可以涂色代替
坑槽		
烟道	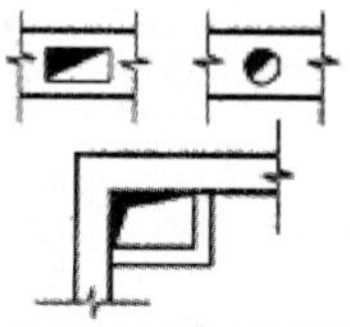	阴影部分可以涂色代替。 烟道与墙体为同一材料，其相接处墙身线应断开
通风道	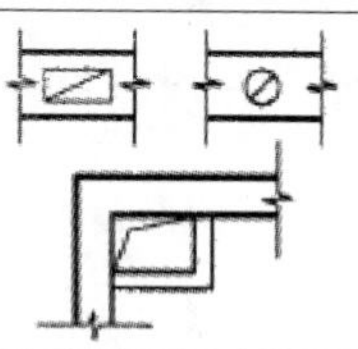	
单扇双面弹簧门	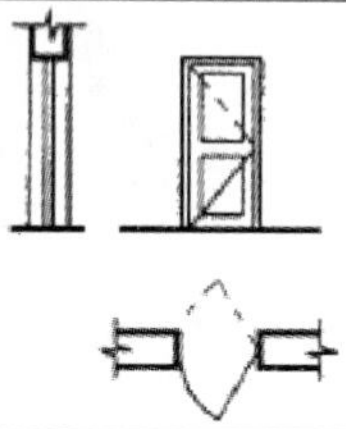	同单扇门等的说明
双扇双面弹簧门	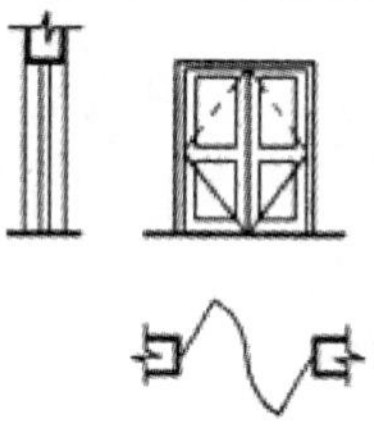	同单扇门等的说明
单层固定窗	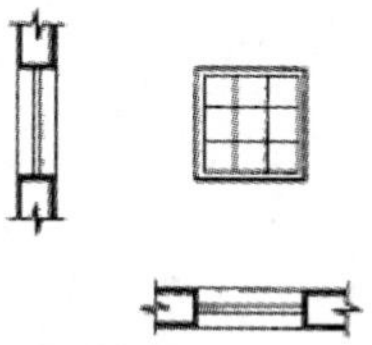	①窗的名称代号用 C 表示。 ②立面图中的斜线表示窗的开启方向，实线为外开，虚线为内开；开启方向线交角的一侧为安装合页的一侧，一般设计图中可不表示
单层外开上悬窗	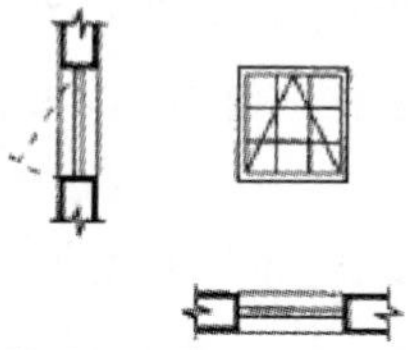	

名称	图例	说明
单扇门（包括平开或单面弹簧）	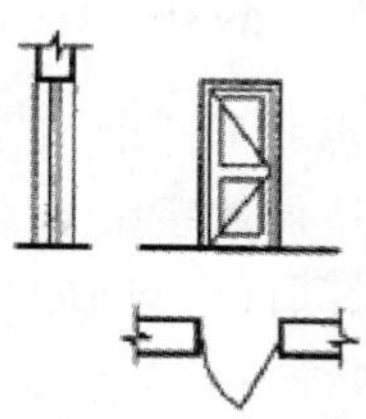	①门的名称代号用 M 表示。 ②图例中剖面图左为外、右为内，平面图下为外、上为内。 ③立面图上开启方向线交角的一侧为安装合页的一侧。实线为外开，虚线为内开。 ④平面图上门线 90°或 45°开启，开启弧线宜绘出。 ⑤立面图上的开启线在一般设计图中可不表示，在详图及室内设计图上应表示。 ⑥立面形式应按实际情况绘制
双扇门（包括平开或单面弹簧）	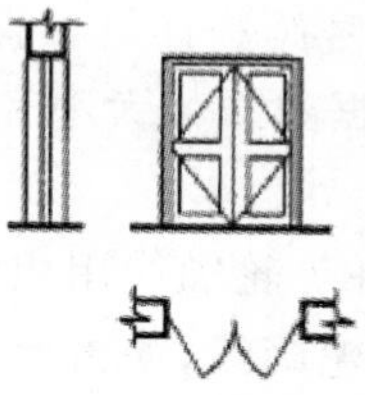	
双开折叠门	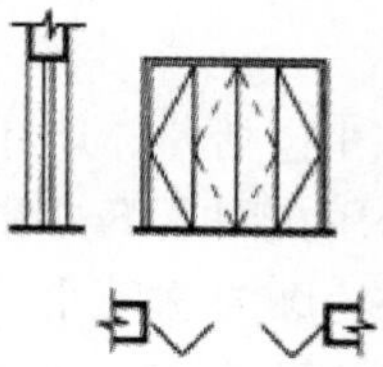	
墙中单扇推拉门	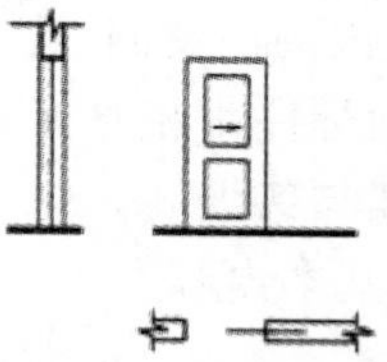	同单扇门等的明中的①、②、⑥
单层中悬窗	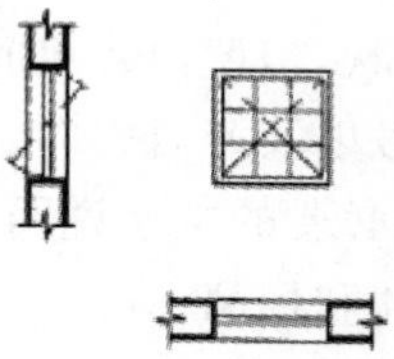	③图例中，剖面图所示左为外，右为内，平面图所示下为外，上为内。 ④平面图、剖面图上的虚线，仅说明开关方式，在设计图中不需要表示。 ⑤窗的立面形式应按实际绘制。 ⑥小比例绘图时，平面图、剖面图的窗线可用单粗实线表示
单层外开平开窗	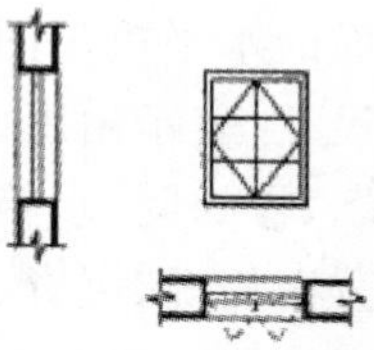	
推拉窗	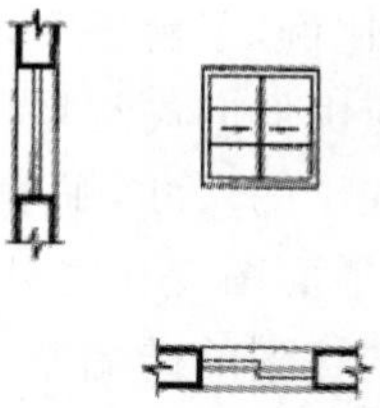	同单层固定窗等的说明中的①、③、⑤、⑥

(3) 门窗与编号。

①门与窗按图例画出。门线用 90°或 45°的中实线(或细实线)表示开启方向;窗线用平行的细实线图表示窗框和窗扇。

②门窗的代号用拼音的第一个字母表示,分别是“M”和“C”。选用的门窗是标准设计,用代号标注。门窗代号的后面都注有阿拉伯数字编号。同一类型和大小的门窗用同一代号和编号。

③为了方便工程预算、订货与加工,通常建立门窗明细表,列出该建筑所选用的门窗编号、洞口尺寸、数量、采用标准图集与编号等。

(4) 索引符号与详图符号。

索引符号与详图符号画法详见项目一“学习任务三　室内工程制图的要求和规范”中的相关介绍。

(5) 平面图比例根据建筑物大小和复杂程度选定,常用比例为 1∶100、1∶200、1∶50。

(6) 平面图线。

①被剖切到的墙、柱等轮廓线用粗实线表示。钢筋混凝土的墙、柱断面用涂黑表示。

②未剖切到的可见轮廓线,如窗台、台阶、明沟、花台、梯段等用中实线表示。

③门的开启线、图例线、尺寸标注、标高、轴线符号等用细实线表示。

(7) 尺寸标注。

①建筑平面图的尺寸包括外部尺寸和内部尺寸。

②外部尺寸通常标注在图形下方和左方。

③最外面一道为外轮廓的总尺寸;第二道表示轴线之间的距离。

④最里面一道是细部尺寸,表示门窗洞口的宽度和位置、墙柱的大小和位置等。

⑤内部尺寸表示室内的门窗洞、孔洞、墙厚、房间净空和固定设施等的大小和位置。

(8) 标高:底层地面标注为相对标高±0.000,其他楼层、地面、屋面等都标注相对高度。

3. 建筑平面图识读与实训

(1) 建筑平面图的基本内容。

①图名与比例。

②定位轴线及其编号。定位轴线是各构件在长宽方向的定位依据。

③建筑物的平面形状,房屋内各房间的名称、平面布置情况和房屋的朝向。

④门窗的代号、编号以及开启方向。

⑤内部装修做法和必要的文字说明。

⑥房屋内、外部尺寸和标高。

⑦需用详图表达部位,应标注索引符号。底层平面图应注明剖面图的剖切位置。

⑧施工说明等。

(2) 屋顶平面图的基本内容。

①屋顶平面图是屋面的水平投影图。

②表明屋顶形状和尺寸,表示出屋面排水情况,突出屋面的全部构造位置。

③突出屋面的女儿墙、楼梯间、水箱、烟道、通风道、检查孔等具体位置。

④表示出屋面排水分区情况、屋脊、天沟、屋面坡度及排水方向和下水口位置等。

⑤屋顶构造复杂的还要加注详图索引符号,画出详图。

(3) 建筑平面图识读注意事项。

①看清图名和绘图比例,了解该平面图属于哪层。

②识读平面图时,应由低向高逐层阅读平面图。首先从定位轴线开始,根据所注尺寸看房间的开间和进深,再看墙的厚度或柱子的尺寸,了解定位轴线是处于墙体的中央位置还是偏心位置,以及门窗的位置和尺寸。尤其应注意各层平面图变化之处。

③在平面图中,被剖切到的砖墙断面按规定应绘制砖墙材料图例,若绘图比例小于或等于 1∶50,则不绘制砖墙材料图例。

④不可忽视平面图中的剖切位置与详图索引标志，它涉及朝向与所表达的详细内容。

⑤房屋的朝向可通过底层平面图中的指北针来了解。

⑥屋顶平面图应与外墙详图和索引屋面细部构造详图对照，尤其注意外楼梯、检查孔、檐口等部位和屋面材料防水。

（4）底层平面图识读实训见图 3-11 所示。

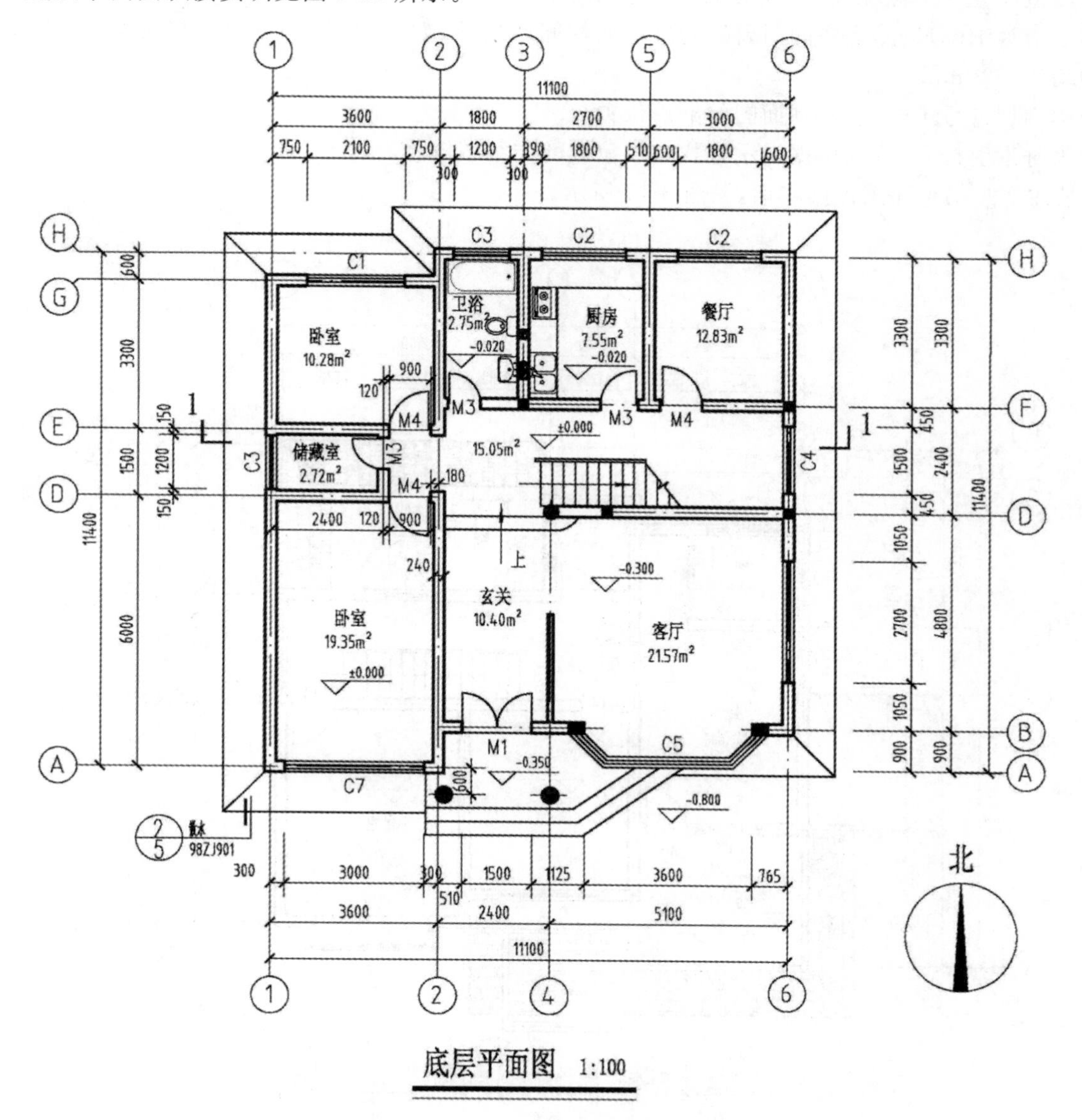

图 3-11　某住宅底层平面图

①图名是某住宅底层平面图，比例是 1∶100。

②从指北针可知，该住宅坐北朝南，大门在南面。

③屋外有平台和台阶，屋内有客厅、餐厅、厨房、卫浴和储藏室各 1 间，卧室 2 间。

④卧室、餐厅、梯间标高为±0.000 m，卫生间、厨房标高为－0.020 m。

⑤底层设计是错层，梯间等比玄关、客厅地面高 300 mm，之间设有两级台阶。

⑥门外平台标高为－0.350 m，比室内客厅低 50 mm。

⑦室外地面标高为－0.800 m，比门外平台低 450 mm，设有三级台阶。

⑧住宅的轴线以墙中定位，墙的中心线与轴线重合。

⑨横向轴线 1－6，纵向轴线 A－H。

⑩剖切到的墙体用粗实线双线绘制，墙厚 240 mm。

⑪涂黑的是钢筋混凝土柱，因为截面有方形，也有圆形。

⑫平面图的四面均标注了三道尺寸。

⑬最外面的第一道尺寸为总体尺寸，反映住宅的总长和总宽。

⑭本住宅总定位轴线长 11100 mm，总定位轴线宽 11400 mm。

⑮第二道尺寸为定位轴线尺寸，反映定位柱墙间距，如①轴与②轴间距为 3600 mm。

⑯第三道为细部尺寸，是柱间门窗洞的尺寸或柱间墙尺寸，如平面图左下角 C7 窗洞宽 3000 mm，距①轴与②轴均为 300 mm。

⑰图中剖切符号 1—1 表示剖面图的剖切位置。

⑱散水有索引符号，可以根据提示查找这些位置的详细图解。

(5) 某住宅二层平面图识读实训，见图 3-12 所示。

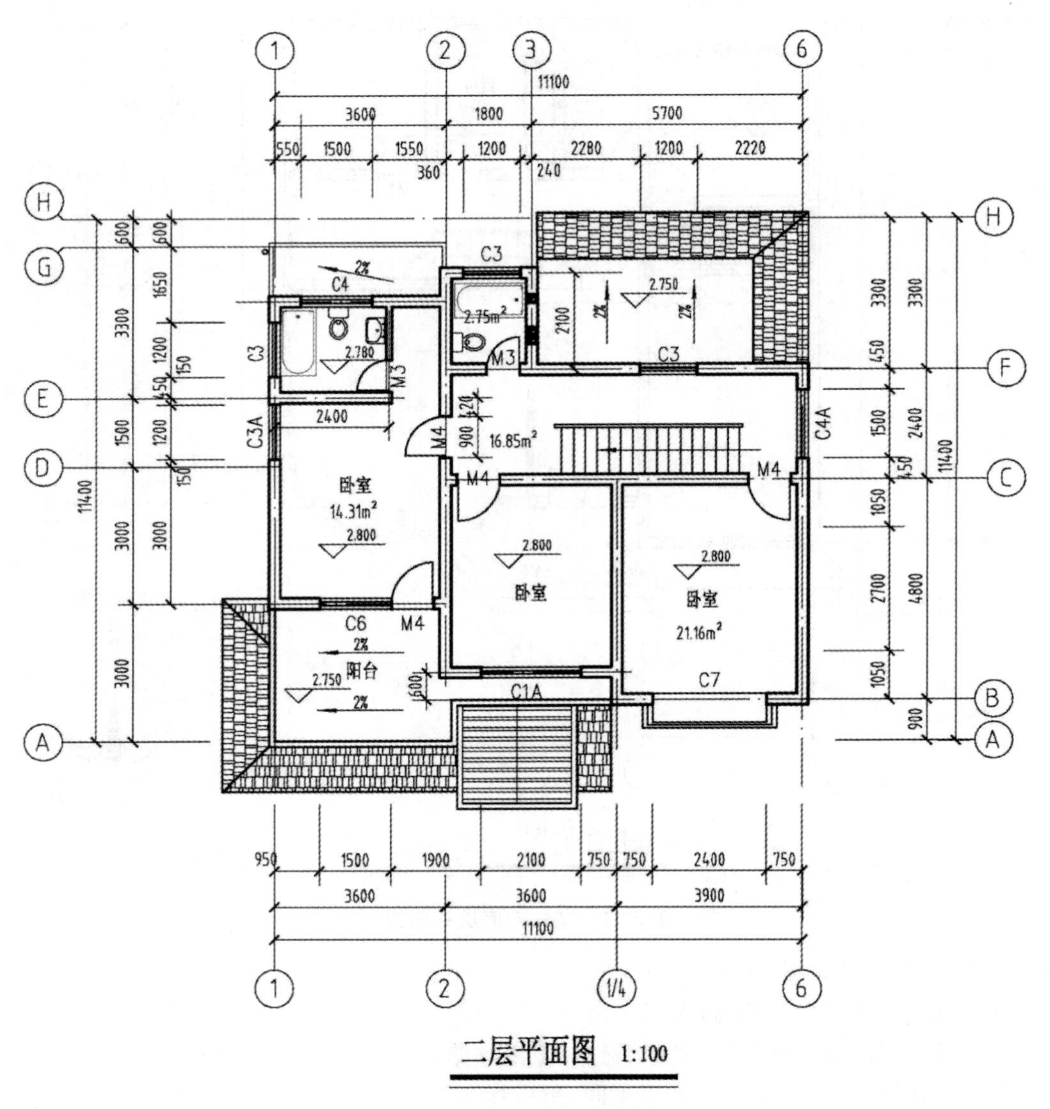

图 3-12　某住宅二层平面图

①图名是某住宅二层平面图，比例是 1∶100。

②没有室外的台阶、散水等室外附属设施。

③没有指北针。

④屋内布置有套房 1 间、卧室 2 间、公共卫生间 1 个。

⑤通过套房进出左下角阳台。

⑥室内标高 2.800 m,卫生间标高 3.780 m,比室内低 20 mm。左下角阳台标高 2.750 mm。
⑦画有坡度(泛水)2%和排水管,箭头方向为排水方向。
⑧有通往底层的单边楼梯。
(6) 某住宅三层平面图识读实训,见图 3-13 所示。

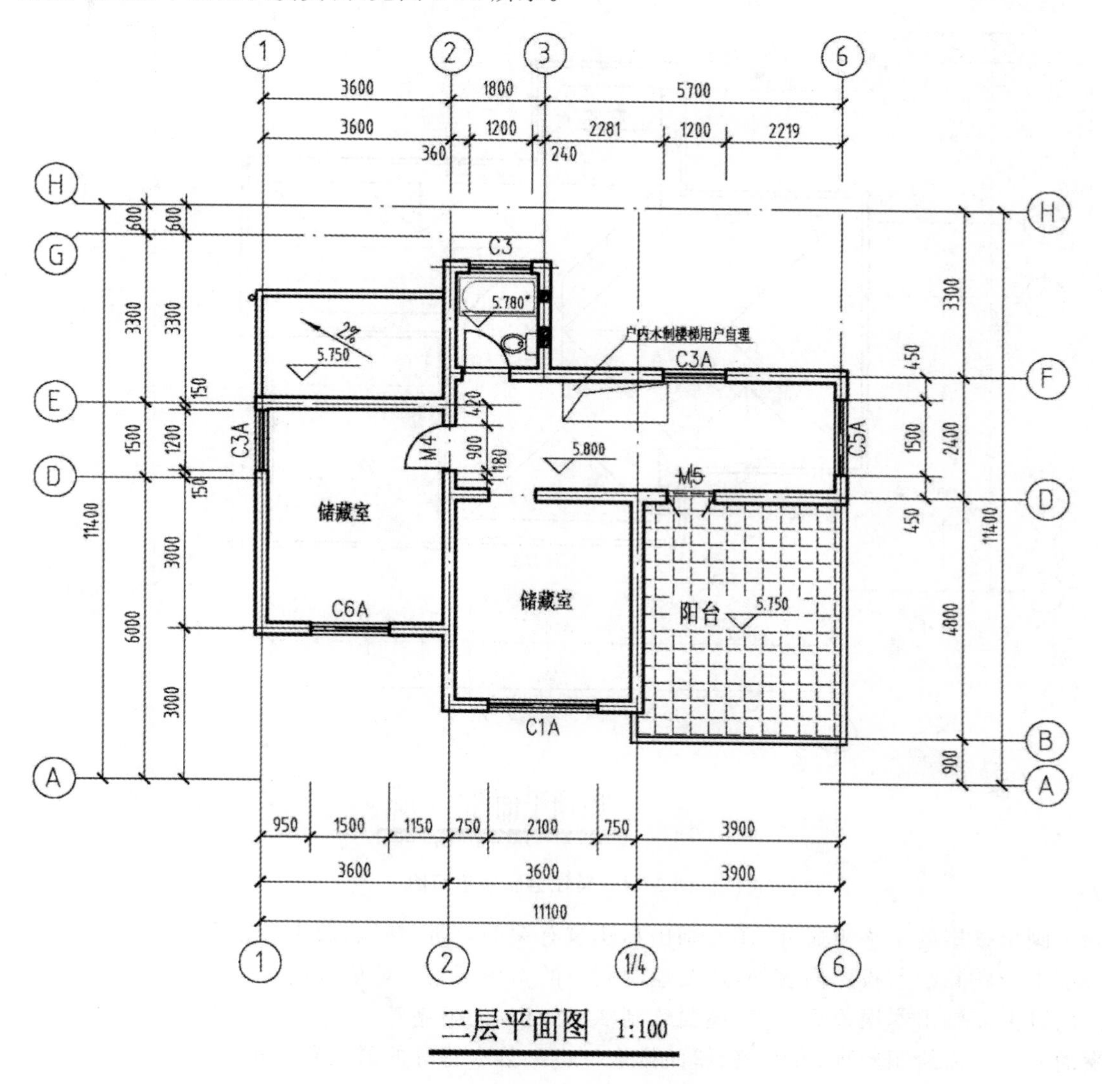

图 3-13　某住宅三层平面图

①图名是某住宅三层平面图,比例是 1∶100。
②室内设有储藏室,从梯间进出右下角阳台。
③室内标高 5.800 m,卫生间标高 5.780 m,比室内低 20 mm。
④阳台标高 5.750 m,画有坡度 2%和排水管,箭头方向为排水方向。
⑤上下三层没有建楼梯。
⑥文字说明“户内木制楼梯用户自理”。
(7) 某住宅屋顶平面图识读实训,见图 3-14 所示。
①图名是某住宅屋顶平面图,比例是 1∶100。
②屋顶平面平台坡度 2%,斜屋顶下方坡度 1%,箭头方向为排水方向。
③屋顶画有排水管。

4. 建筑平面图绘制实训

(1) 建筑平面图绘制注意事项。

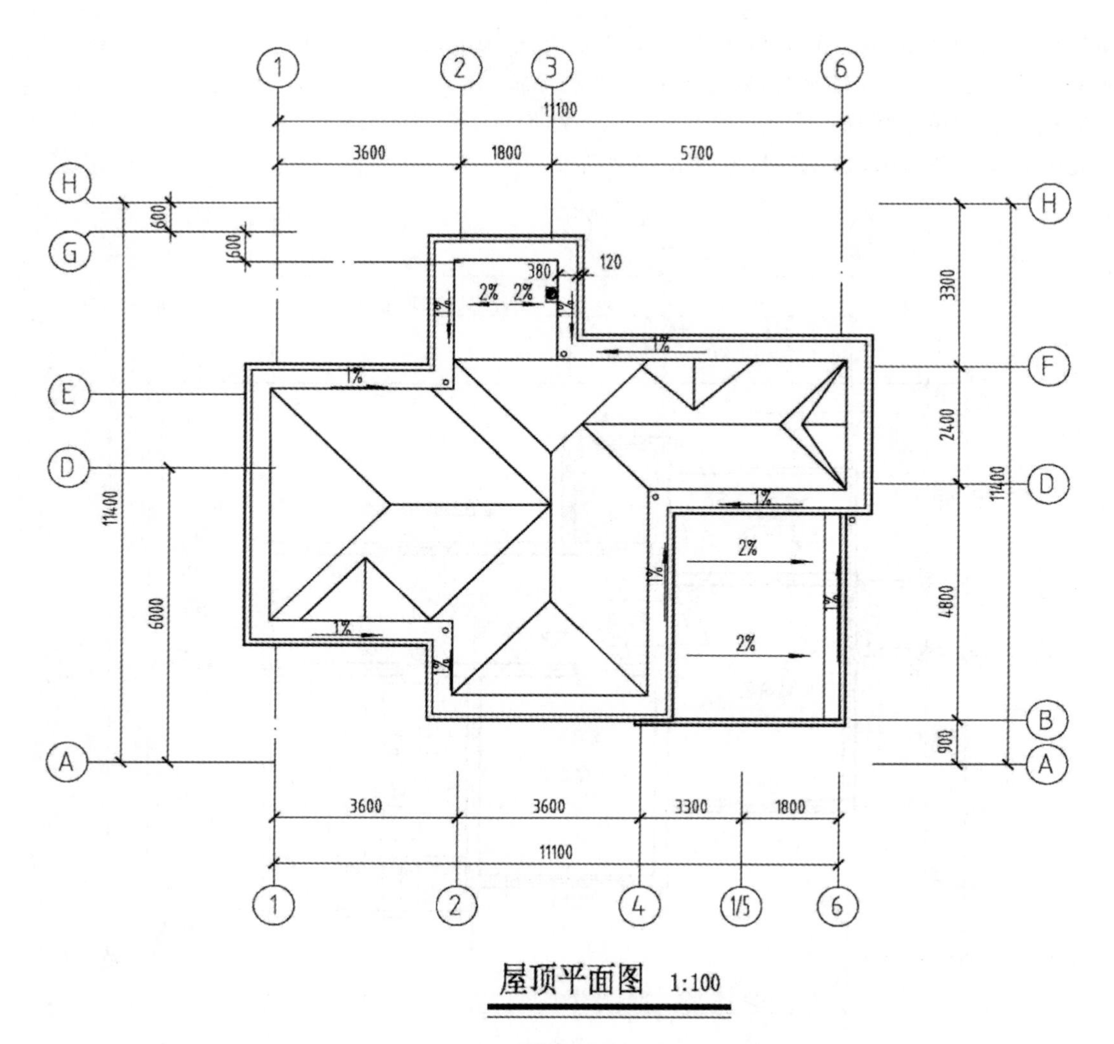

图 3-14　某住宅屋顶平面图

①除了画出该层的水平投影外，还要画出与建筑有关的台阶、花池、散水等投影。

②二层平面图除绘制投影内容外，还要绘制底层的雨篷、阳台、窗眉等内容。

③三层以上需画出本层投影内容，还要绘制二层的窗眉、雨篷等。

④屋面平面图需绘制屋顶、女儿墙、屋面排水、坡度、落水管等的形状和大小。

(2) 建筑平面图绘制实训，以底层建筑平面图绘制为范例，见图 3-15 所示。

①画定位轴线。根据轴间距离，用点画线画出轴线网。

②画墙、柱、门窗洞轮廓线。画出墙的宽度，本例墙宽为 240 mm。根据门窗尺寸和轴线画出门窗洞。墙体线用粗实线画出。按照柱的尺寸和位置画出柱的轮廓并涂黑。

③画门窗和细部构造。按尺寸画出门窗图形并进行编号；画出楼梯、台阶、散水以及箭头。必要时，画出厨房、卫浴用具图例。

④标注尺寸、标高、轴号、说明文字等，用细实线画出。

三、学习任务小结

建筑平面图是室内设计图的基础。通过本次任务的学习，同学们对建筑平面图的形成、作用、内容、图示方法、识读技巧、绘制步骤等有了全面的认识。希望同学们严谨规范地进行理论学习和技能实训。同时，多收集、分析和整理相关作品，理论联系实践，通过建筑平面图识读和绘制实训，提高识读和绘制的速度和质量。

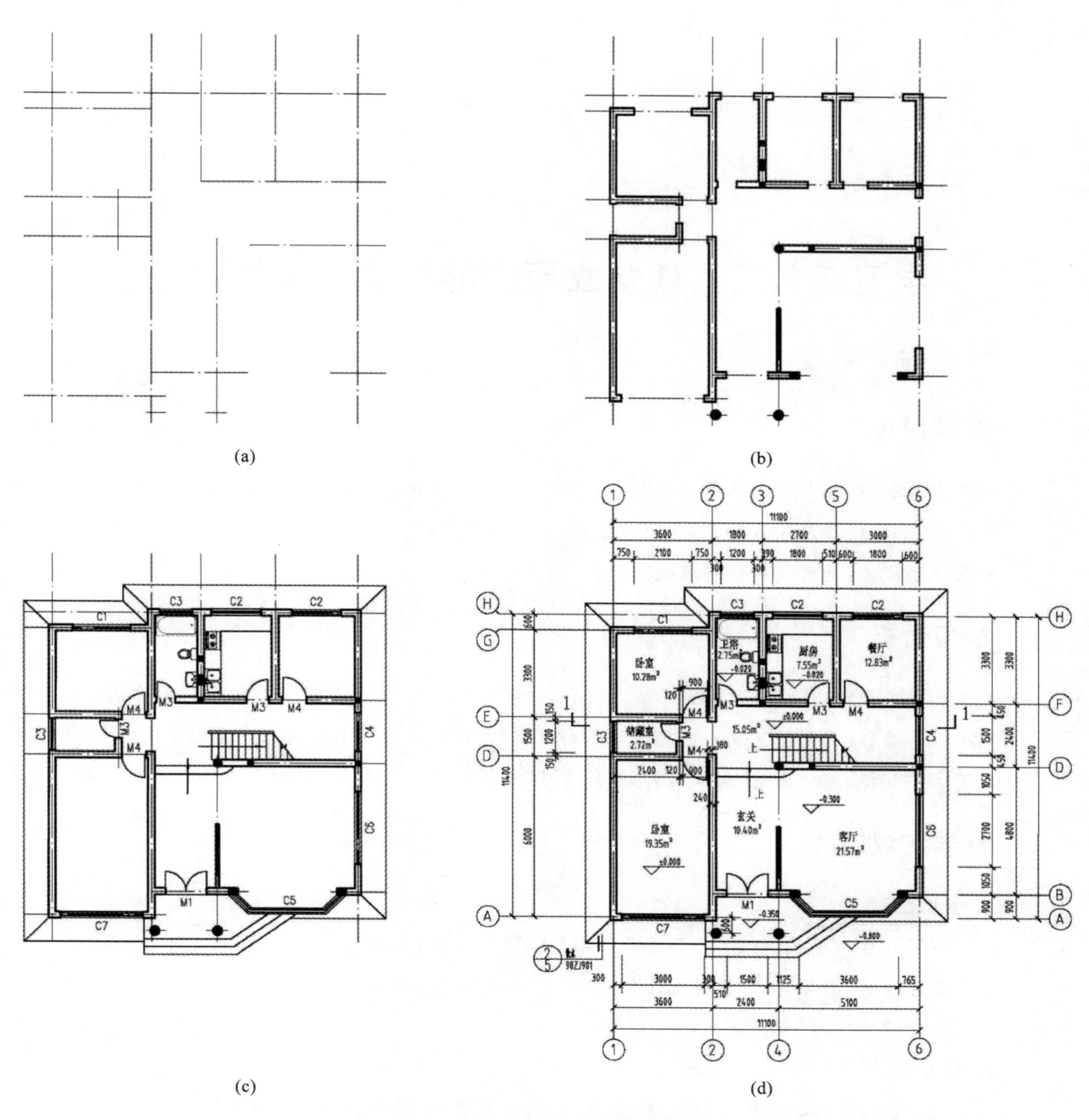

图 3-15　绘制建筑平面图的步骤

四、课后作业

（1）识读图 3-11 所示某住宅底层平面图。

（2）识读图 3-12 所示某住宅二层平面图。

学习任务三　建筑立面图的识读与绘制实训

教学目标

(1) 专业能力:学习建筑立面图的形成、作用和图示方法,掌握其识读技巧和绘制技能。

(2) 社会能力:激发学习兴趣,增强自信,提高组织能力,大胆沟通和表达。

(3) 方法能力:资料分析和整理能力,实践操作能力。

学习目标

(1) 知识目标:熟悉建筑立面图形成、作用、图示方法,掌握制图标准和识读、绘图的方法。

(2) 技能目标:加强建筑立面图的识读和绘制实训,掌握建筑立面图的识读与绘制技能。

(3) 素质目标:端正态度,树立目标,加强自律,严谨规范。

教学建议

1. 教师活动

(1) 分析学生,研究教材,收集样图,评估现场,准备情景,激发兴趣。

(2) 确定项目,引导讨论,进行分组,分享案例,操作示范,教学评价。

(3) 关注学生思想,重视学生职业素质。

2. 学生活动

(1) 主动预习,认真听讲,积极思考,参与讨论,加强实践,学会表达和自评互评。

(2) 查阅资料,主动观察,自主学习,自我管理,自我提高,举一反三,学以致用。

(3) 培养人文素养,锻炼职业能力,增强发现问题、反映问题以及解决问题的能力。

一、学习任务导入

人们对于建筑美的感知往往是从外立面开始的。外立面是建筑风格、造型、样式的重要体现，包括建筑入口、墙体、屋顶、门窗、细部以及外部周边环境等构成元素。建筑立面效果图见图 3-16 所示。

图 3-16 建筑立面效果图

二、学习任务讲解

1. 建筑立面图的形成

建筑立面图是建筑物在与建筑立面平行的投影面上投影所得的正投影图，主要表示建筑物外形、高度和墙面的装饰材料等。见图 3-17 所示。

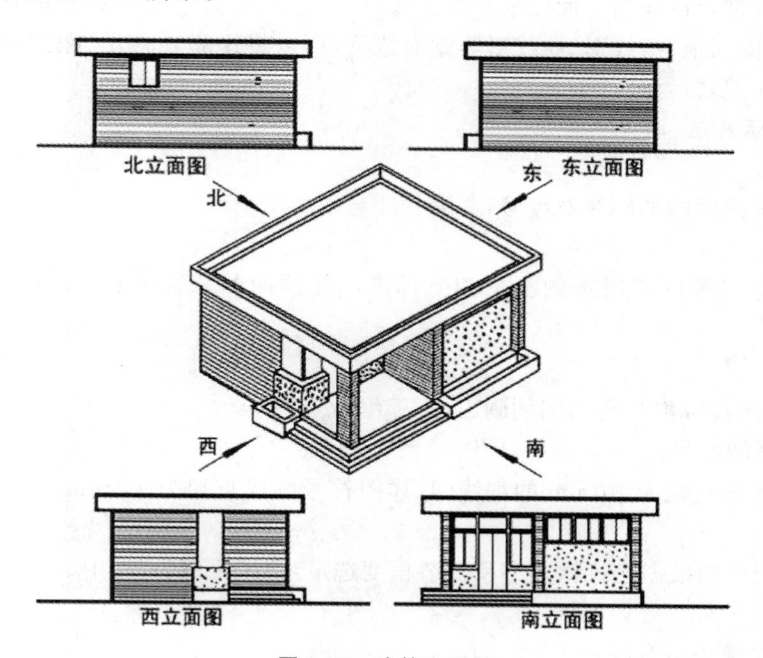

图 3-17 建筑立面图

原则上，东、南、西、北每个立面都要画立面图。立面图的命名方式有三种，见图 3-18 所示。

(1) 以外貌特征命名。

反映建筑物主要出入口或反映主要造型特征的立面图称为正立面图，两侧的称为左、右立面图，与正立面相对的称为背立面图。

(2) 用朝向命名。

建筑物的某个立面面向哪个方向，则称为那个方向的立面图，如面向东面的称为东立面图，面向南面的称为南立面图，以此类推。

(3) 用建筑平面图中的首尾轴线命名。

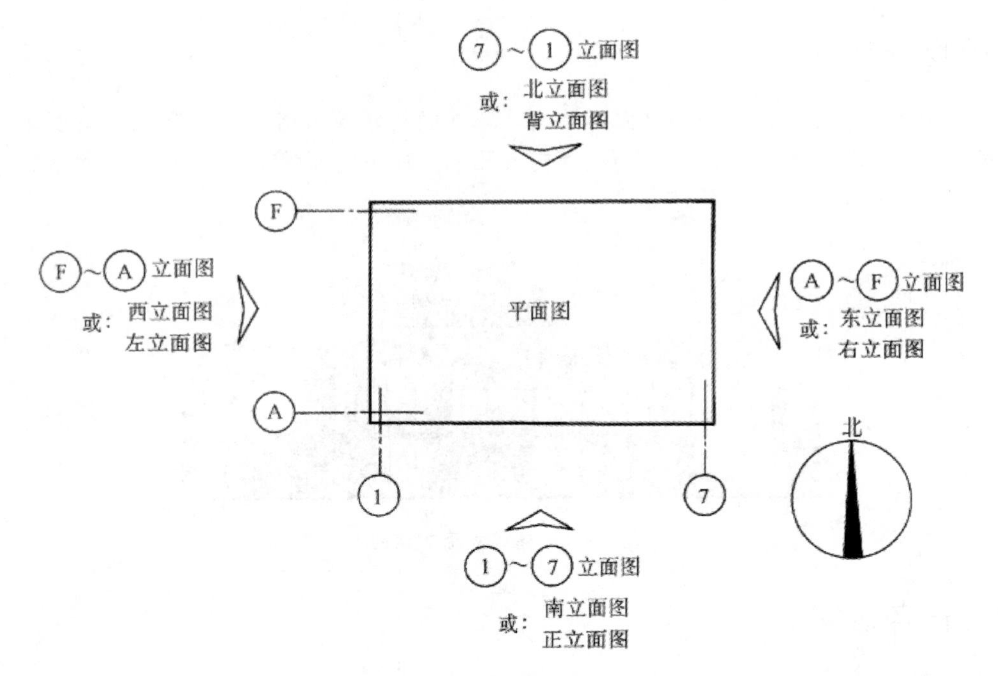

图 3-18　立面图的命名方法

按观察者面向建筑物从左到右的轴线顺序命名，如①～⑩立面图或其背面⑩～①立面图。

以上三种命名方式都可以作为立面图的命名方式，但一套图纸只能统一采用其中一种。建筑物立面如果不平行于投影面，如圆弧形、折线形、曲线形等立面造型，可以将这部分展开与投影面平行，再用正投影法画出其立面图。注意在图名后注写"展开"二字。

2. 建筑立面图图示方法

（1）定位轴线。

建筑立面图一般画出两端的轴线及编号，其编号应与平面图一致。

（2）立面图例。

立面图的建筑构造与配件使用图例参见相应标准。外墙面的装饰材料、做法、色彩等用文字或列表说明。

（3）门窗与编号。

在立面图上，门窗应按标准规定的图例画出，不标编号。

（4）索引符号与详图符号。

索引符号的编号画成直径为 10 mm 的细线圆，详图符号画成直径为 14 mm 的粗线圆，参照图 1-28、图 1-29 所示。

（5）比例。立面图比例根据建筑物大小和复杂程度选定，常用比例为 1∶100、1∶200、1∶50。

（6）立面图线。

①立面图的外形轮廓用粗实线表示。

②室外地坪线用加粗实线（线宽为粗实线的 1.4 倍左右）表示。

③门窗洞口、檐口、阳台、雨篷、台阶等用中实线表示。

④墙面分隔线、门窗格子、雨水管以及引出线等均用细实线表示。

（7）尺寸标注。

①在立面图上，高度尺寸主要用标高表示。

②一般要注明室内外地坪、一层楼地面、窗洞口的上下口、女儿墙压顶面、进口平台面及雨篷底面等的标高。

3. 建筑立面图的识读

（1）建筑立面图的基本内容。

①图名与比例。

②立面两端的定位轴线及其编号。

③建筑物外立面的形状、层数、长度、高度以及门窗的分布、外形、开启方向。

④屋顶外形以及可能有的水箱位置。

⑤阳台、台阶、雨篷、窗台、勒脚、雨水管等的外形和位置，外墙面装修做法。

⑥标高以及必须标注的局部尺寸。

⑦详图索引符号。

⑧施工说明等。

(2) 某住宅建筑正立面图识读实训，见图 3-19 所示。

①图名是某住宅正立面图，比例为 1∶100。

②从该住宅底层平面指北针可知，该住宅坐北朝南，正立面也就是南立面，是建筑物的主要立面，反映该住宅的外貌特征。采用了粗实线绘制外轮廓线，突出建筑立面轮廓。用中实线画出窗洞的开关与分布、各种建筑构件的轮廓等；用细实线画出门窗分格线、阳台、装饰线以及用料注释引出线等。

③结合建筑平面图识读图 3-19。大门朝南，位于建筑物的中央。门前有一台阶，台阶踏步分为三级。从图左标高－0.650 m 和－0.350 m 可知，台阶上端到室外地面高度 300 mm，踏步每级高 100 mm。

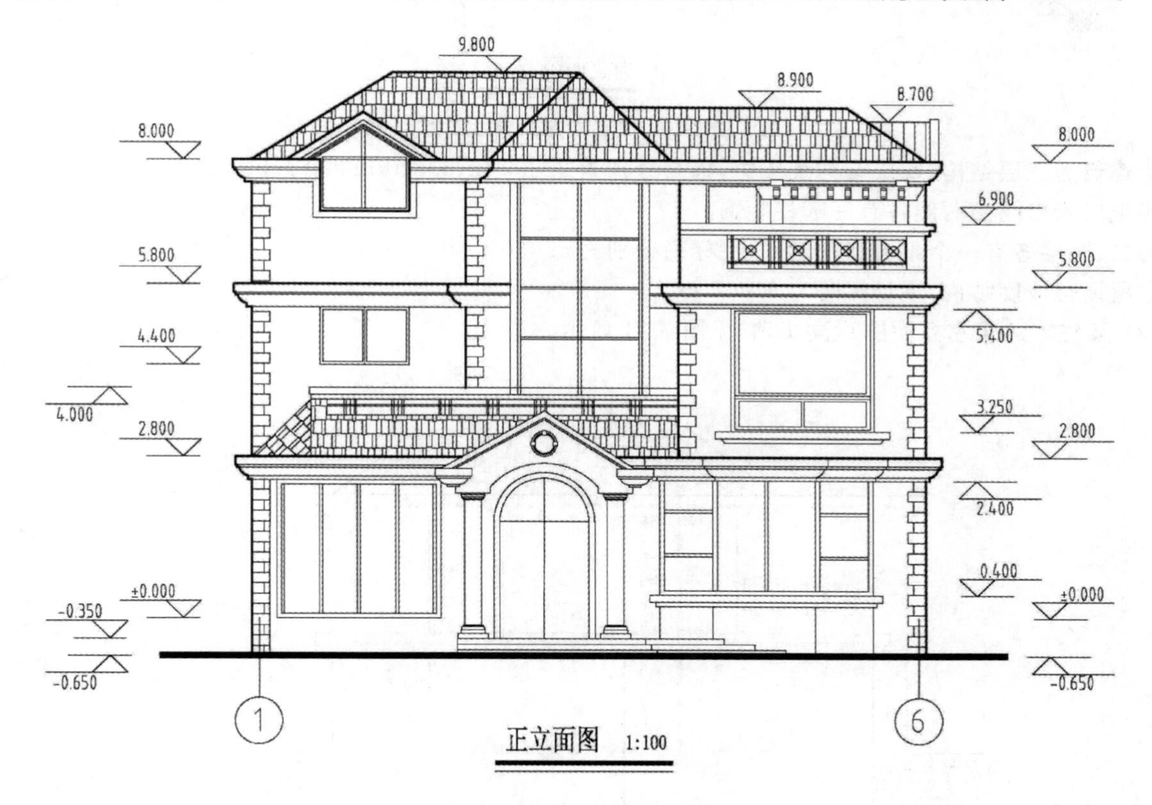

图 3-19 某住宅建筑正立面图

④正门入口门楼两侧各有一圆柱装饰。

⑤建筑为三层结构，每层有饰线压边，标高分别为 2.800 m、5.800 m 和 8.000 m。

⑥二、三层各有一个阳台和扶栏，扶栏标高分别为 4.000 m 和 6.900 m。

⑦屋顶是坡度结构，增加了建筑物的艺术效果，标高分别为 8.900 m 和 9.800 m。

(3) 某住宅建筑背立面图识读实训，见图 3-20 所示。

①图名是某住宅背立面图，比例是 1∶100。

②采用了粗实线绘制外轮廓线，突出建筑立面轮廓。用中实线画出窗洞的开关与分布、各种建筑构件的轮廓等；用细实线画出门窗分格线、阳台、装饰线和用料注释引出线等。

③用加粗线画出室外地坪线，标高－0.650 m 说明室外地坪与室内地面相差 650 mm。

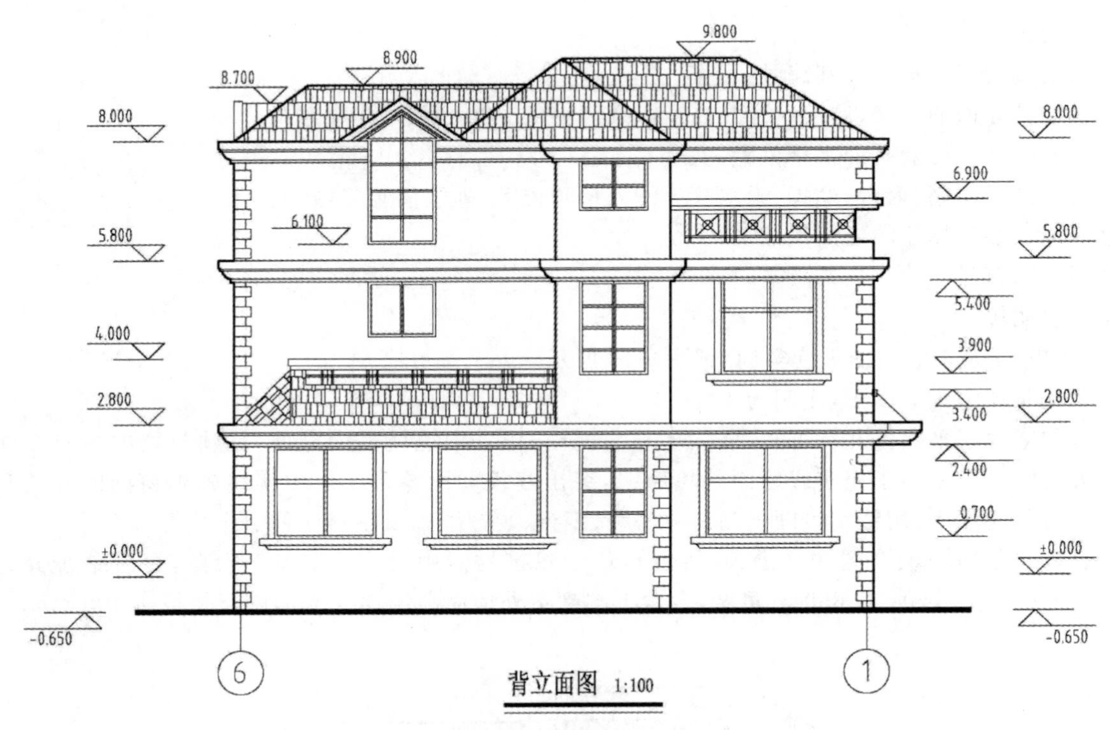

图 3-20 某住宅建筑背立面图

④建筑为三层结构，每层有饰线压边，标高分别为 2.800 m、5.800 m 和 8.000 m。

⑤正门入口门楼两侧各有一圆柱装饰。

⑥二、三层各有一个阳台和扶栏，扶栏标高分别为 4.000 m 和 6.900 m。

⑦屋顶是坡度结构，屋顶标高为 9.800 m。

(4) 某住宅建筑左立面图识读实训，见图 3-21 所示。

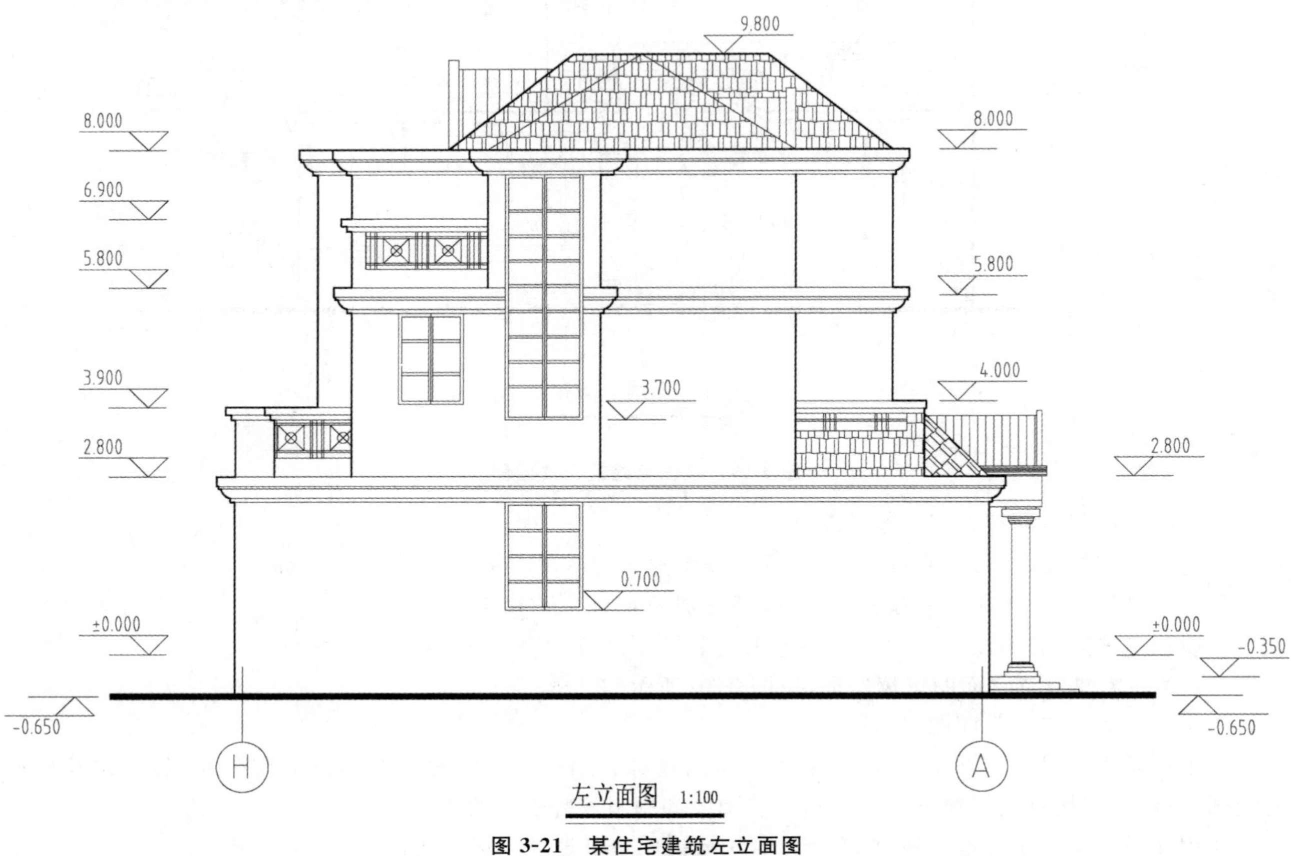

图 3-21 某住宅建筑左立面图

①图名是某住宅左侧立面图，比例是 1∶100。

②采用了粗实线绘制外轮廓线，突出建筑立面轮廓。用中实线画出窗洞与分布、各种建筑构件的轮廓等；用细实线画出门窗分格线、阳台、装饰线等。

③图右显示门前有一台阶，台阶踏步分为三级。从标高－0.650 m 和－0.350 m 可知，台阶上端到室外地面高度为 300 mm，踏步每级高 100 mm。用加粗线画出室外地坪线，说明室外地坪与室内地面相差 650 mm。

④建筑为三层结构，每层有饰线压边，标高分别为 2.800 m、5.800 m 和 8.000 m。

⑤二层前后、三层后面各有一个阳台和扶栏，扶栏标高分别为 4.000 m 和 6.900 m。

⑥屋顶是坡度结构，屋顶标高为 9.800 m。

(5) 某住宅建筑右立面图识读实训，见图 3-22 所示。

①图名是某住宅右立面图，比例是 1∶100。

②采用了粗实线绘制外轮廓线，突出建筑立面轮廓。用中实线画出窗洞与分布、各种建筑构件的轮廓等；用细实线画出门窗分格线、阳台、装饰线等。

③图 3-22 显示门前有一台阶，台阶踏步分为三级。从标高－0.650 m 和－0.350 m 可知，台阶上端到室外地面高度 300 mm，踏步每级高 100 mm。用加粗线画出室外地坪线，说明室外地坪与室内地面相差 650 mm。

④建筑为三层结构，每层有饰线压边，标高分别为 2.800 m、5.800 m 和 8.000 m。

⑤二层后面、三层前后各有一个阳台和扶栏，扶栏标高分别为 4.000 m 和 6.900 m。

⑥屋顶是坡度结构，屋顶标高为 9.800 m。

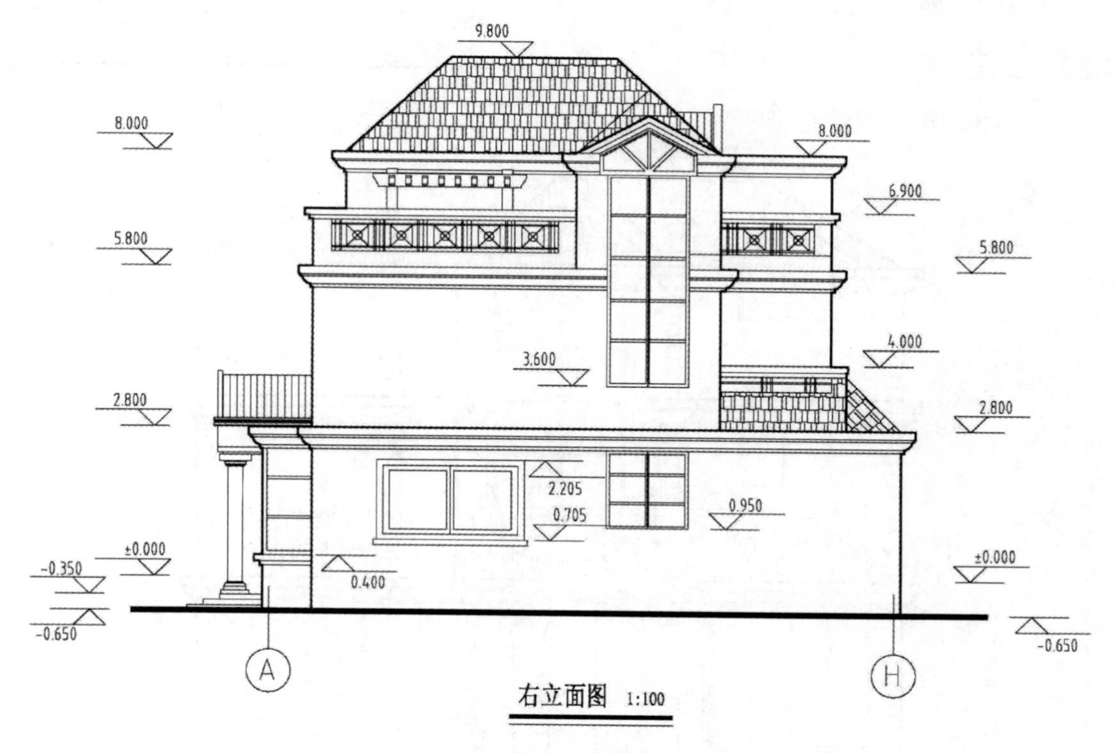

图 3-22　某住宅建筑右立面图

4. 某建筑立面图绘制实训

对照图 3-23 所示某住宅建筑正立面图讲解立面图的绘图步骤。

(1) 绘制轴线与层线。

画室外地平线、横向定位轴线、室内地坪线、楼面线、屋顶线。见图 3-23(a)所示。

(2) 绘制建筑物外轮廓线。

画建筑物外轮廓线以及墙面细部，如阳台、窗台、楣线、门窗细部分格、壁柱、室外台阶、花池等。见图

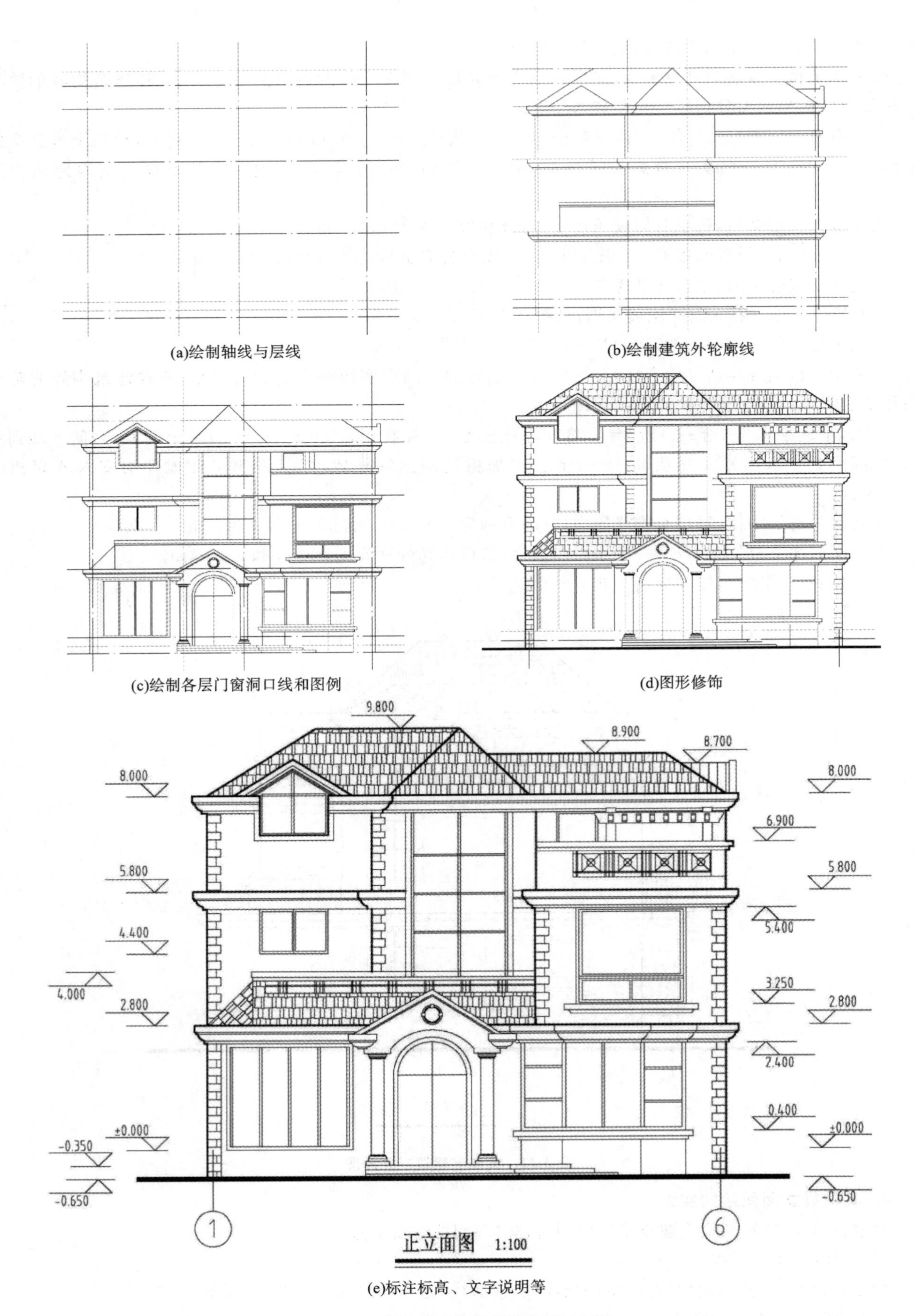

图 3-23 某住宅建筑正立面图绘制实训

3-23(b)所示。

(3) 绘制各层门窗洞口线和图例。见图 3-23(c)所示。

(4) 图形修饰。

检查后按立面图的线型要求进行图线加深，填充图案，完善图形。见图 3-23(d)所示。

(5) 标注标高、文字说明等。

标注标高、首尾轴线、书写墙面装修文字、图名、比例等。见图 3-23(e)所示。

三、学习任务小结

建筑物的美感与周围环境和建筑立面的艺术处理紧密相关，建筑立面的造型、尺度、材料、色彩影响建筑立面的整体形象。课后，同学们要把学习与实践结合在一起，多观察、多思考，把课堂上建筑立面图的知识与方法应用到建筑立面图的绘制中，学以致用，熟能生巧，活学活用。

四、课后作业布置

(1) 识读图 3-19 所示某住宅建筑正立面图。

(2) 识读图 3-20 所示某住宅建筑背立面图。

学习任务四　建筑剖面图的识读与绘制实训

教学目标

（1）专业能力：学习建筑剖面图的形成、作用和图示方法，掌握其识读技巧和绘制技能。

（2）社会能力：激发学习兴趣，增强自信，提高组织能力和沟通表达能力。

（3）方法能力：资料分析能力，整理能力，实践操作能力。

学习目标

（1）知识目标：熟悉建筑剖面图形成、图示方法、制图标准、识读和绘图的方法。

（2）技能目标：加强建筑剖面图的识读和绘制实训，掌握建筑剖面图的识读与绘制技能。

（3）素质目标：端正态度，树立目标，加强自律，严谨规范。

教学建议

1. 教师活动

（1）分析学生，研究教材，收集样图，评估现场，准备情景，激发兴趣。

（2）确定项目，引导讨论，进行分组，分享案例，操作示范，教学评价。

（3）关注学生思想，重视学生职业素质。

2. 学生活动

（1）主动预习，认真听讲，积极思考，参与讨论，加强实践，学会表达和自评互评。

（2）查阅资料，主动观察，自主学习，自我管理，自我提高，举一反三，学以致用。

（3）培养人文素养，锻炼职业能力，增强发现问题、反映问题以及解决问题的能力。

一、学习任务导入

老子《道德经》:“埏埴以为器,当其无,有器之用。凿户牖以为室,当其无,有室之用。故有之以为利,无之以为用。”意思是和泥制作陶器,有了器具中空的地方,才有器皿的作用;开凿门窗建造房屋,有了门窗四壁内的空虚部分,才有房屋的作用。其清晰阐述了实体与空间的关系。建筑空间又分为内部空间和外部空间。立面图表达的是建筑的外观,而建筑内部空间结构表达除平面图外,还需要绘制剖面图进行表达。图3-24 所示为清代七檩硬山大木小式。图 3-24(a)便于量化,图 3-24(b)直观明了。

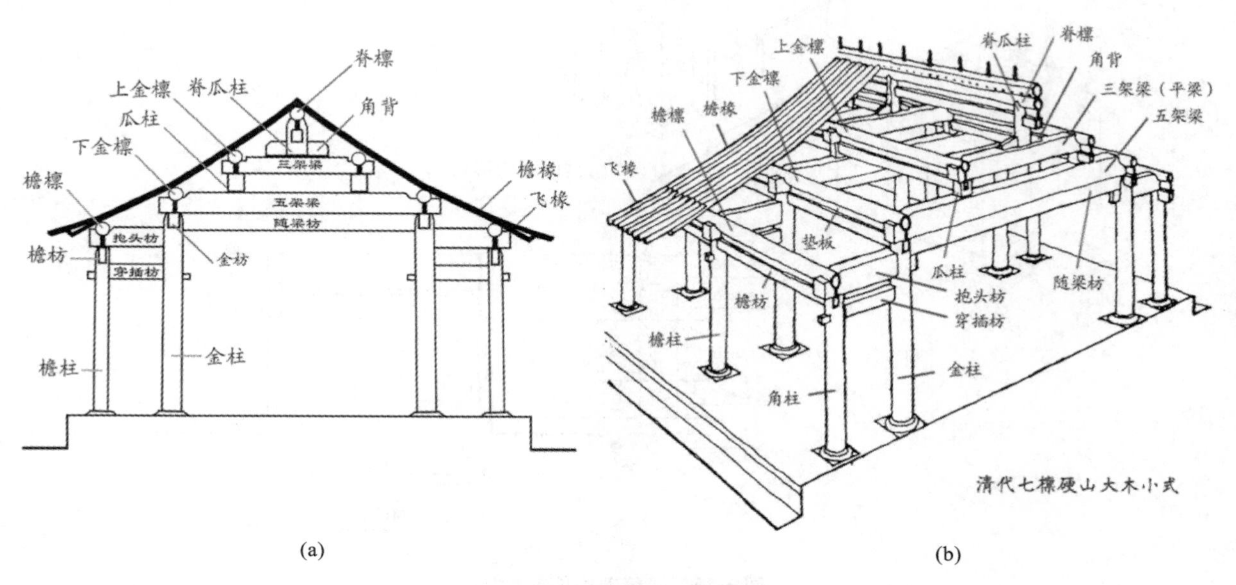

图 3-24　清代七檩硬山大木小式

二、学习任务讲解

1. 建筑剖面图的形成

假想用一个铅垂剖切平面将房屋剖开,移去靠近观察者那部分,对剩余部分所做的正投影图,称为建筑剖面图。建筑剖面图主要用于表达房屋内部高度、方向、构件布置、上下分层情况、层高、门窗洞口高度,以及房屋内部的结构形式。见图 3-25 所示。

建筑剖面图是建筑物的垂直剖视,是与平面图、立面图相互配合的重要图样之一。剖面图的数量是根据建筑物的复杂情况和施工实际需要决定的,一般多用横向剖视,有时也采用纵向剖视或阶梯剖视。剖切位置通常选择建筑物内部结构比较复杂、有代表性的部位,如门厅、门窗洞口、梯间等位置。剖视图的图名符号应与底层平面图上剖切符号相对应。

2. 建筑剖面图图示方法

(1) 定位轴线。

与建筑立面图一样,只画出两端的定位轴线及其编号,以便与平面图比照。

(2) 剖面图例。

对表达不清楚的局部构造,用索引符号引出,另绘详图。某些细部的做法,如地面、楼面等的做法,可用多层构造引出标注。

(3) 门窗与编号。

(4) 索引符号与详图符号。

(5) 剖面图比例。

建筑剖面图比例与建筑平面图、立面图一致,通常为 1∶50、1∶100、1∶200 等。

(6) 剖面图图线。

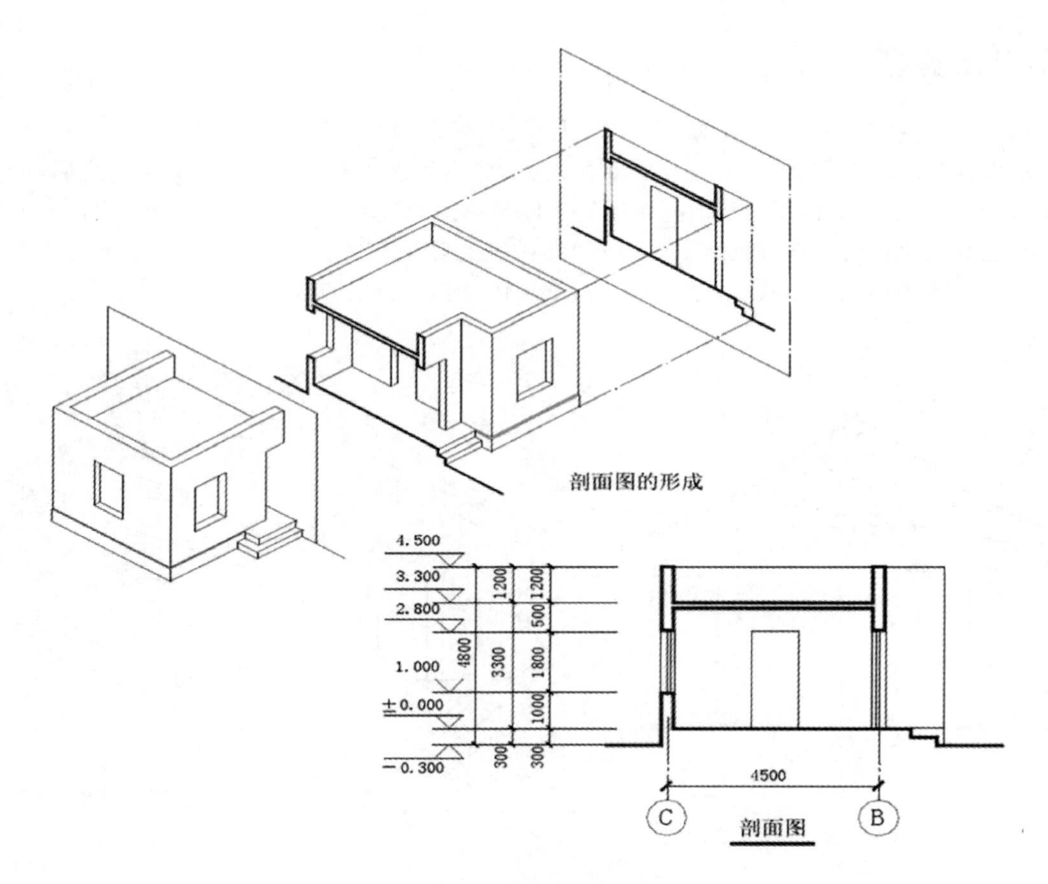

图 3-25 建筑剖面图的形成

①被剖切到的墙、楼面、屋面、梁的断面轮廓线用粗实线画出。砖墙一般不画图例，钢筋混凝土的梁、楼面、屋面和柱的断面通常涂黑表示。

②粉刷层在 1∶100 的剖面图中不必画出。比例超过 1∶50 时，则用细实线画出。

③室内外地坪线用加粗线(1.4b)表示。

④没有剖切到的可见轮廓线，如门窗洞、踢脚线、楼梯栏杆、扶手等用中实线画出。尺寸线、尺寸界线、图例、引出线、标高符号、雨水管等用细实线画出。

⑤定位轴线用细长单点画线画出。

(7) 剖面图尺寸标注。

①尺寸标注与建筑平面图一样，包括外部尺寸和内部尺寸。外部尺寸通常不超过三道，最外一道的总高尺寸，表示室外地坪到女儿墙压顶面的高度；第二道是层高尺寸；第三道是细部尺寸，表示勒脚、门窗洞、洞间墙、檐口等高度方向尺寸。

②内部尺寸用于表示室内门、窗、隔断、搁板、平台和墙裙等的高度。

③需用标高标注的有室内外地坪、各层楼面、楼梯休息平台、屋面和女儿墙压顶等。

3. 建筑剖面图识读

(1) 建筑剖面图的基本内容。

①图名与比例。

②定位轴线及编号。

③房屋被剖切的建筑构配件，在竖向方向上的布置情况，比如各层梁板的具体位置以及与墙柱的关系，屋顶的结构形式。

④房屋内未剖切到而可见的建筑构配件位置和形状，如可见的墙体、梁柱、阳台、雨篷、门窗、楼梯段以及各种装饰物和装饰线等。

⑤室内地面、楼面、顶棚、踢脚板、墙裙、屋面等装修用料及做法。

⑥在垂直方向上室内、室外各部位构造尺寸，室外要标注三道尺寸，水平方向标注定位轴线尺寸。应标注室外地坪、楼面、地面、阳台、台阶等处的建筑标高尺寸。

⑦详图索引符号。

⑧施工说明等。

(2) 建筑剖面图识读注意事项。

①阅读剖面图时，首先弄清楚该剖视图的剖切位置，对应剖面图与平面图、立面图的相互关系，逐层分析剖切到的内容。

②剖面图中的尺寸重点表明室内外高度尺寸，应校核细部尺寸、内外装修做法、材料等与平面图、立面图是否完全一致。

(3) 建筑剖面图识读实训，见图 3-26 所示。

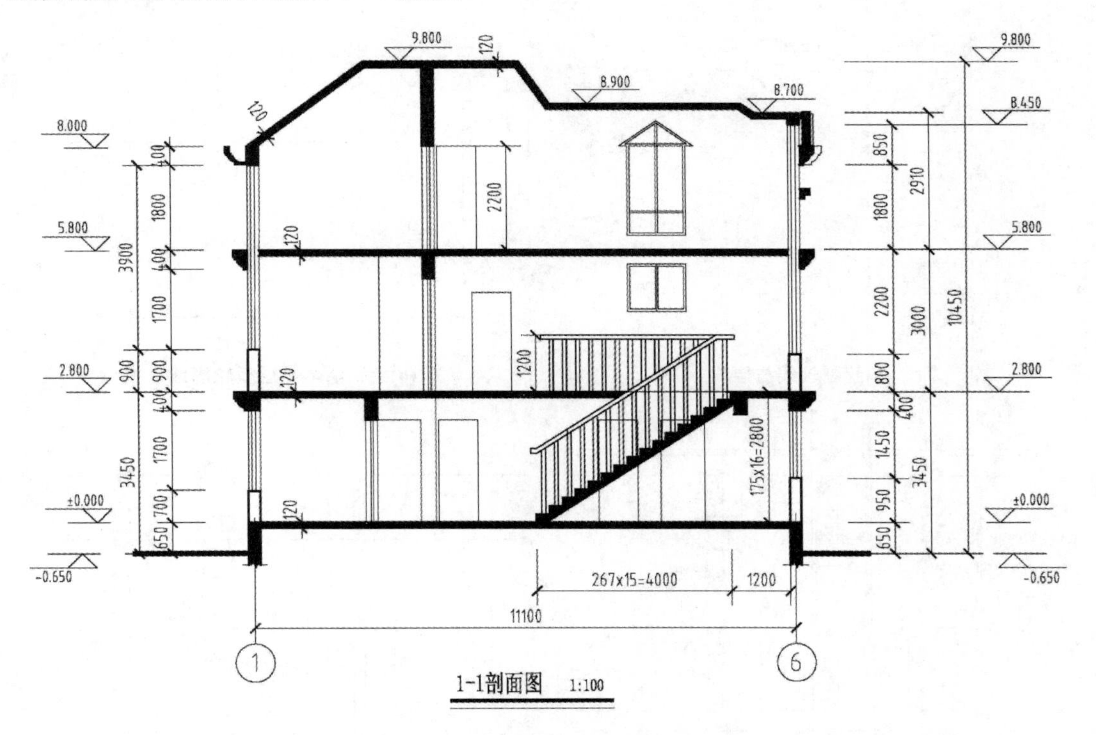

图 3-26 某住宅建筑 1—1 剖面图

①图名是某住宅 1—1 剖面图，比例是 1∶100。

②从底层平面图可知，1—1 剖面图是由一个剖切平面剖切而成的，是全剖视图。剖切位置通过储藏室、楼梯间，投影方向是从前到后、从南到北，基本能反映建筑物室内外构造。

③室外地坪用 1.4b 加粗实线画出，反映钢筋混凝土板的厚度。地梁用断线隔开，在 1、6 轴位置。

④剖切到的墙体用两粗实线表示，不画图例，表示砖墙。

⑤剖切到楼面、屋面和女儿墙压顶均涂黑，表示其材料是钢筋混凝土。楼面、屋面厚度为 120 mm。

⑥剖切到的楼梯长 4000 mm，高 2800 mm，共有 16 级台阶。扶手高度为 1200 mm。

⑦未剖切到门和窗画出其图例，其中门的高度为 2200 mm。

⑧从标高尺寸可知，住宅外地坪与室内地面差为 650 mm。以底层地面为起点，第二层楼面高为 2800 mm，第三层楼面高为 5800 mm，楼面高度分别为 9800 mm，8900 mm，8700 mm。

4. 剖面图绘制实训

绘制建筑剖面图与识读一样，必须对照各层平面图和立面图画绘制，特别是剖切后需要投影的那部分。下面以某住宅 1—1 建筑剖面图为例讲解绘图步骤。

(1) 绘制轴线与层线。

根据轴间距离、楼面、屋面高度绘制轴线与层线，见图 3-27(a)所示。

（2）绘制墙体与层板轮廓线。

以轴线与层线网为基准，绘制墙体与层板等轮廓线。见图 3-27(b)所示。

（3）绘制门窗等轮廓。

根据立面图的尺寸，绘制窗洞口、梁、女儿墙等可见轮廓线和剖切到的门窗檐口等图例。见图 3-27(c)所示。

（4）绘制细节构件。

绘制楼梯、台阶及其他可见的细节构件。见图 3-27(d)所示。

（5）图样修饰。

检查无误后，按剖面图的线型要求进行图线加深、填充图例，并删除多余的参考线，使图纸简洁、清晰。

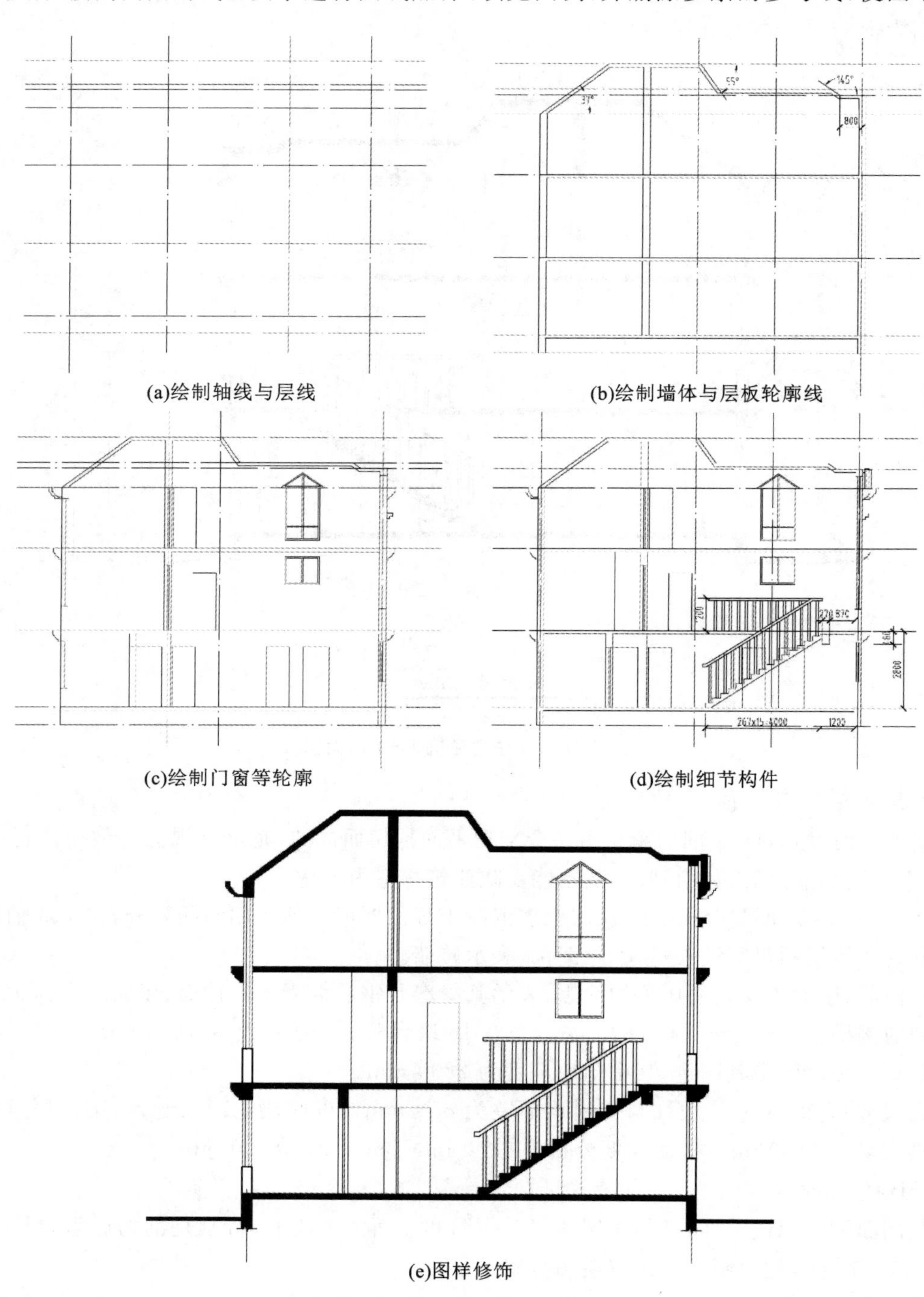

(a)绘制轴线与层线　(b)绘制墙体与层板轮廓线

(c)绘制门窗等轮廓　(d)绘制细节构件

(e)图样修饰

图 3-27　剖面图绘制

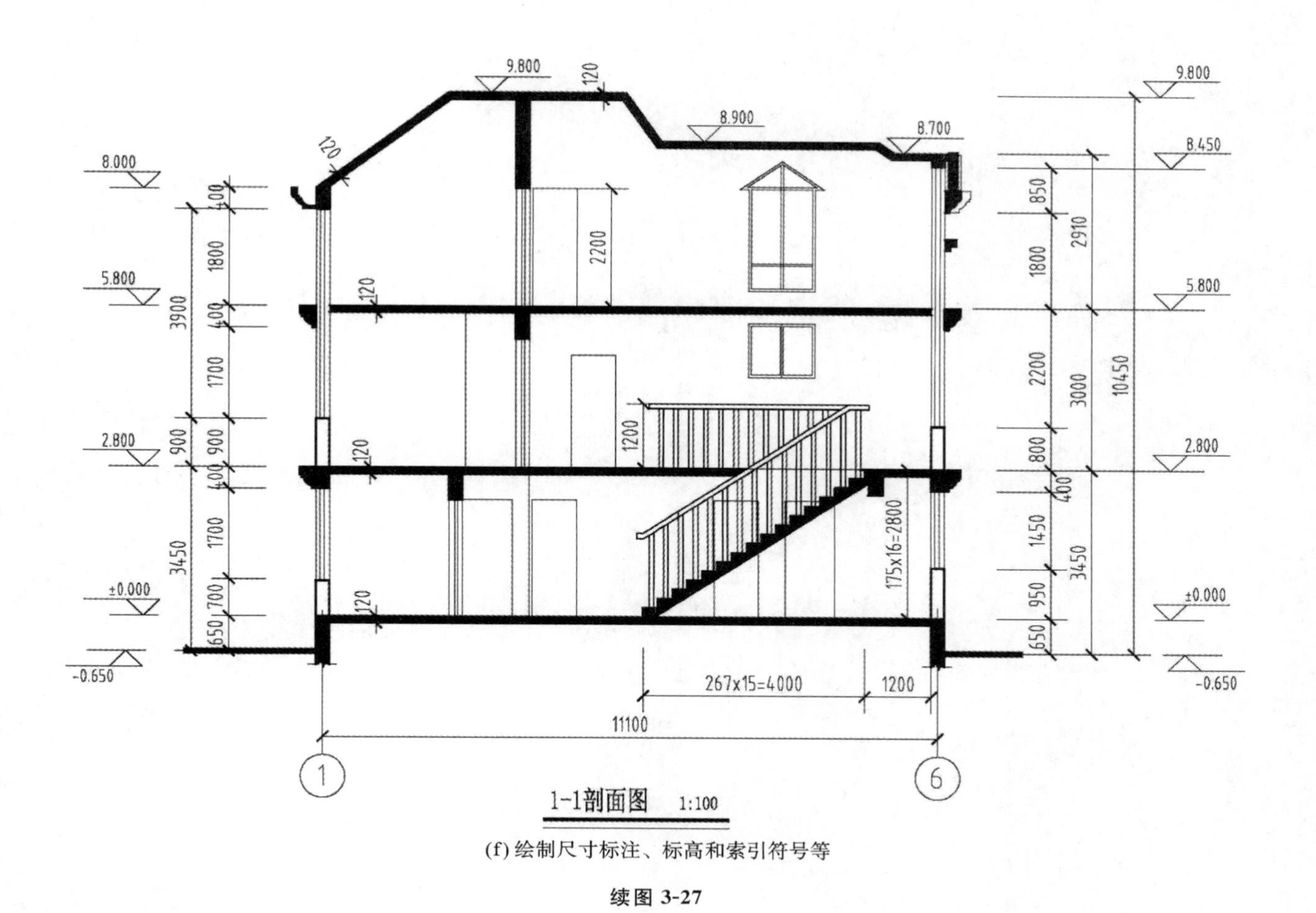

(f) 绘制尺寸标注、标高和索引符号等

续图 3-27

见图 3-27(e)所示。

(6) 绘制尺寸标注、标高和索引符号等,绘制图名和比例。见图 3-27(f)所示。

三、学习任务小结

剖面图表示房屋内部的结构或构造方式,如屋面(楼、地面)形式、分层情况、材料、做法、高度尺寸及各部位的联系等。它与平面图、立面图互相配合指导各层楼板和屋面施工、门窗安装和内部装修等。通过本次任务的学习,同学们初步掌握了建筑剖面图的识读和绘制方法。课后,同学们要多阅读建筑工程图案例,提高识图制图的熟练程度和应变能力,特别是对特定图例、常用尺寸的理解与熟悉,为下一阶段的学习打下基础。

四、课后作业

(1) 识读图 3-26 所示某住宅建筑 1—1 剖面图。

(2) 参照图 3-27 所示绘制剖面图。

项目四　居室平面图的识读与绘制实训

学习任务一　居室原始结构图的识读与绘制实训

学习任务二　居室平面布置图的识读与绘制实训

学习任务三　居室天花布置图的识读与绘制实训

学习任务四　居室地材布置图的识读与绘制实训

学习任务一　居室原始结构图的识读与绘制实训

教学目标

(1) 专业能力:掌握居室原始结构图的形成、作用和图示方法、识读技巧和绘制技能。

(2) 社会能力:激发学习兴趣,增强主动性,提高组织能力,锻炼发现和解决问题能力。

(3) 方法能力:资料分析和整理能力,实践操作能力。

学习目标

(1) 知识目标:学习居室原始结构图、建墙图、砌墙图的图示内容、识读方法和绘制技巧。

(2)技能目标:通过居室原始结构图、建墙图、砌墙图案例实训,掌握其识读和绘制技能。

(3)素质目标:认真负责态度,严谨细致作风,团结互助精神以及良好的沟通表达能力。

教学建议

1. 教师活动

(1) 收集原始结构图,运用多媒体课件和视频教学等手段,进行知识点讲授和技能指导。

(2) 导入某居室设计案例,组织原始结构图识读和绘制,培养识读和绘图基本功。

(3) 关注学生思想,重视学生职业素质培养,把思政教育以及职业能力锻炼融入课堂内外。

2. 学生活动

(1) 提前预习,认真听讲,积极思考,参与讨论,加强实践,完成识读和绘制的实训。

(2) 查阅资料,主动观察,自主学习,自我管理,自我提高,举一反三并能学以致用。

(3) 培养人文素养,锻炼职业能力,熟悉制图规范,并应用到原始结构图识读和绘制。

一、学习问题导入

施工图纸是工程施工、工程预算和工程监理的依据，快速读懂施工图是室内设计从业人员的一项必备技能。具备快速、高质量的绘图能力是从事室内设计行业的敲门砖。本次学习任务是居室原始结构图的识读和绘制，主要学习居室原始结构图的形成、表达内容、表达方法和制图规范，熟悉施工图的识读思路和绘制技巧，通过训练提高图纸识读和绘制能力，提升绘图质量。本次学习任务要求能够清晰表述居室原始结构图中墙体、门窗、房梁的宽度、厚度和高度，马桶、烟灶、管道、地漏等的具体位置，以及居室原始结构图的名称、比例、尺寸标高等。

二、学习任务讲解

1. 居室原始结构图的形成与作用

居室原始结构图即假想用一个水平剖切平面，在距离地面 1.5 m 处（一般在窗台的上方）剖开，再向下投影时得到的俯视图，见图 4-1 所示。设计师在进行室内设计之前，会到现场测量和绘制草图，并制作精准、清晰的室内原始结构图。居室原始结构图是绘制拆墙图、砌墙图、水电布置图的基础。

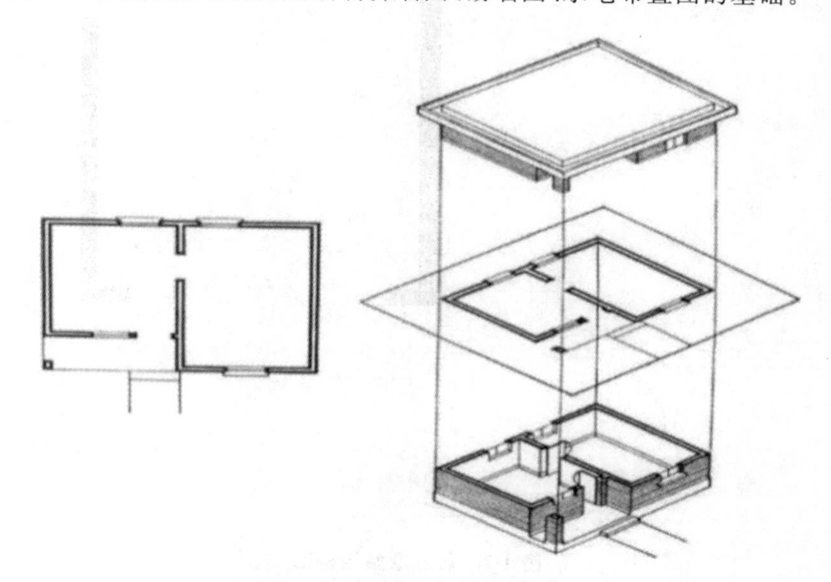

图 4-1　居室原始结构图的形成

2. 居室原始结构图的图示内容（见图 4-2）

（1）表达居室朝向，例如绘制指北针表达采光和通风。

（2）表示居室平面形状、初始布局、具体尺寸和面积。

（3）注明门、窗、洞口具体位置尺寸和门的开启方向。

（4）注明梁、柱、墙等位置以及长、宽、高和相对标高。

（5）注明烟灶、马桶、地漏、空调口以及原始水电位。

（6）若有楼梯，注明楼梯位置、踏步、扶手以及走向。

（7）墙柱、门窗、设备细部与总尺寸，注明图名比例。

3. 居室原始结构图朝向识读和绘制（见图 4-3、图 4-4）

（1）原始结构平面图中用指北针表明居室朝向。

（2）指北针外圆直径宜为 24 mm，尾部宽度为 3 mm，为圆的直径的 1/8。

（3）指北针用细实线绘制，指针涂成黑色，针尖指向北方，并注“北”或“N”字。见图 4-3 所示。

（4）图 4-4 表明居室朝向坐南朝北。

（5）居室朝向影响居室采光、通风以及家居布置等。

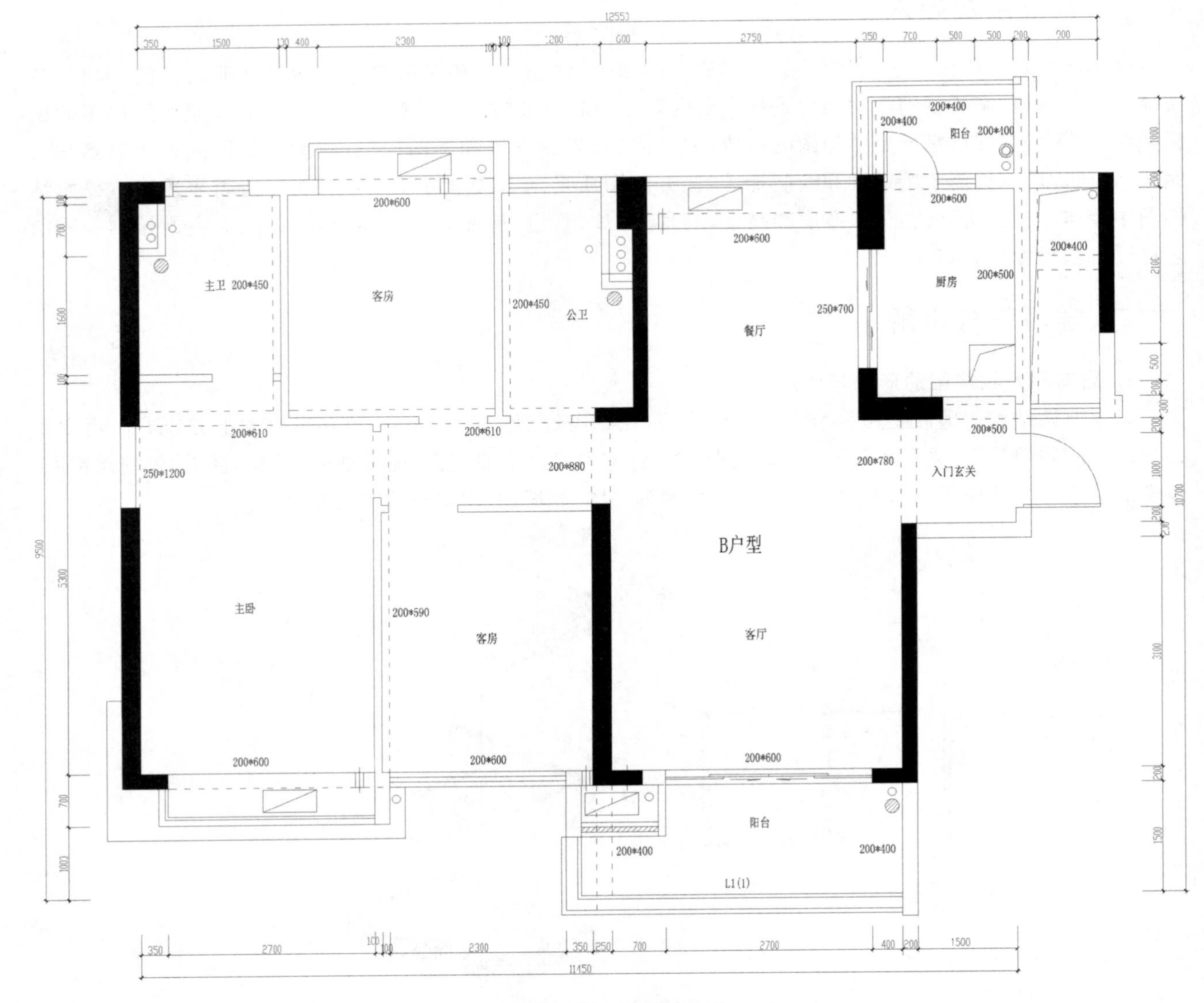

图 4-2　居室原始结构图

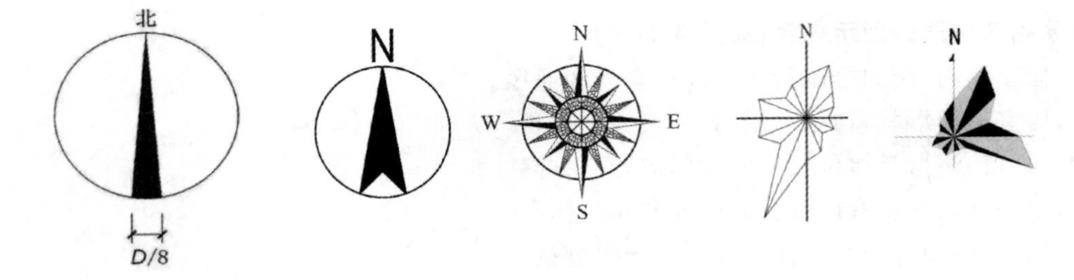

图 4-3　指北针的表示方法

4. 居室原始结构图的识读实训(见图 4-5)

(1) 图名是某居室原始结构图,比例是 1∶50。

(2) 剖切到的墙体用粗实线绘制,墙厚 240 mm,涂黑的是钢筋混凝土墙柱。

(3) 本居室总长为 12210 mm,宽为 9010 mm,建筑面积为 85 m^2。

(4) 原始结构图中有两道尺寸标注,第一道尺寸为总体尺寸,反映居室的总长和总宽。

(5) 第二道尺寸为定位轴线尺寸,反映定位柱墙间距。

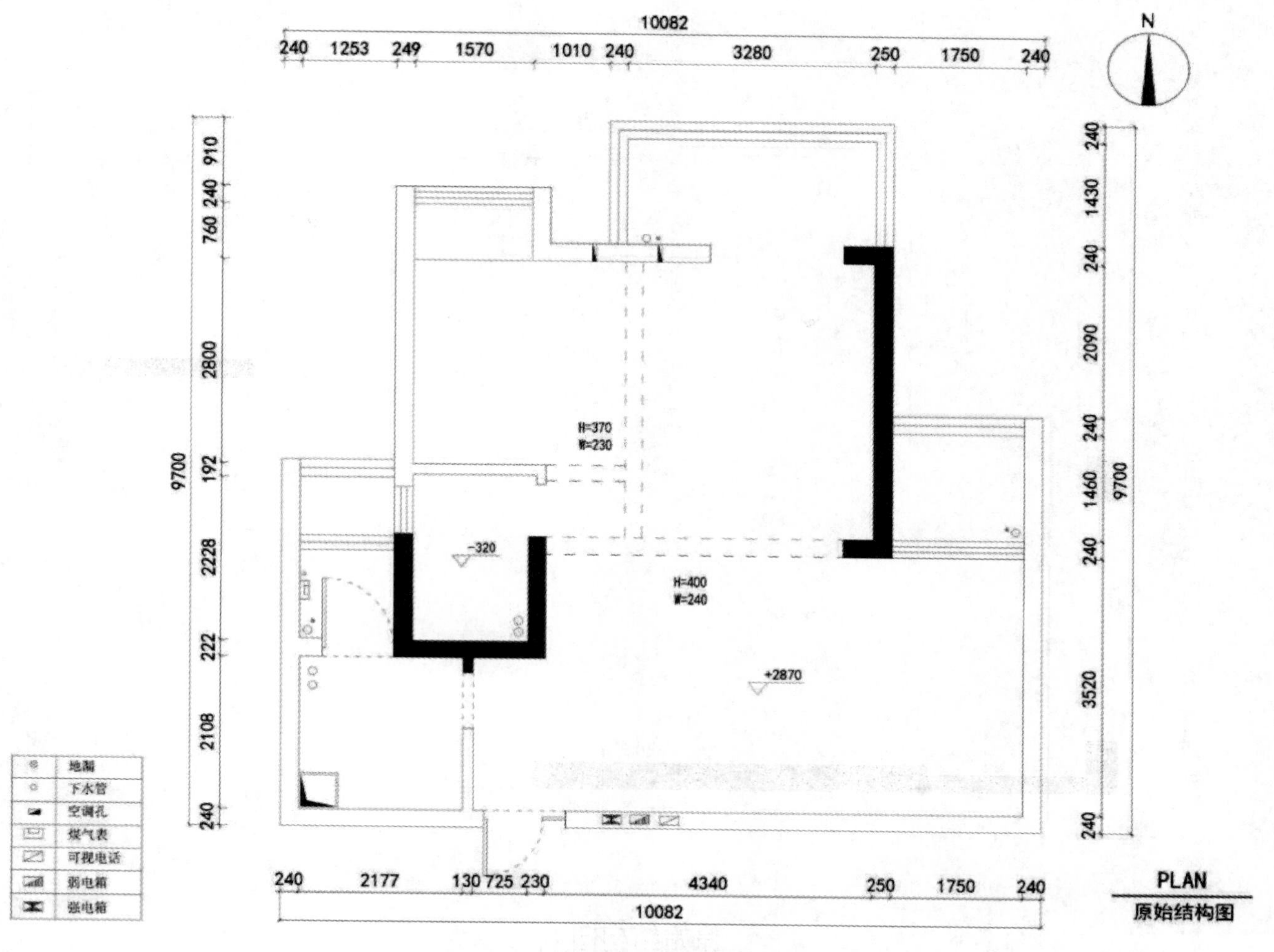

图 4-4　居室原始结构图上指北针的表达

(6) 室内有入户花园、客厅、餐厅、厨房、卫生间、阳台和卧室等。

(7) 入户花园、阳台、卫生间和生活阳台均可见管道位置，厨房可见烟灶具体位置。

(8) 居室除卫生间标高为－0.370 m 外，其余标高均为±0.000 m；居室层高为 2.880 m。

(9) 居室内各条梁的具体位置和尺寸。例如入户花园处的梁 LH：500，LK：240 分别表示梁高 500 mm，梁宽 240 mm。

(10) 居室内各个窗户的具体位置和尺寸。例如入户花园处的落地窗 CH：2890，CK：1650，H1：150，H2：2240 分别表示窗高 2890 mm，窗宽 1650 mm，离地高度 150 mm，离天花距离 2240 mm。

(11) 读取建筑面积、各功能房面积与使用面积。图中居室建筑面积为 85 m^2。

5. 居室拆除墙体图的识读实训(见图 4-6)

(1) 图名是拆除墙体图，比例是 1∶50。

(2) 图例 [图例] 表示拆除墙体。

(3) 建筑面积为 85 ㎡，拆除墙面积为 16.5 m^2。

(4) 主要拆除入户花园、生活阳台、卧室部分墙体，并标注拆墙的具体尺寸。

(5) 文字说明“墙体拆除如有梁则拆至梁底，没有则全部拆除”。

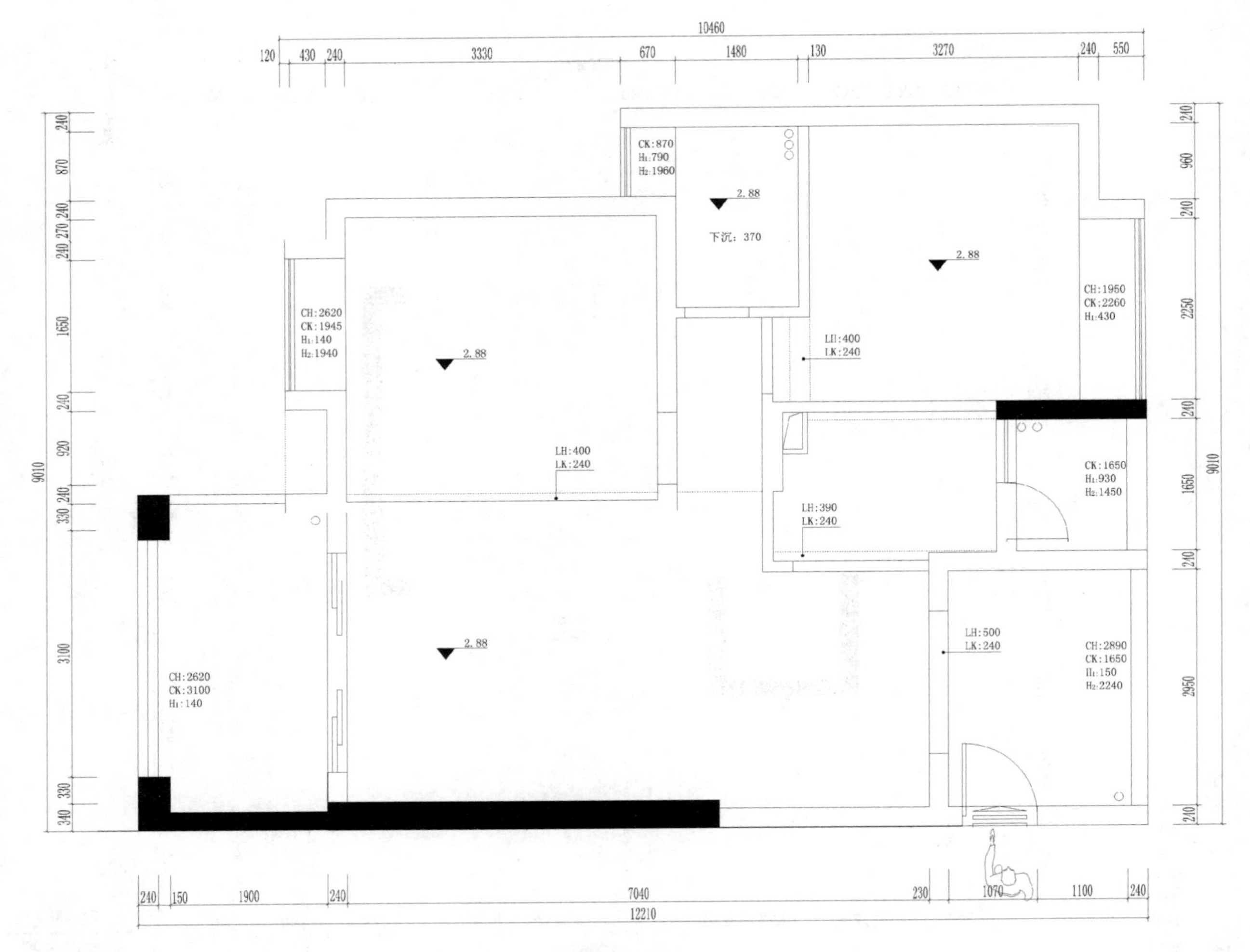

建筑面积：85m²

原始结构图 1:50

图 4-5　居室原始结构图识读

6. 居室新砌墙体图的识读实训（见图 4-7）

（1）图名是新砌墙体图，比例是 1:50。

（2）图例 [图例] 表示新砌墙体，新砌墙体面积为 15.6 m²。

（3）把生活阳台拆除，入户花园面积缩小，原来的两室两厅改成了三室两厅。

（4）新建入户花园、生活阳台中的部分墙体，并标注砌墙的具体尺寸。

（5）各个空间的具体面积和周长，如阳台面积为 7.7 m²，周长为 11.6 m。

（6）对管道进行了砌墙包裹。

7. 居室原始结构图绘制实训

学会识读居室原始结构图为快速绘制居室原始结构图打下良好基础。居室原始结构图绘制步骤如下。

（1）确定绘图比例，按开间、进深尺寸绘制纵、横双向定位轴线。见图 4-8 所示。

（2）绘制被剖到的墙身和柱断面轮廓线，注明承重柱和承重墙。见图 4-9 所示。

（3）绘制建筑门窗、固定家具和装饰构件、隔断等。见图 4-9 所示。

（4）根据现场测量数据，标注好门窗位置和尺寸。见图 4-10 所示。

（5）绘制马桶、管道、烟灶、空调外机等具体位置并标注好标高。见图 4-10 所示。

（6）绘制出梁的具体位置并标注好梁宽和梁高的具体尺寸。见图 4-11 所示。

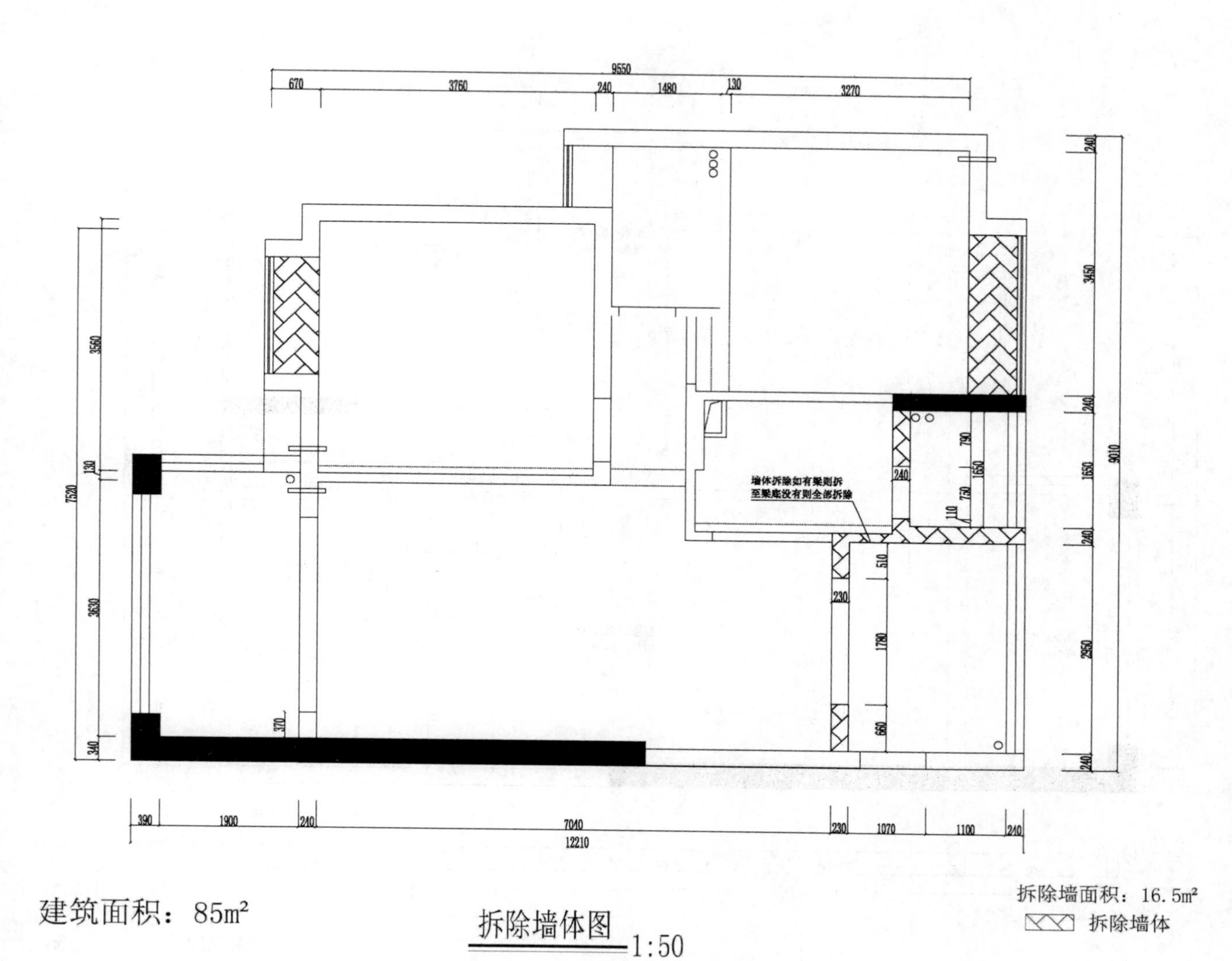

图 4-6　居室拆除墙体图识读

（7）进行尺寸标注、符号标注和文字说明等，注意标注布局与美观。见图 4-11 所示。

（8）检查并加粗图线，装饰面层剖切轮廓线用中实线。见图 4-12 所示。

（9）检查并加粗图线，建筑主体结构和隔墙轮廓线用粗实线表示。见图 4-12 所示。

（10）加绘图框、图例，书写图名和比例，检查完善与美化。见图 4-12 所示。

三、学习任务小结

本次任务主要学习了居室原始结构图的识读与制图。通过案例分析和实际绘图的训练，同学们已经基本了解了原始结构图的形成和内容。同学们要加强对居室原始结构图的绘制步骤的训练，提高绘图速度并养成良好的绘图习惯。希望同学们课后认真完成作业，有意识地收集一些优秀的居室原始结构图，加强识图与绘制实训，加强与同学和老师的交流，提升绘图技能。

四、课后作业

完成图 4-13 所示原始结构图的识读。

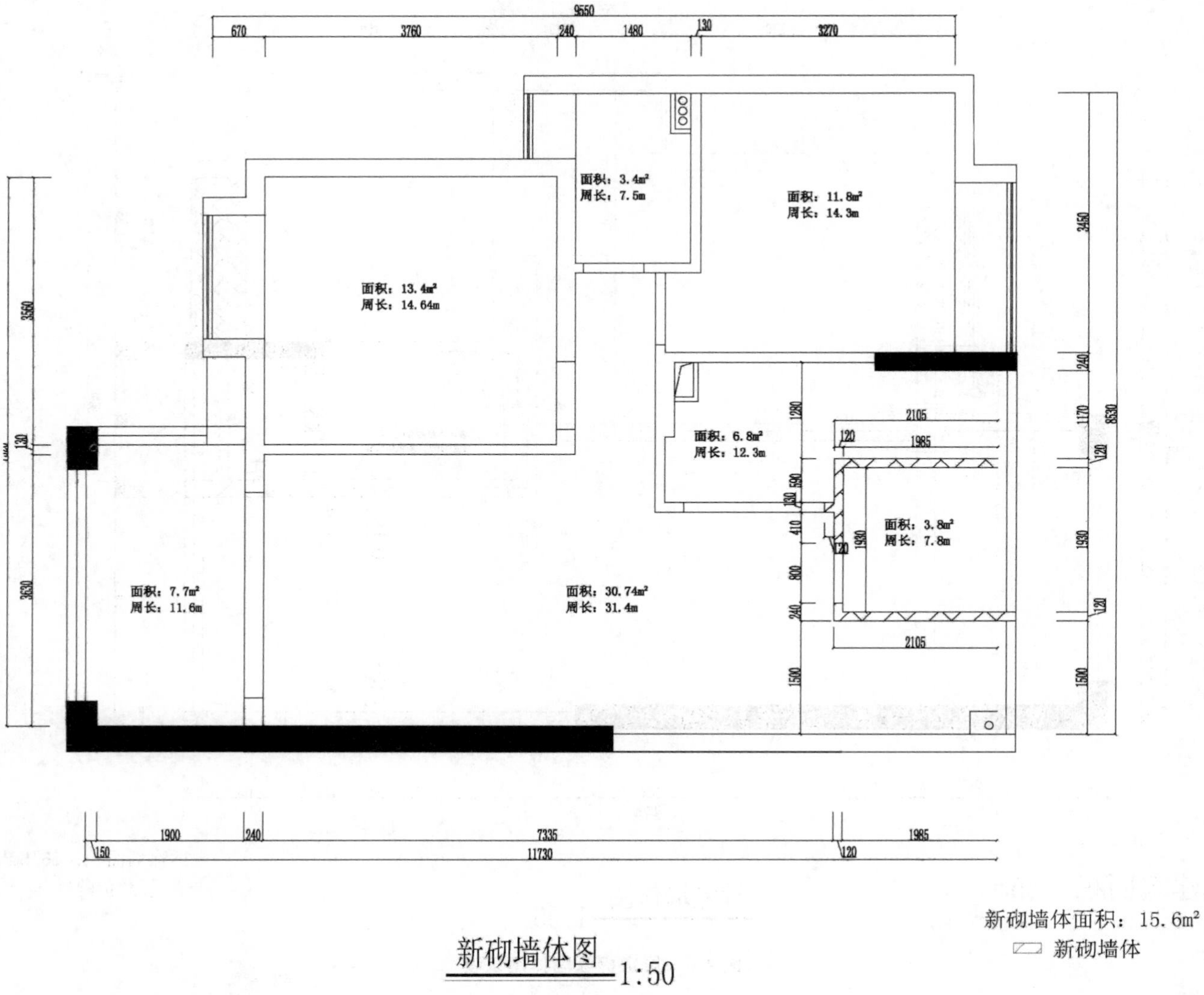

9550
670 3760 240 1480 130 3270

面积：3.4m²
周长：7.5m

面积：11.8m²
周长：14.3m

面积：13.4m²
周长：14.64m

面积：6.8m²
周长：12.3m

面积：3.8m²
周长：7.8m

面积：7.7m²
周长：11.6m

面积：30.74m²
周长：31.4m

3560 120 3630
3450 240 1170 120 1930 120 1500 8530
1280 590 120 410 800 240 1500
2105 120 1985 1930 120 2105

1900 240 7335 1985
150 11730 120

新砌墙体面积：15.6m²
新砌墙体

新砌墙体图 1:50

图 4-7 居室新砌墙体图识读

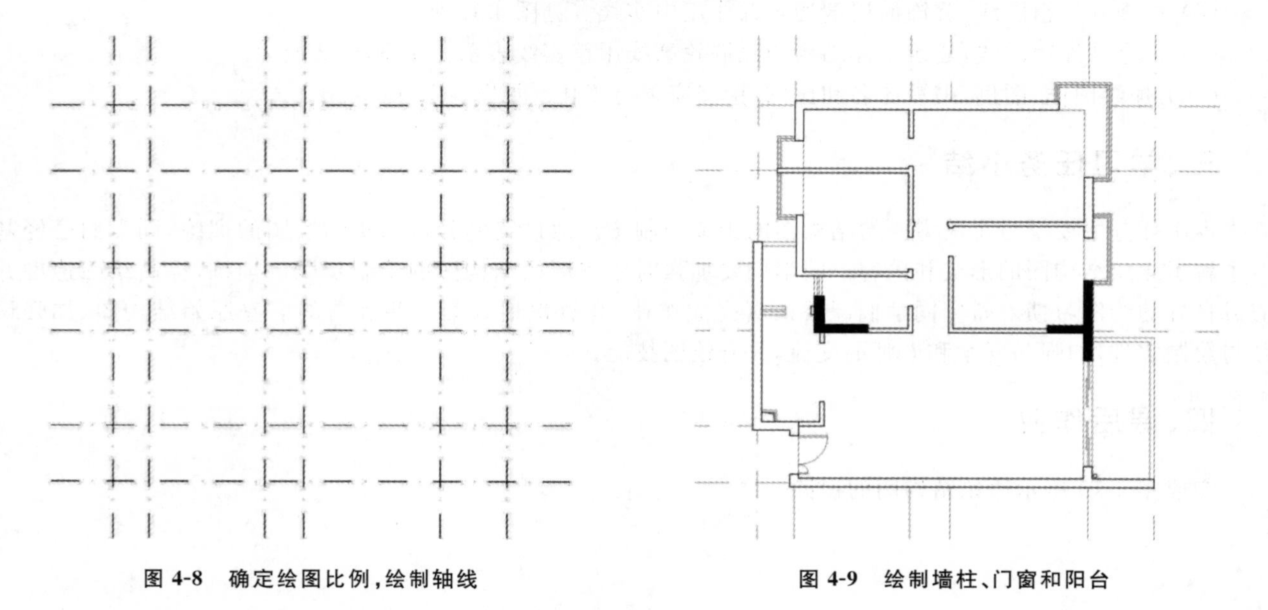

图 4-8 确定绘图比例，绘制轴线

图 4-9 绘制墙柱、门窗和阳台

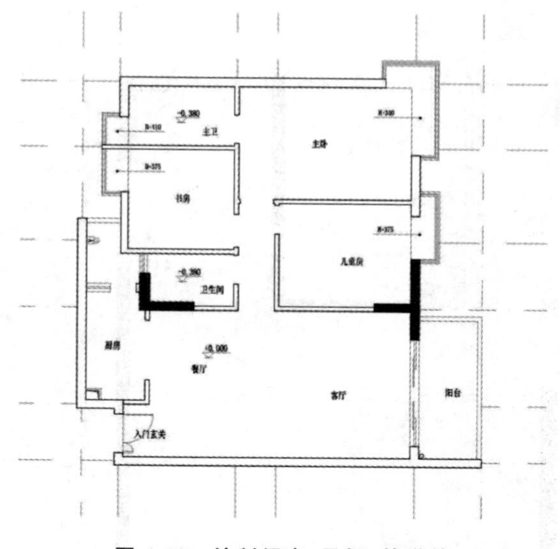

图 4-10　绘制门窗、马桶、管道等

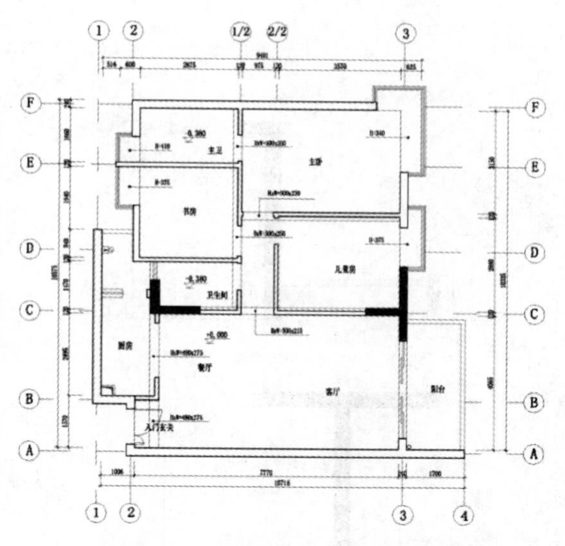

图 4-11　绘制梁、尺寸标注、文字说明

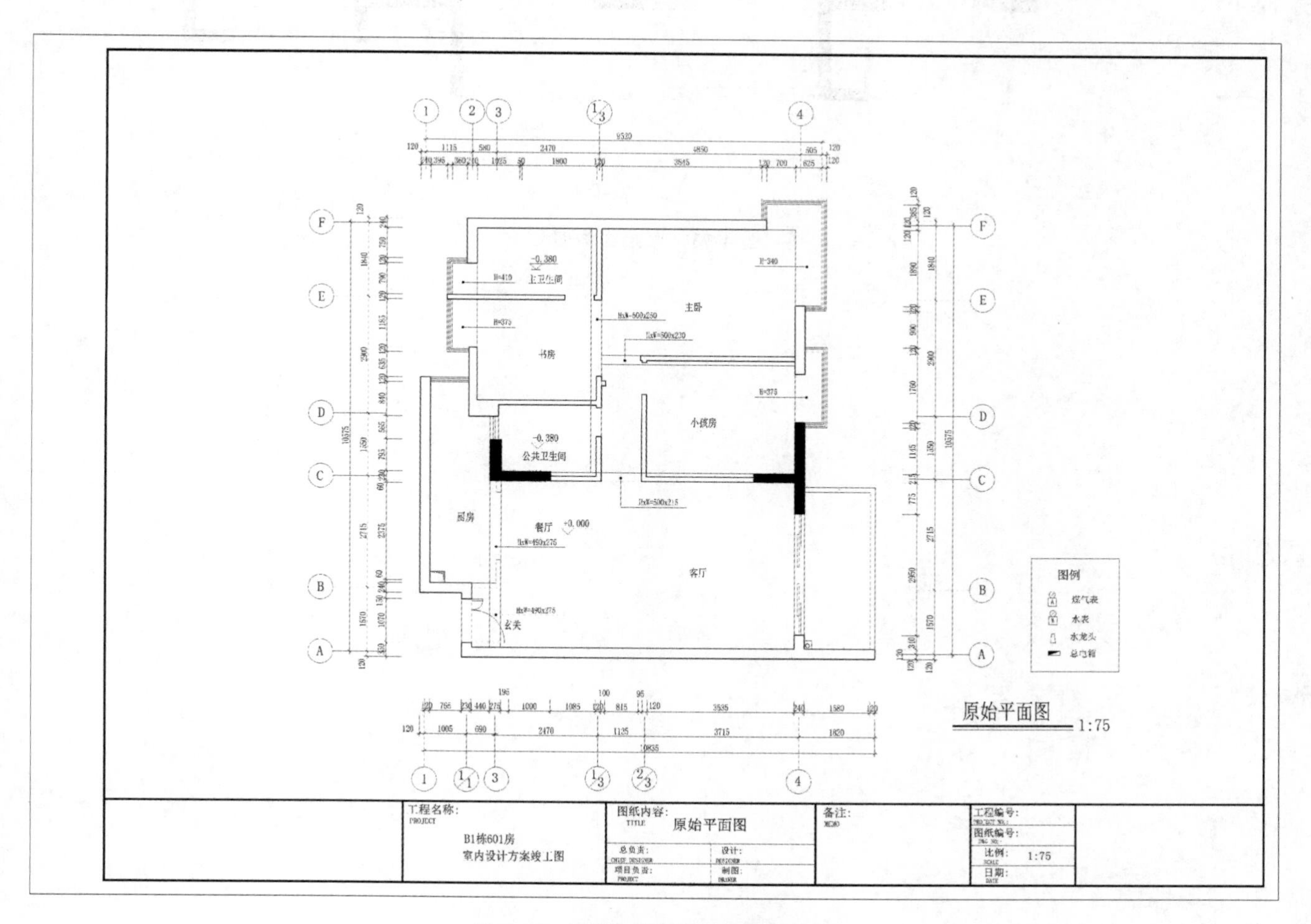

图 4-12　图线加粗、图形加框和检查

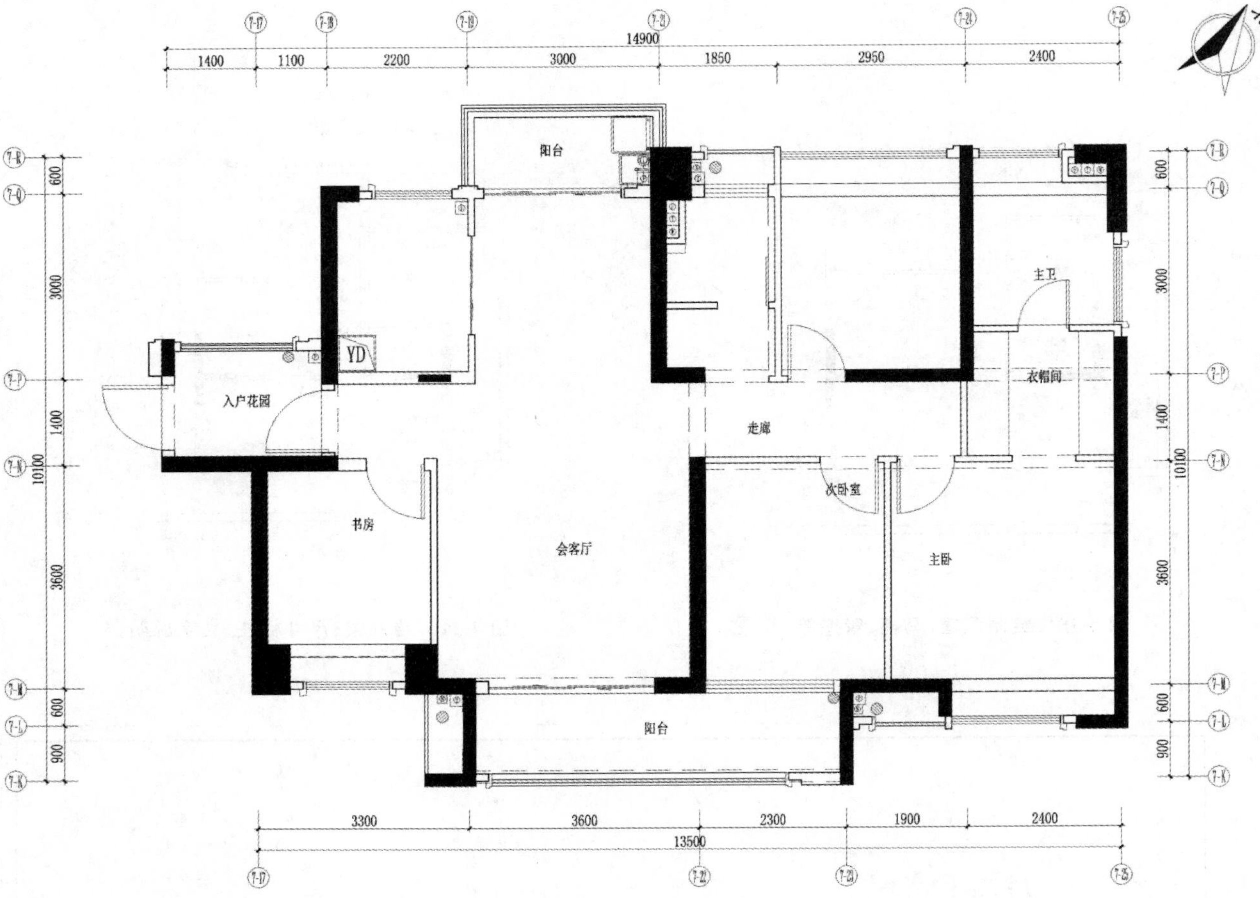

图 4-13　原始结构图

学习任务二　居室平面布置图的识读与绘制实训

教学目标

（1）专业能力：掌握居室平面布置图的形成、作用和图示方法、识读技巧和绘制技能。

（2）社会能力：激发学习兴趣，增强自信，提高组织能力，锻炼发现和解决问题的能力。

（3）方法能力：资料分析和整理能力，实践操作能力。

学习目标

（1）知识目标：学习居室平面布置图的图示内容、识读方法和绘制技巧。

（2）技能目标：通过居室平面布置图案例实训，掌握其识读和绘制技能。

（3）素质目标：认真负责态度，严谨细致作风，团结互助精神以及良好的沟通表达能力。

教学建议

1. 教师活动

（1）收集平面布置图，运用多媒体课件和视频教学手段，进行知识点讲授和技能指导。

（2）导入某居室设计案例，组织学生进行平面布置图识读和绘制实训，培养识读和绘图基本功。

（3）关注学生思想、重视学生职业素质，把思政教育以及职业能力锻炼融入课堂内外。

2. 学生活动

（1）提前预习，认真听讲，积极思考，参与讨论，加强实践，完成识读和绘制的实训。

（2）查阅资料，主动观察，自主学习，自我管理，自我提高，举一反三并能学以致用。

（3）培养人文素养，锻炼职业能力，熟悉制图规范，并应用到平面布置图识读和绘制。

一、学习问题导入

本次学习任务是居室平面布置图的识读和绘制，主要学习居室平面布置图的形成、表达内容、表达方法和制图规范，熟悉施工图的识读思路和绘制技巧，通过训练提高图纸识读和绘制速度，提升绘图质量，为从事室内设计工作打下扎实的基础。本次学习任务要求能够清晰表述居室平面布置图中墙体、门窗、家具和其他设施设备的具体位置，居室平面布置图的名称、比例、尺寸标高等，锻炼良好的图纸识读与绘制能力，提升沟通表达能力，为以后从事设计、制图、施工、预算和管理工作锻炼扎实的基本功。

二、学习任务讲解

1. 居室平面布置图的形成

某居室平面布置图见图 4-14 所示。在平面布置图中我们不仅可以看到建筑物的平面形状和尺寸，还能看到房间内的布局情况。

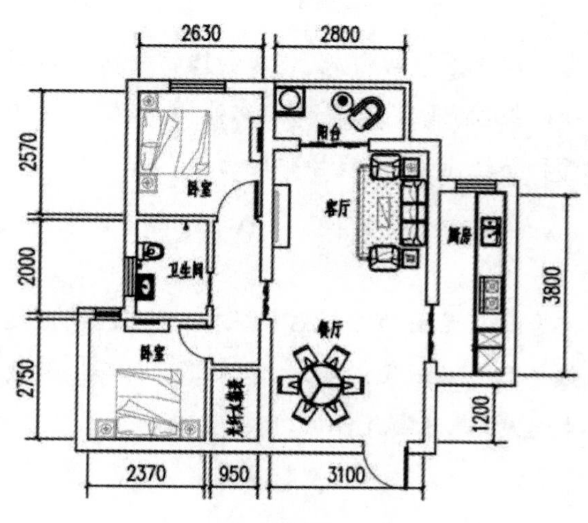

图 4-14　居室平面布置图

2. 居室平面布置图的表达内容

（1）定位轴线。

定位轴线是用以确定主要结构位置的线，如确定建筑的开间或柱距，进深或跨度的线。

定位轴线要编号，编号要注写在轴线端部的圆内。圆用细实线绘制，直径为 8～10 mm。定位轴线圆的圆心应在定位轴线的延长线或延长线的折线上，横轴圆内用数字依次表示，纵轴圆内用大写字母依次表示。在编号时应注意：宜标注在图样的下方与左侧，横向编号应用阿拉伯数字从左至右顺序编写，竖向编号应用大写拉丁字母从下至上顺序编写，见图 4-15 所示。

字母 I、O、Z 不得用做轴线编号，以免与“1、0、2”三个数字混淆。如字母数量不够使用，可增用双字母或单字母加数字注脚，如 AA、BA…YA 或 A_1、B_1…Y_1。组合较复杂的平面图中定位轴线也可采用分区编号，编号的注写形式应为“分区号——该分区编号”。分区号采用阿拉伯数字或大写拉丁字母表示，见图 4-16 所示。附加定位轴线的编号，应以分数形式表示，并应按下列规定编写：两根轴线间的附加轴线，应以分母表示前一轴线的编号，分子表示附加轴线的编号，编号宜用阿拉伯数字顺序编写。一个详图适用于几根轴线时，应同时注明各有关轴线的编号。通用详图中的定位轴线，应只画圆，不注写轴线编号。圆形平面图中定位轴线的编号，其径向轴线宜用阿拉伯数字表示，从左下角开始，按逆时针顺序编写；其圆周轴线宜用大写拉丁字母表示，从外向内顺序编写。

（2）墙体与柱体。

在建筑与室内设计平面图中，最突出的是被剖切到的墙和柱的断面轮廓线，通常都是用粗实线表示。在被剖切的断面内，应尽量画出材料图例。在 1∶100、1∶200 的平面图中，墙、柱断面内留空面积不大，不便

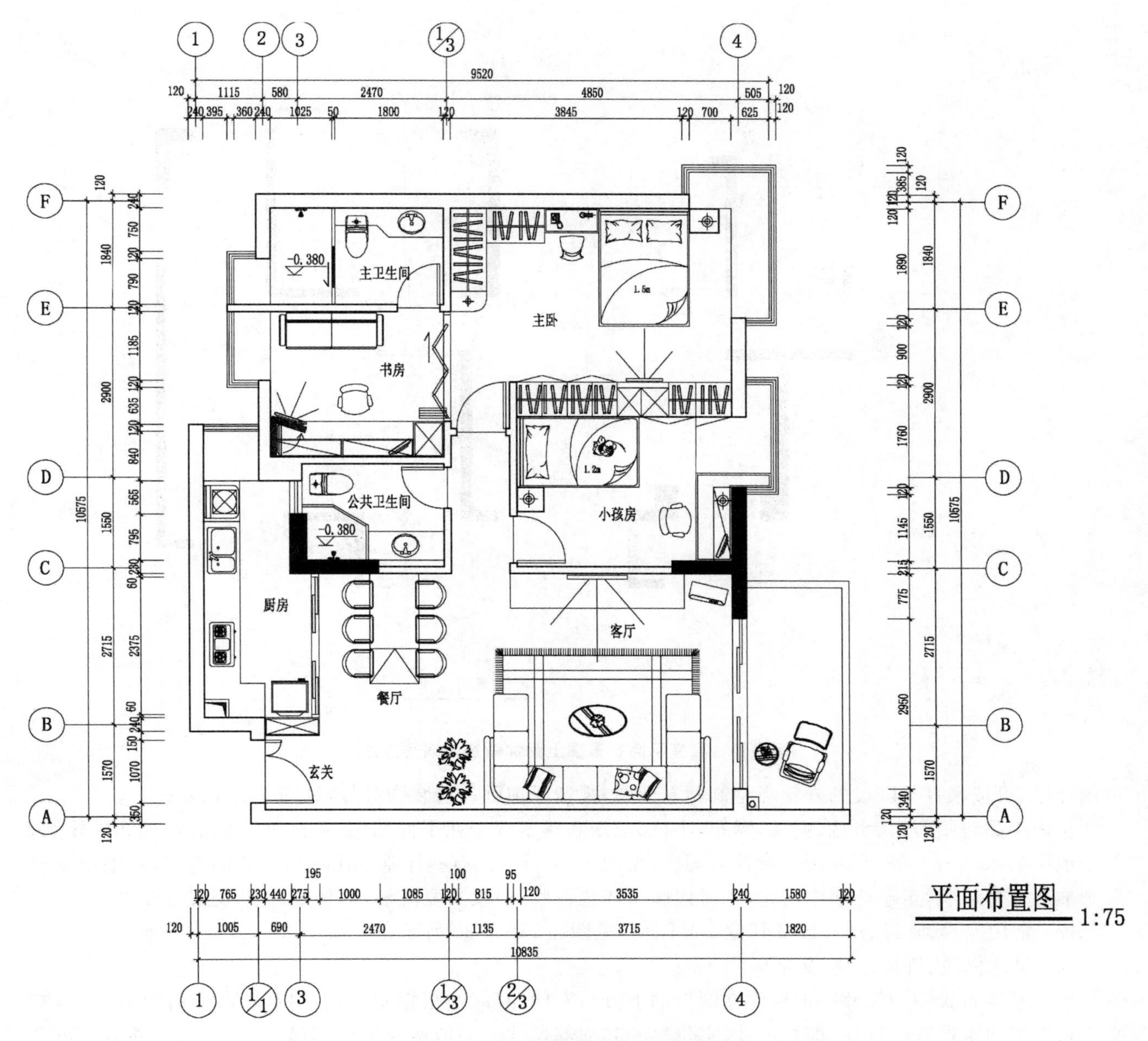

图 4-15　居室平面布置图上的定位轴线

画材料图例，所以往往留出空白。对钢筋混凝土墙（承重墙）、柱断面则用涂黑表示，见图 4-17 所示。

当墙面、柱面用涂料、壁纸及面砖等材料装修时，墙、柱的外面可以不加线。当墙面、柱面用石材或木材等材料装修时，可参照装修层的厚度，在墙、柱的外面加画一条细实线。当墙、柱装修层的外轮廓与柱子的结构断面不同时，如直墙被装修成折线墙、柱被包成圆柱或八角柱时，一定要在墙、柱的外面用细实线画出装修层的外轮廓，见图 4-18 所示。

（3）门、窗。

门、窗的位置和尺寸大小，对室内空间的布局、物体的摆放，以及地面铺装、天花板造型起决定性的作用。在施工图中，门基本上按实际的断面尺寸进行绘制，一扇标准门的断面为 40 mm×80 mm 的矩形平面。为了表达门在开启时所占用的空间，平面图上要画出门转动时的轨迹。普通窗户一般用两根细实线表示。一般用 M 代表门，C 代表窗，见图 4-19、图 4-20 所示。常用建筑图例见图 4-21 所示。

（4）家具、陈设及室内小品。

家具包括固定家具和可移动家具。陈设指花盆、立灯、盆景和雕塑等。在较小比例的图样中，可按图例绘制家具与陈设。没有统一图例的，可画出家具与陈设的外轮廓，但应尽量简化，见图 4-22 所示。在较大比

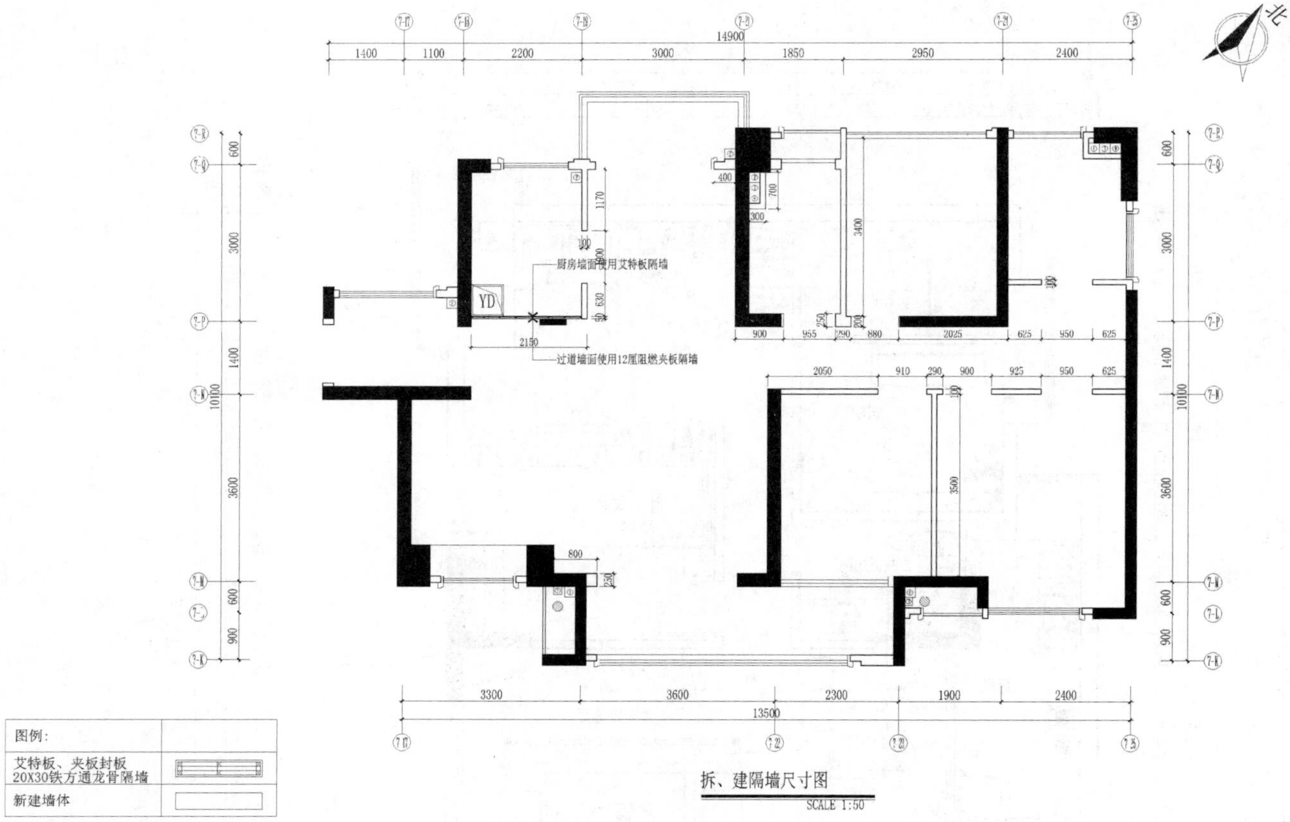

图 4-16　居室平面布置图上附加轴线的编号方法

例图样中，可按家具与陈设的外轮廓绘制其平面图，视情况加画一些装饰符号，见图 4-23 所示。

室内小品包括假山、水池、喷泉、瀑布、小桥、花坛和树木等。在平面图中，要画准它们的位置和外轮廓，至于池中的水和石头等，则采用示意性的画法，见图 4-24 所示。有些厅堂常用花槽等分割空间，花槽绘制时要画准位置和形状，至于花槽中的花，则可以画得随意一些，但线条要流畅，形状要自然，见图 4-25 所示。

（5）常用家具、陈设、洁具以及其他小品图例，见图 4-26～4-30 所示。

（6）尺寸标注、符号标注、文字标注。

居室平面布置图的尺寸一般标注在图形的上方与左侧，有时会根据实际情况标注在图形的四周。居室平面布置图通常按三级标注，即总尺寸、定位尺寸和细部尺寸。一般情况下外部尺寸分二级，最外面一级是平面的外包总尺寸；里面一级是墙、柱与门窗洞口的定位尺寸。内部尺寸指的是室内尚不能用外部尺寸来表达和控制的情况下，用内部尺寸作为图纸的补充。所有尺寸线都用细实线表示，以 mm 为单位，见图 4-31 所示。

居室平面布置图上的符号标注包括立面索引符号、详图索引符号、标高符号、指北针等。

立面索引符号是表示室内立面图在居室平面布置图上的位置及立面图所在页码，由细实线的圆、水平直径组成，根据图面比例可选择 8～12 mm 圆圈直径。圆圈内注明编号及索引图所在页码，编号可采用阿拉伯数字或字母，自图纸上部方向起按顺时针方向排序。立面索引符号应附上三角形箭头代表投视方向，三角形方向随投视方向而变，但是圆中水平直线、数字及字母的方向不变，见图 4-32 和图 4-33 所示。

详图索引符号是表示平面图中表达不清楚的地方，要绘制更大比例的图样表示，在平面图中需要放大的部位应绘出详图索引符号，见图 4-34 和图 4-35 所示。

标高符号主要表示不同楼地面标高、房间及室外地坪等标高，首先要确定底层平面上的地面为零点标高，即用 ±0.000 来表示。低于零点在标高数字前加"－"号，高于零点可直接标注标高数字，标高数字都要标注到小数点后三位，以 m 为单位，见图 4-36 所示。

文字标注是对室内设计中的材料、施工工艺进行解说。主要内容有装修构造的名称、地面材料、编写设

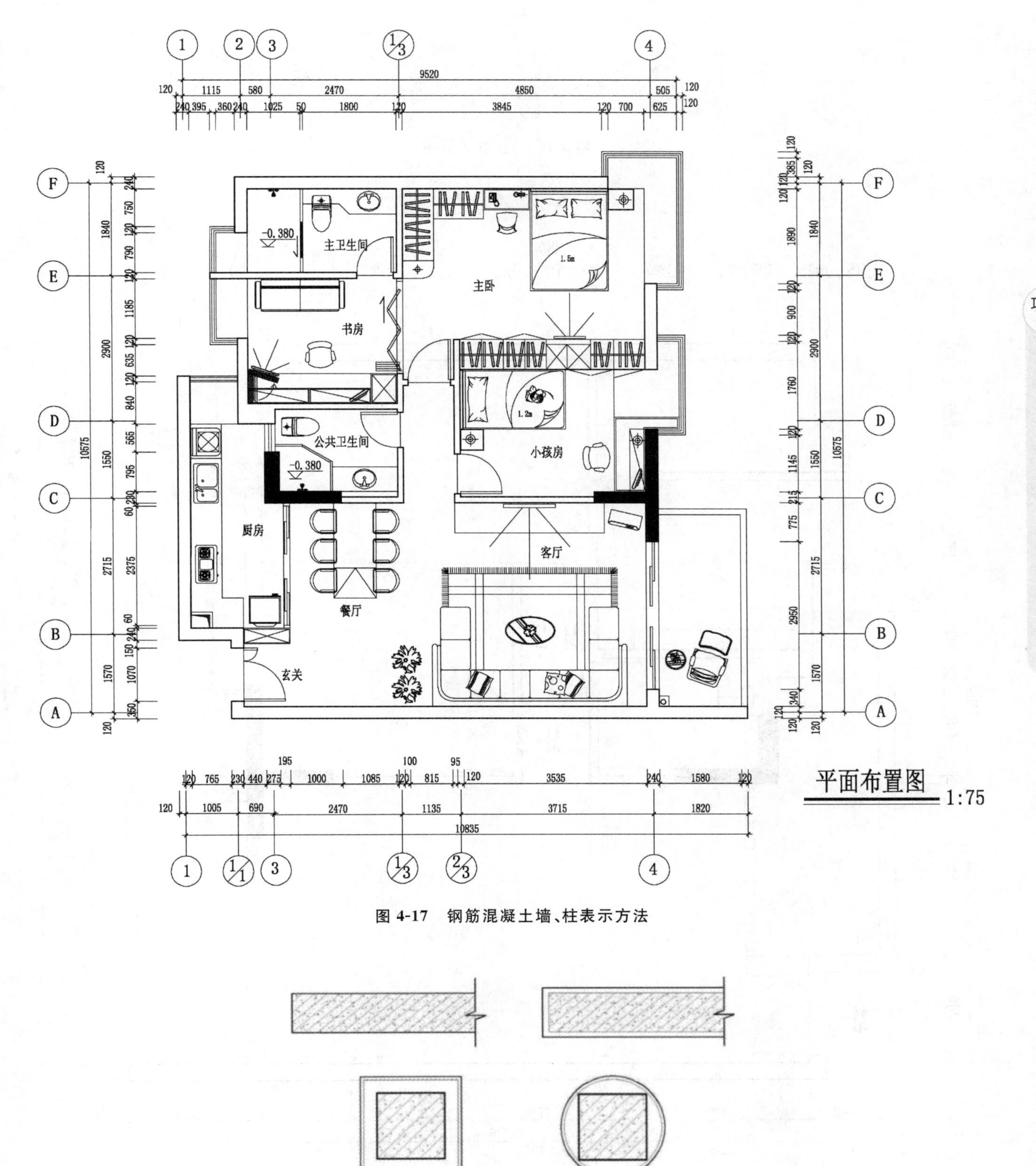

图 4-17　钢筋混凝土墙、柱表示方法

图 4-18　墙、柱的表示方法

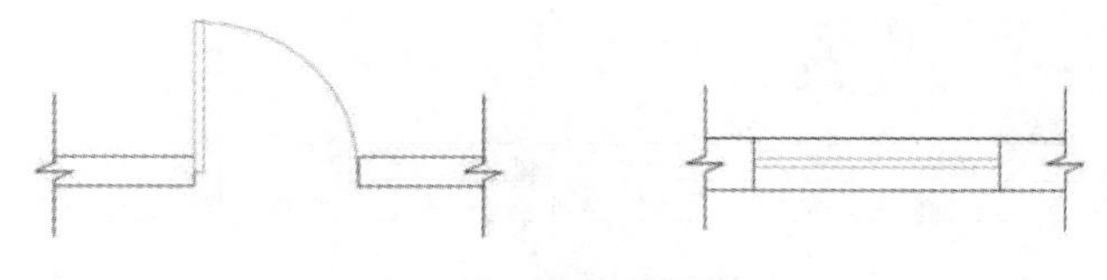

图 4-19　门、窗的画法

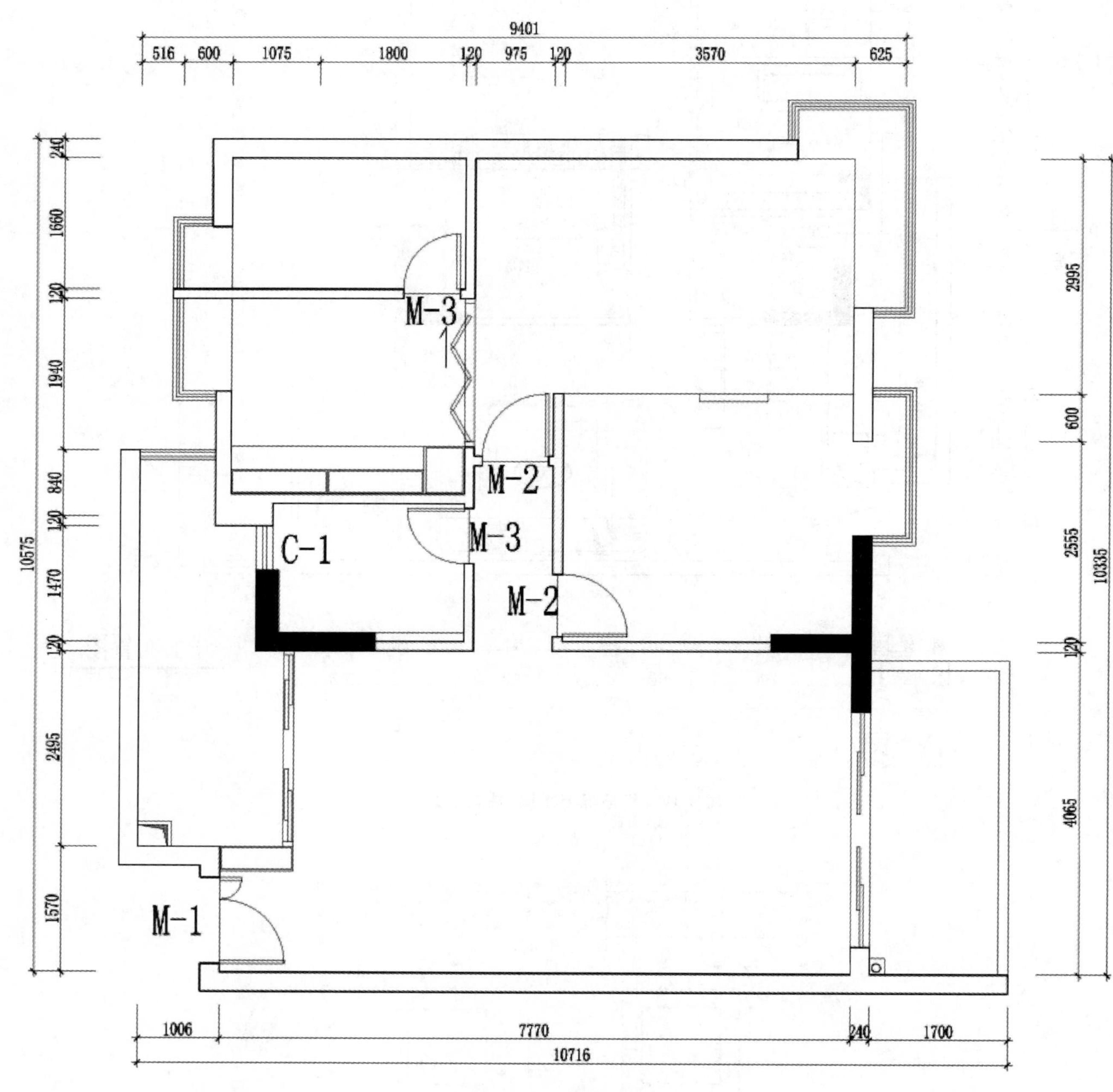

图 4-20　门、窗的代号绘制

名称	图例	名称	图例
底层楼梯		土建墙体	
中间层楼梯		玻璃幕墙	
		检查孔	
旋转楼梯		单层固定窗	
		单层外开上悬窗	
		单层中悬窗	
电梯		单层外开下悬窗	
单扇门		立转窗	
双扇门		单层外开平悬窗	
折叠门		卷闸	
推拉门			
旋转门		烟道、包管	
		坑槽、挑空	
子母门			

图 4-21　常用建筑图例

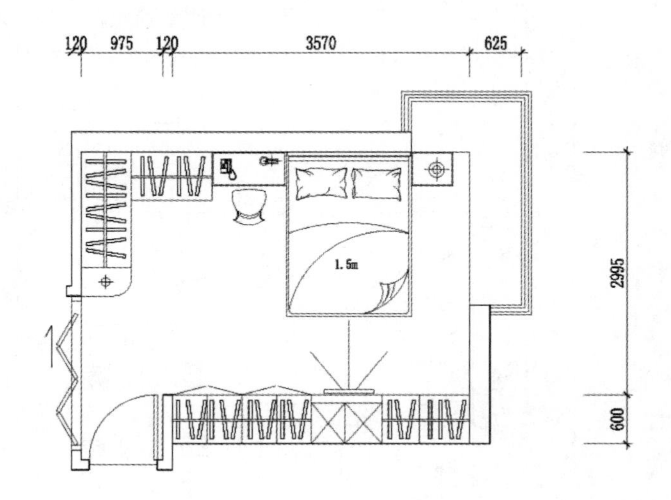

图 4-22　某住宅主人房平面图

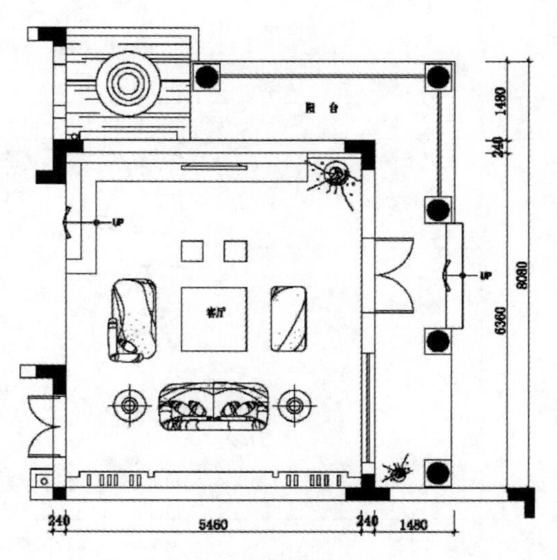

图 4-23　某别墅客厅平面图

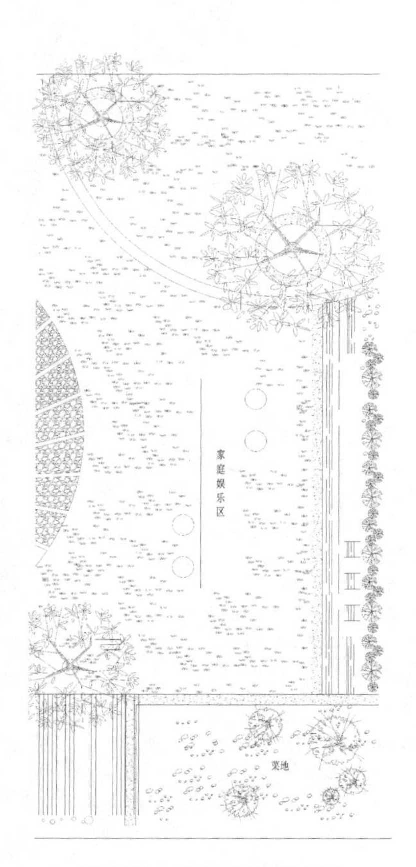

图 4-24　植物的表示方法

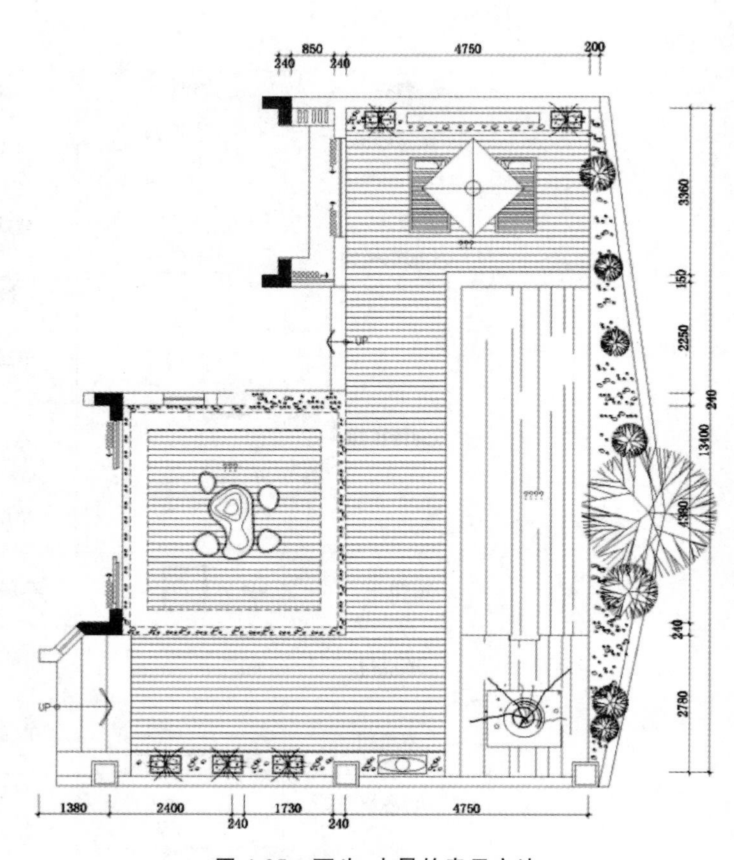

图 4-25　石头、水景的表示方法

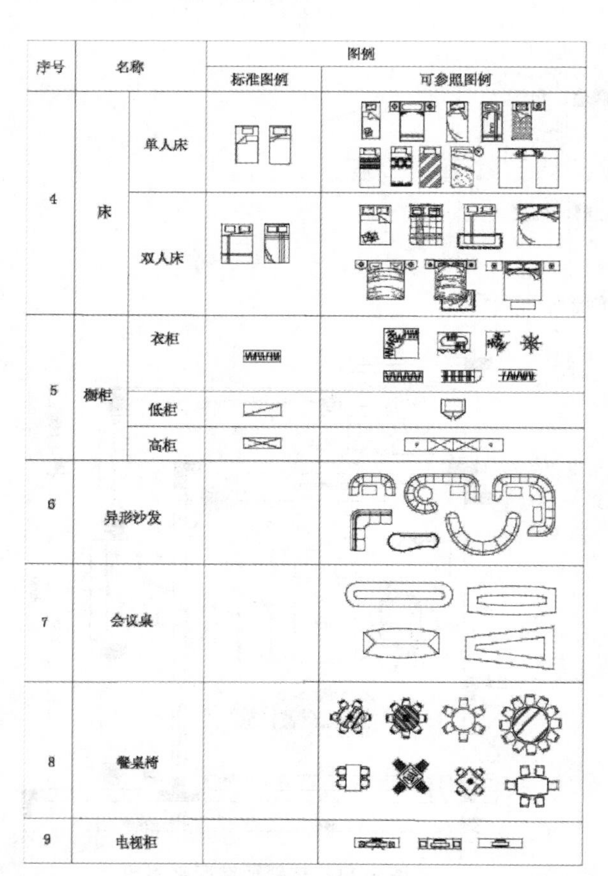

序号	名称		图例	
			标准图例	可参照图例
4	床	单人床		
		双人床		
5	橱柜	衣柜		
		低柜		
		高柜		
6	异形沙发			
7	会议桌			
8	餐桌椅			
9	电视柜			

图 4-26　常用家具图例 1

序号	名称		图例	
			标准图例	可参照图例
1	沙发	单人沙发		
		双人沙发		
		三人沙发		
2	办公桌			
3	椅	办公椅		
		休闲椅		
		躺椅		

图 4-27　常用家具图例 2

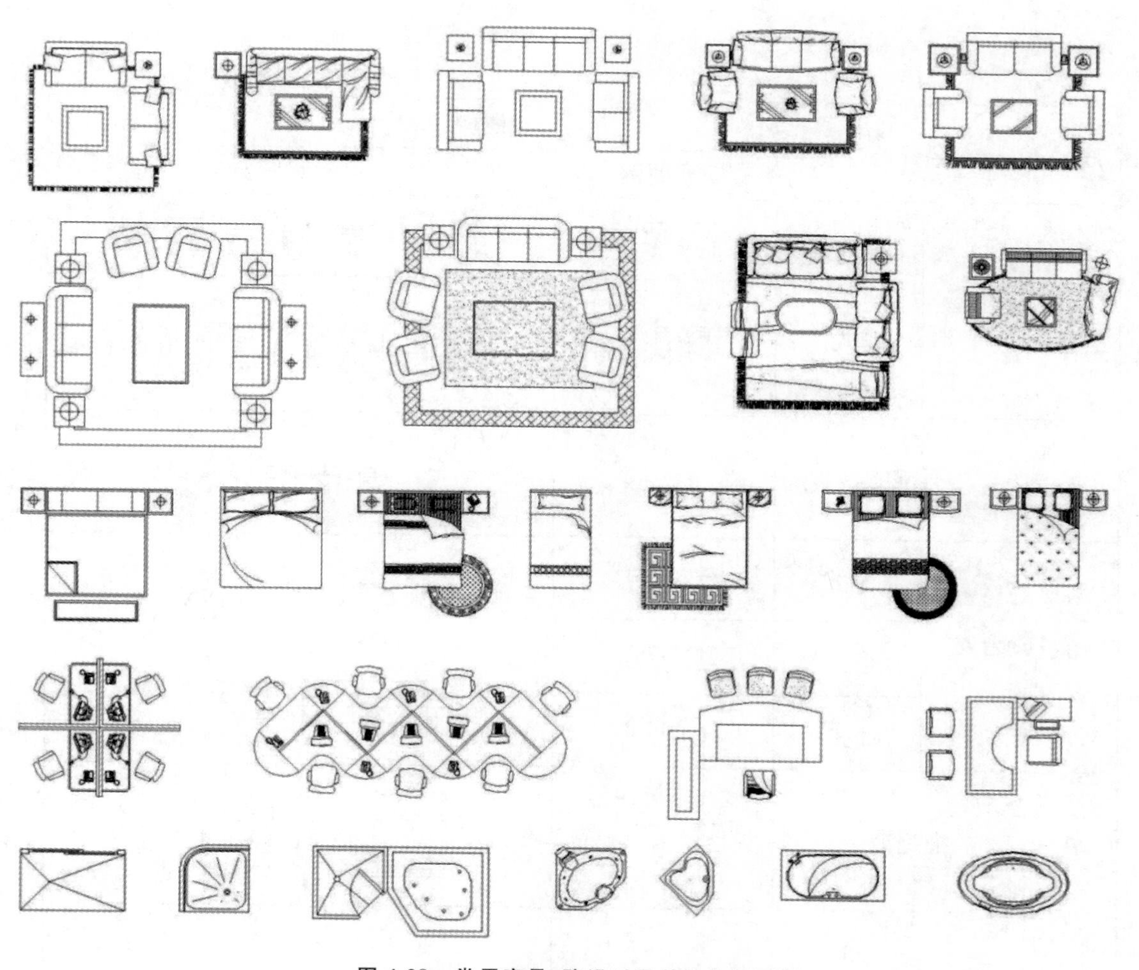

图 4-28　常用家具、陈设以及其他小品图例

黄金叶球	小叶紫薇	大王椰子	散尾葵	棕榈	大叶紫薇	红绒球	黄金间碧竹	尖叶杜英	白玉兰	华盛顿葵
鹅掌秋	银杏	龙柏球	龙柏	珊瑚树	雪松	黄葛树	水 杉	桂 花	桢 楠	小叶榕
水杉	垂丝海棠	紫薇+樱花	龙爪槐	杜鹃	棕榈	黄仔花	剑麻	长绿草	杜鹃	小花月季
金叶女贞	枸骨球	茶梅+茶花	红枫	白(紫)玉兰	南天竹	十大功劳	四季竹	鸡爪槭	鹅掌秋	茶梅+茶花
桂花	红花继木	龟甲冬青	广玉兰	香樟	雀舌黄杨	无患子	珊瑚树	桂花	柳叶榕	腊 梅
旅人蕉	多头苏铁	炮仗花	四季海棠	垂叶榕柱	四季桂	时令花卉	芒果	小花月季球	海桐球	雪松

图 4-29　常用盆景图例

序号	名称		图例	
			标准图例	可参照图例
1	大便器	坐式		
		蹲式		
2	小便器			
3	台盆	立式		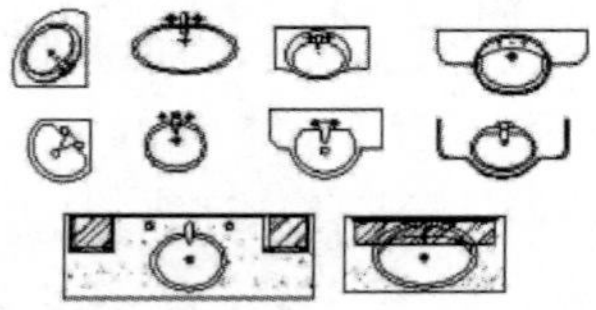
		台式		
		挂式	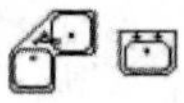	
4	拖把池			
5	浴缸	长方形	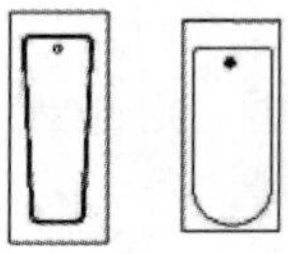	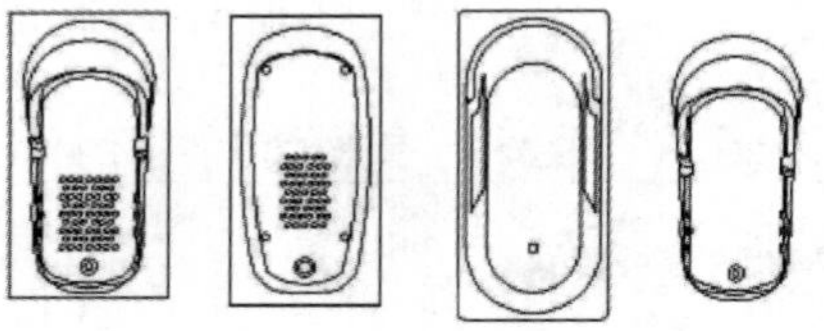
		三角形		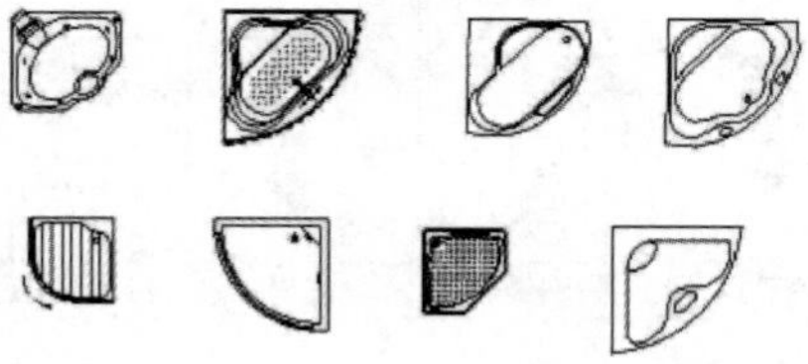
		圆形	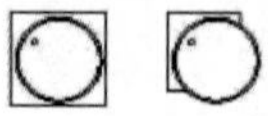	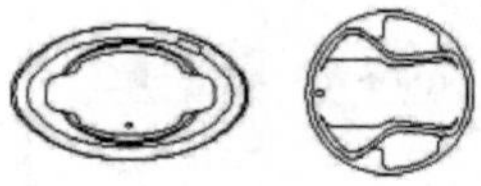
6	淋浴房			

图 4-30　常用洁具图例

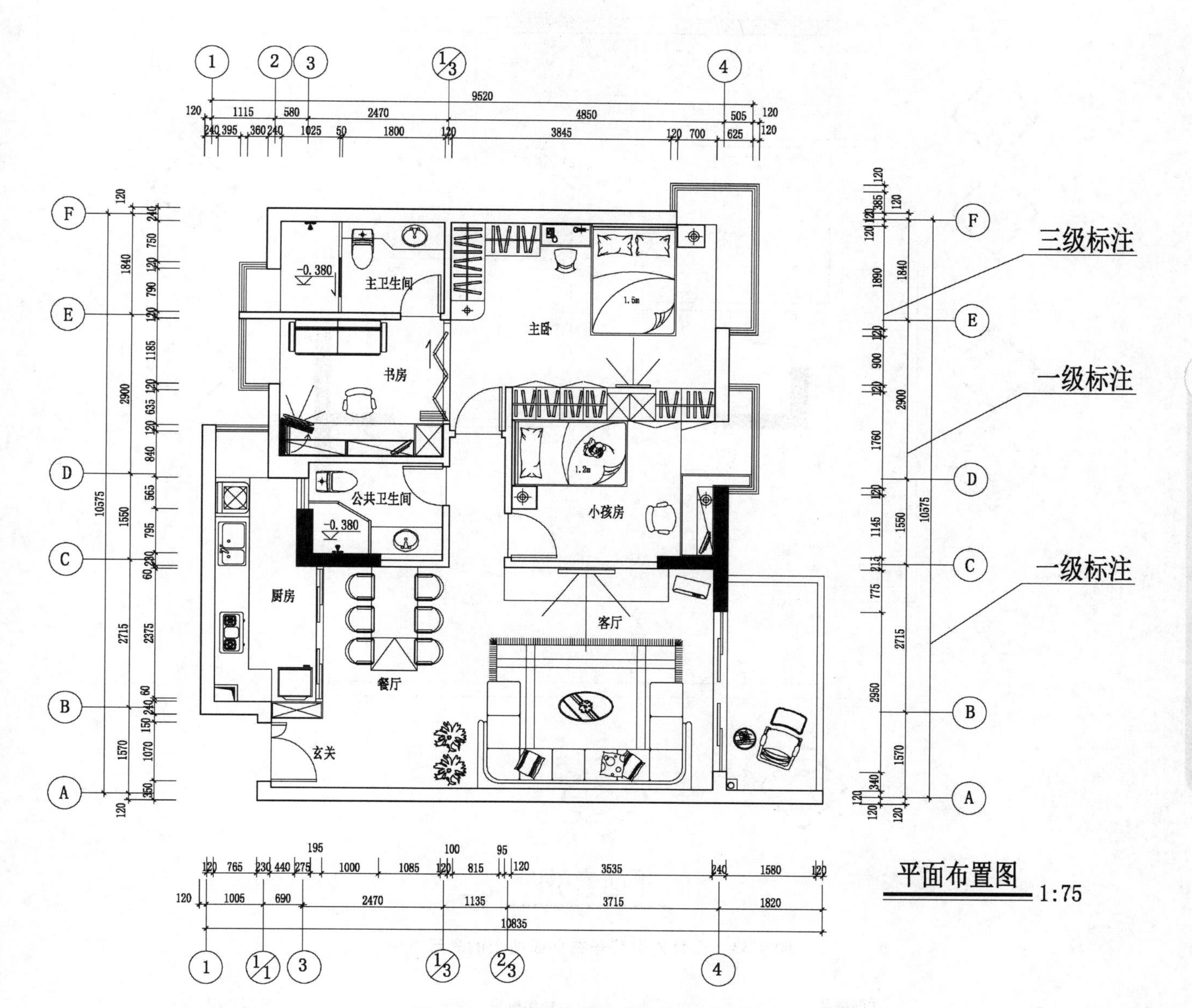

图 4-31　平面图上的尺寸标注表示方法

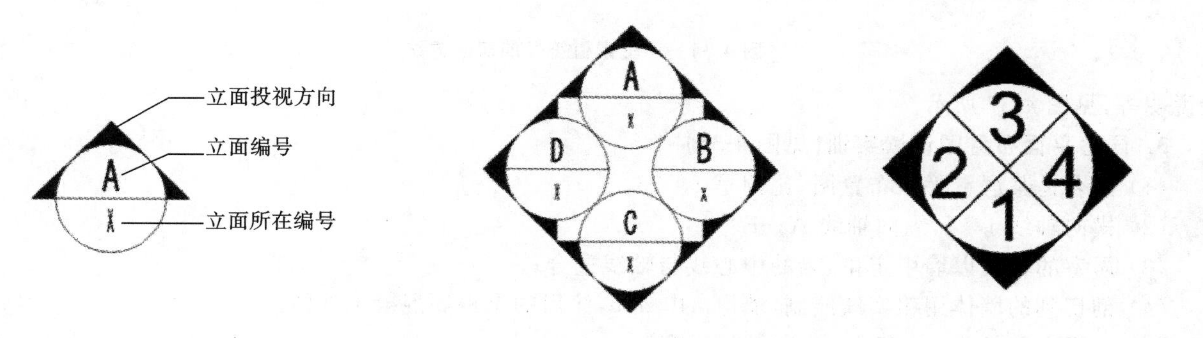

图 4-32　立面索引符号的表示方法

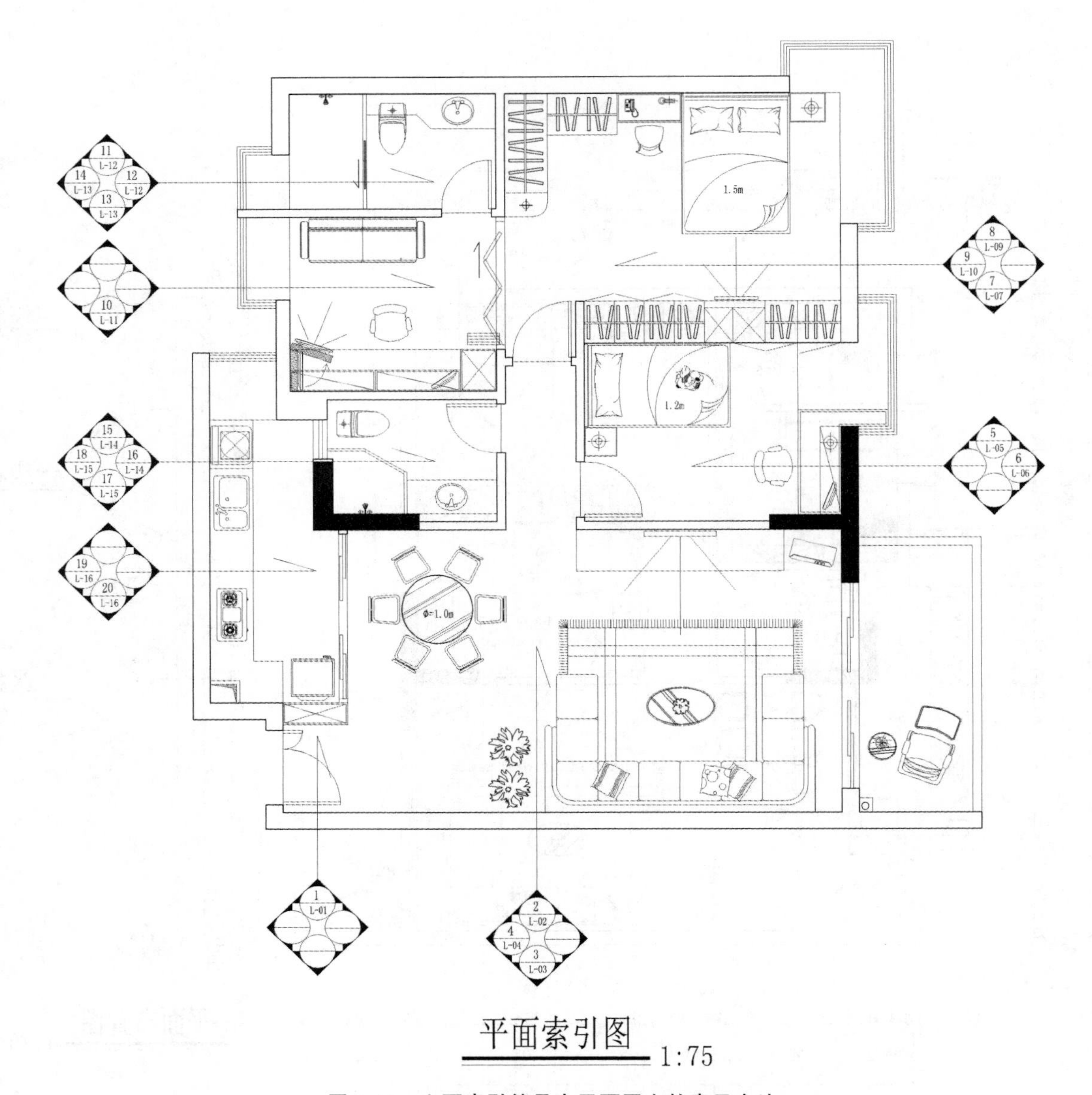

图 4-33　立面索引符号在平面图上的表示方法

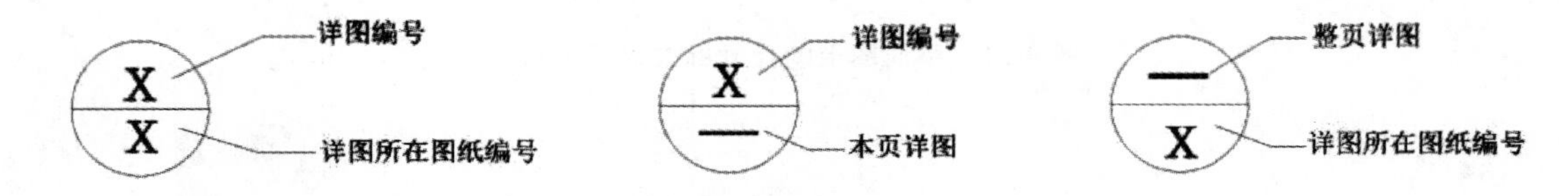

图 4-34　详图索引符号的表示方法

计说明等，见图 4-37 所示。

3. 居室平面布置图识读实训(见图 4-38)

(1) 图名是某居室平面布置图，比例是 1∶75。

(2) 横向轴线 1—4，纵向轴线 A—F。

(3) 居室的轴线以墙中定位，墙的中心线与轴线重合；

(4) 剖切到的墙体用粗实线绘制，墙厚 240 mm，涂黑的是钢筋混凝土墙体。

(5) 本居室总长为 10835 mm，总宽为 10575 mm。

(6) 平面布置图中有两道尺寸标注，第一道尺寸为总体尺寸，反映居室总长、总宽。

(7) 第二道尺寸为定位轴线尺寸，反映定位柱墙间距。

(8) 室内有客厅、餐厅、厨房、卫生间、阳台和两个卧室，属两室两厅住宅空间。

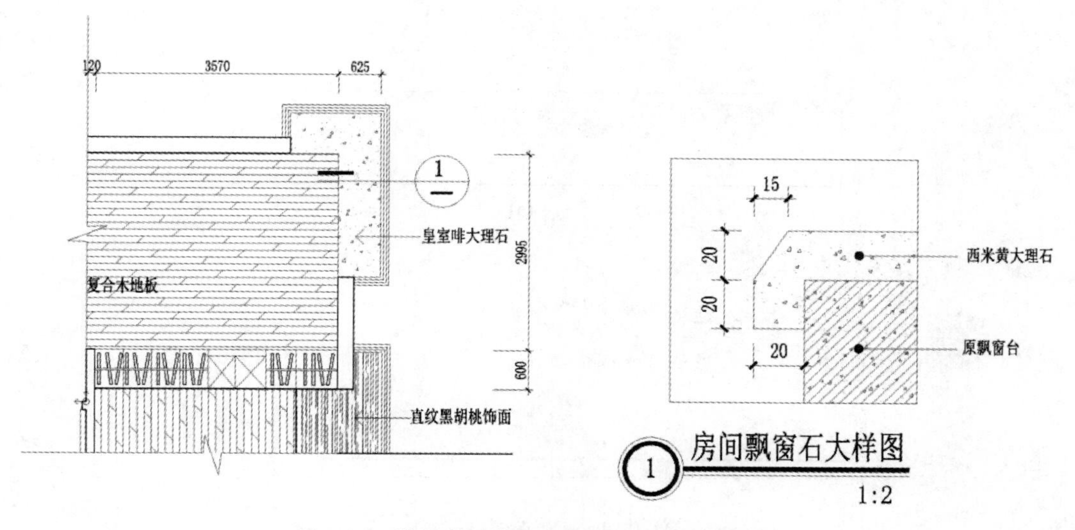

图 4-35　详图索引符号在平面图上的表示方法

(9) 居室除卫生间标高为－0.380 m 外，其余标高均为±0.000 m。

(10) 家具及设施（如卫生洁具、厨房用具、家用电器、室内绿化）的平面布置。

4. 居室平面布置图的绘制步骤、绘制实训

(1) 确定绘图比例，按开间、进深尺寸绘制纵、横双向定位轴线，见图 4-39 所示。

(2) 在轴线两侧绘制被剖到的墙身和柱断面轮廓线，画出门窗洞口位置线以及阳台等平面附属结构，见图 4-40 所示。

(3) 绘制家具、陈设及室内小品的平面造型，见图 4-41 所示。

(4) 绘制尺寸标注、文字说明、图名比例等，见图 4-42 所示。

(5) 图线加粗，加绘图框，完成绘图，见图 4-43 所示。

三、学习任务小结

本次任务主要学习居室平面布置图的识读与制图。通过案例分析和绘图训练，同学们已经初步了解了平面图的内容。本次任务还特别注重对居室平面布置图的绘制步骤的训练，在课堂上对学生进行指导。课后，希望同学们认真完成作业，有意识地收集一些优秀的居室平面布置图，加强识图与绘制实训，全面提升绘图技能。

四、课后作业

(1) 完成图 4-44 所示某居室平面布置图的识读。

(2) 完成图 4-44 所示某居室平面布置图的绘制。

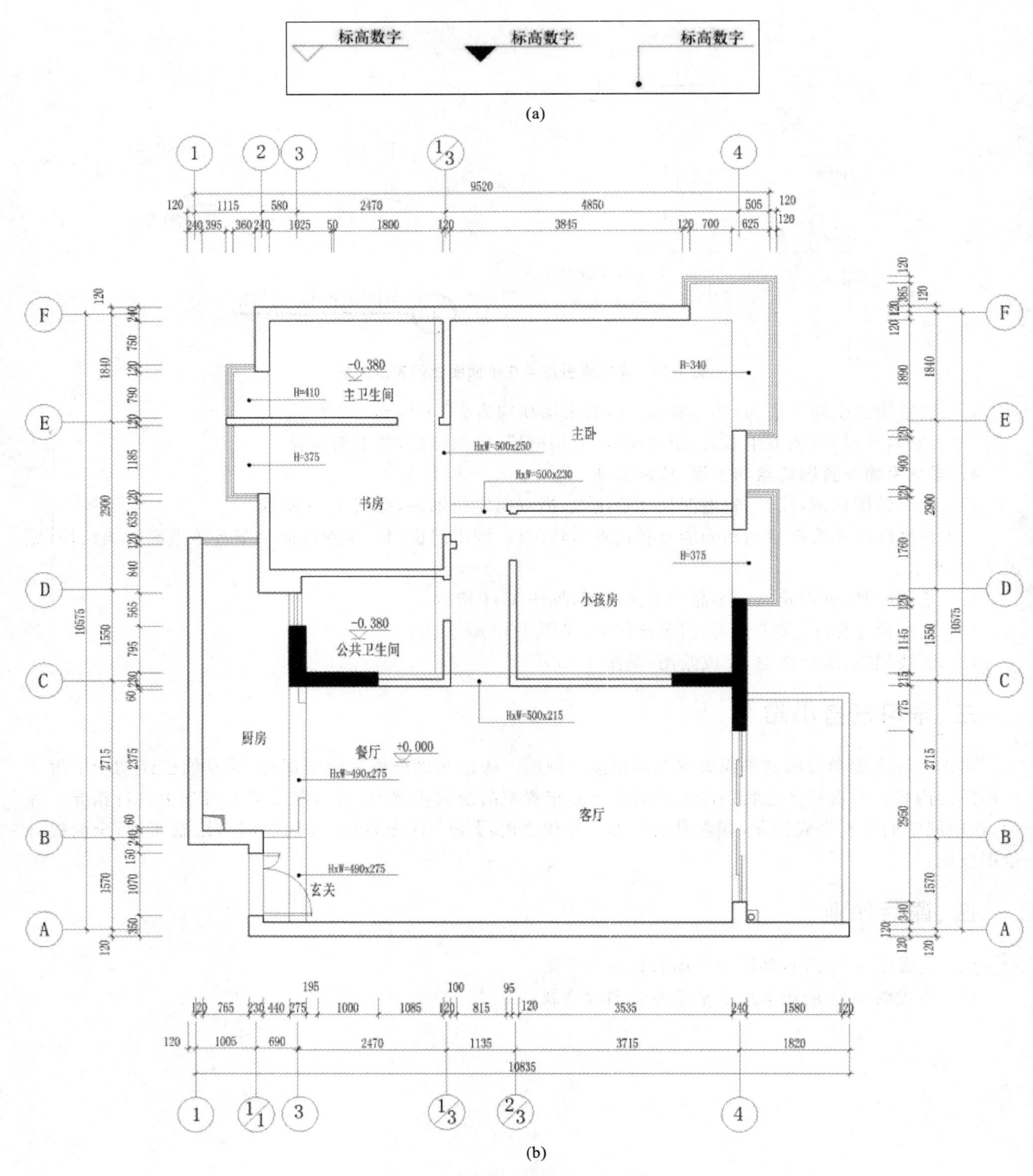

图 4-36 标高符号在平面图上的表示方法

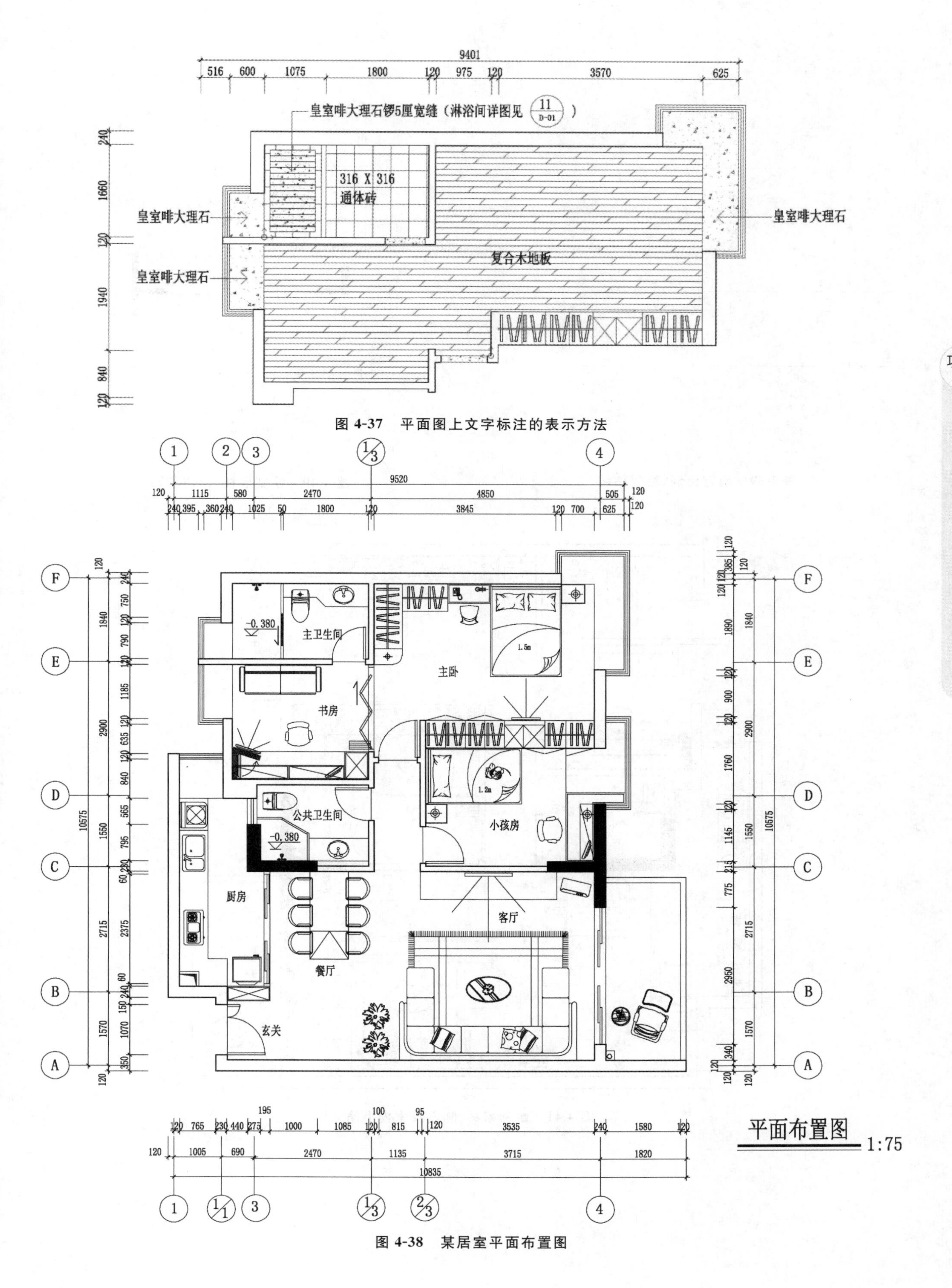

图 4-37 平面图上文字标注的表示方法

图 4-38 某居室平面布置图

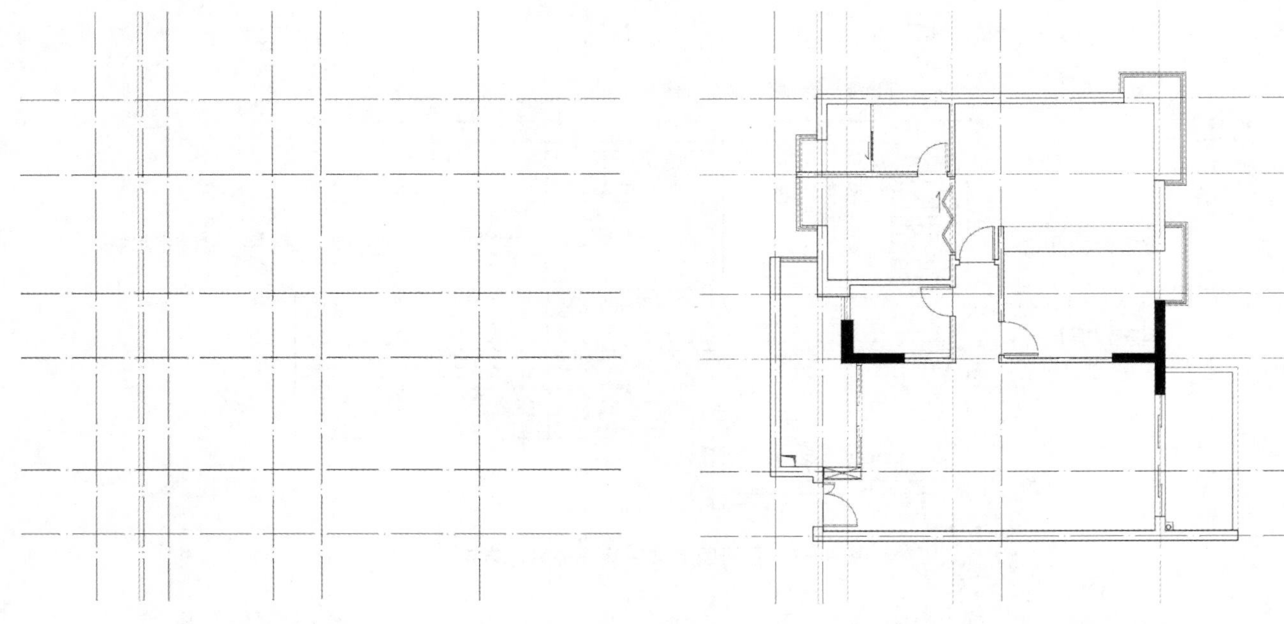

图 4-39　确定比例，绘制轴线

图 4-40　绘制墙柱、门窗和阳台

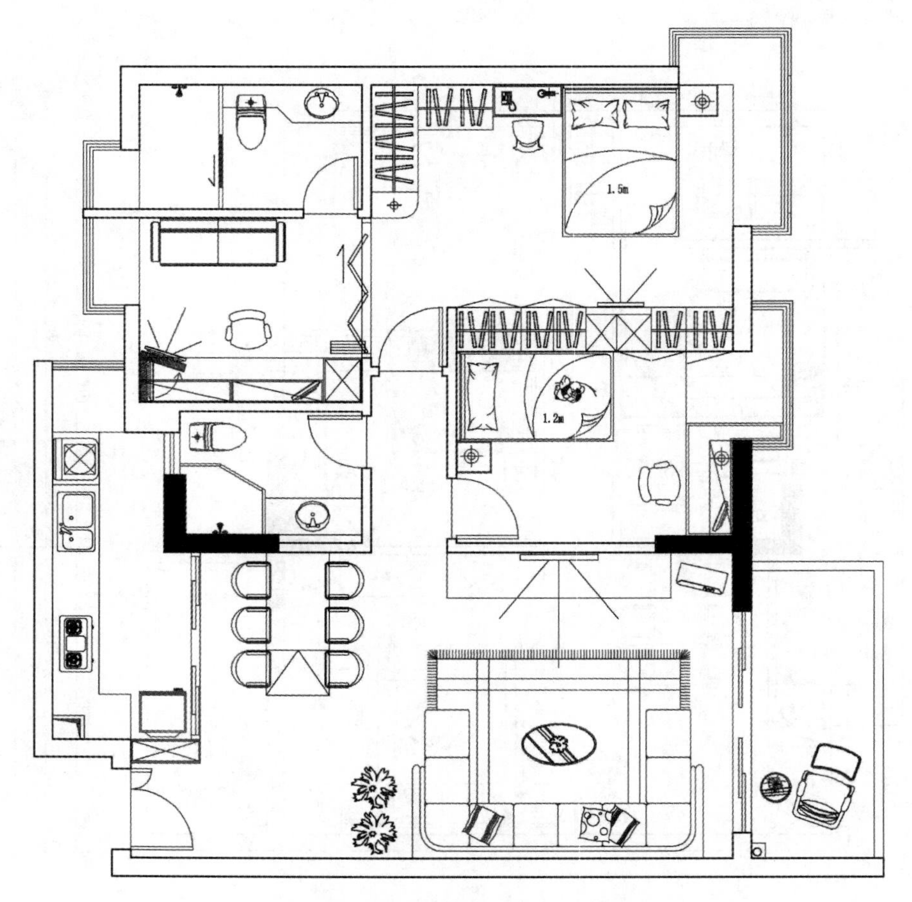

图 4-41　绘制家具、陈设及室内小品

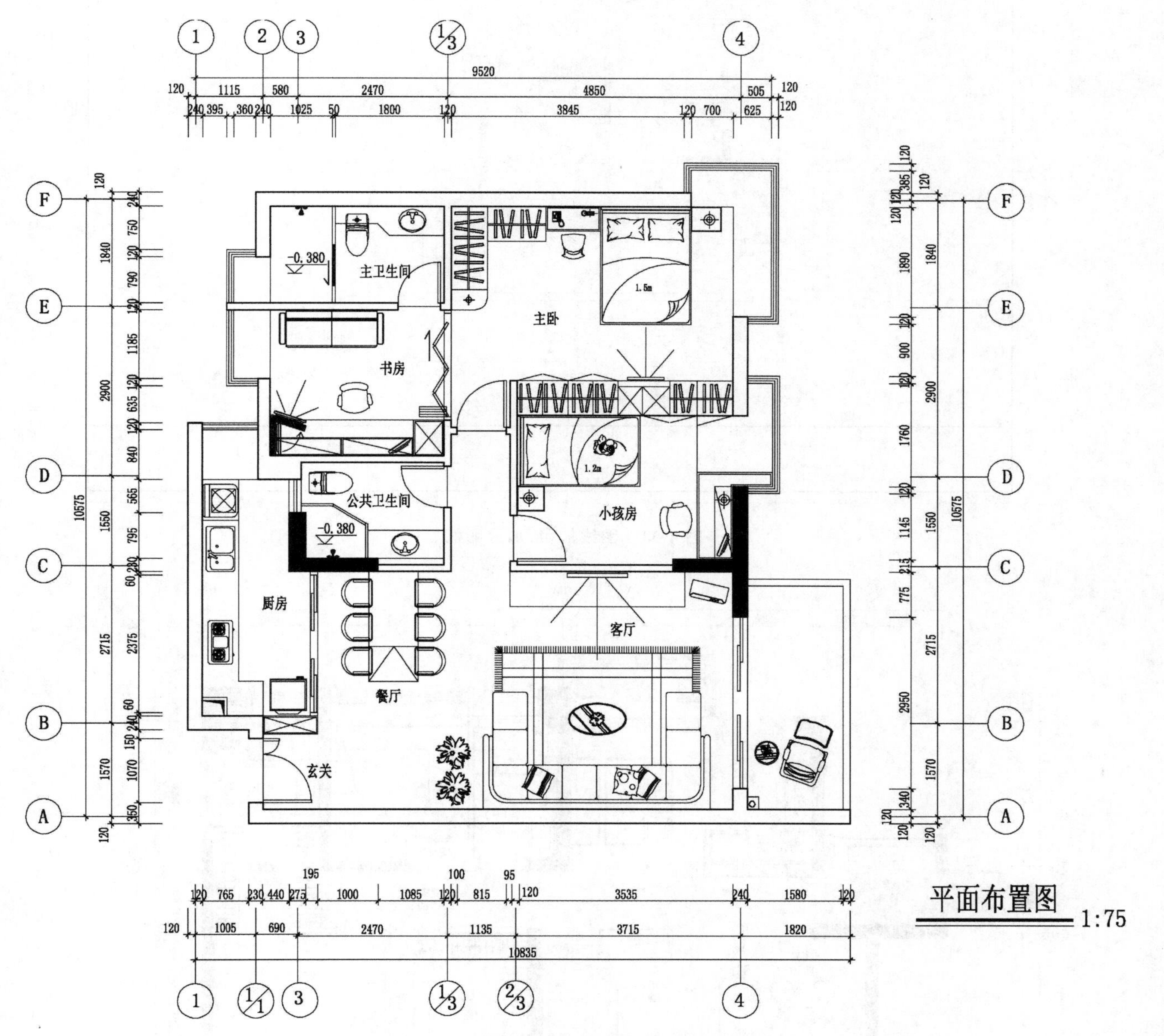

图 4-42 绘制尺寸标注、文字说明、图名比例等

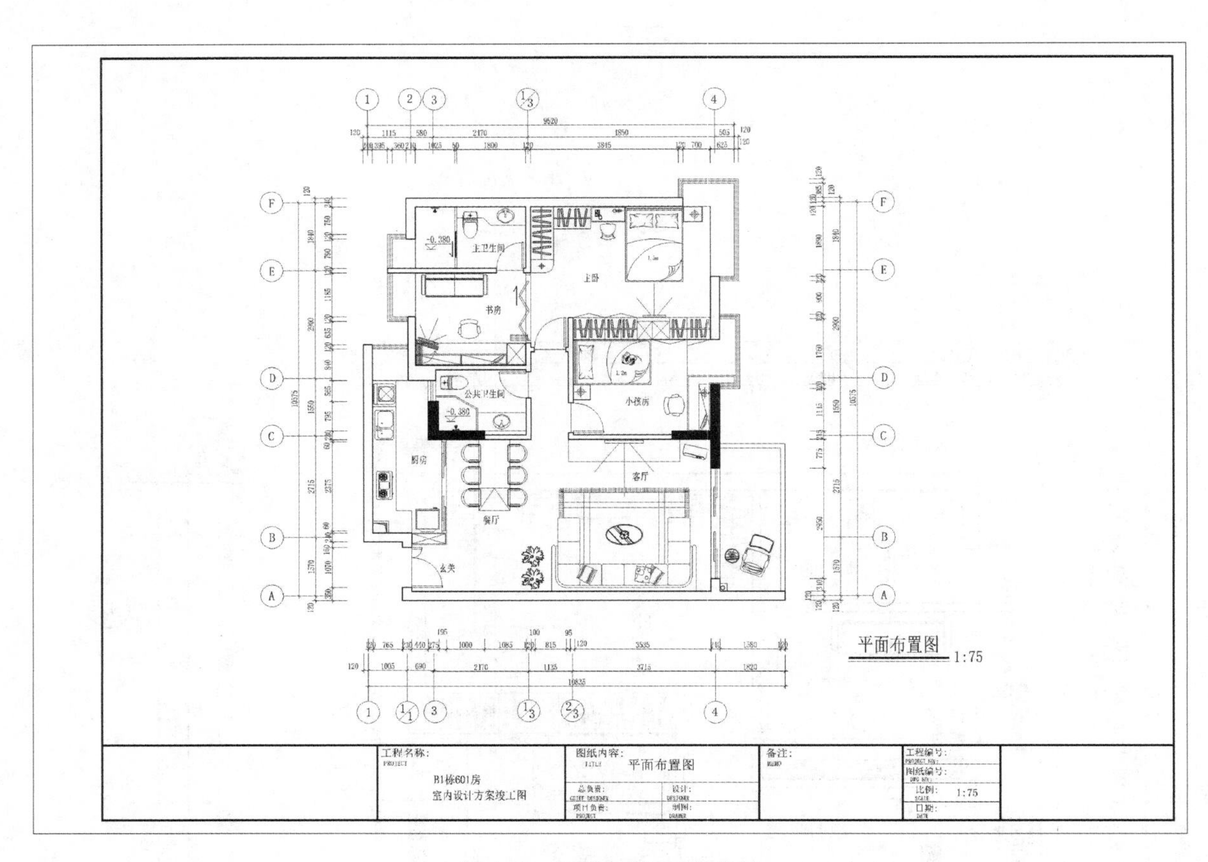

图 4-43　图线加粗、加绘图框

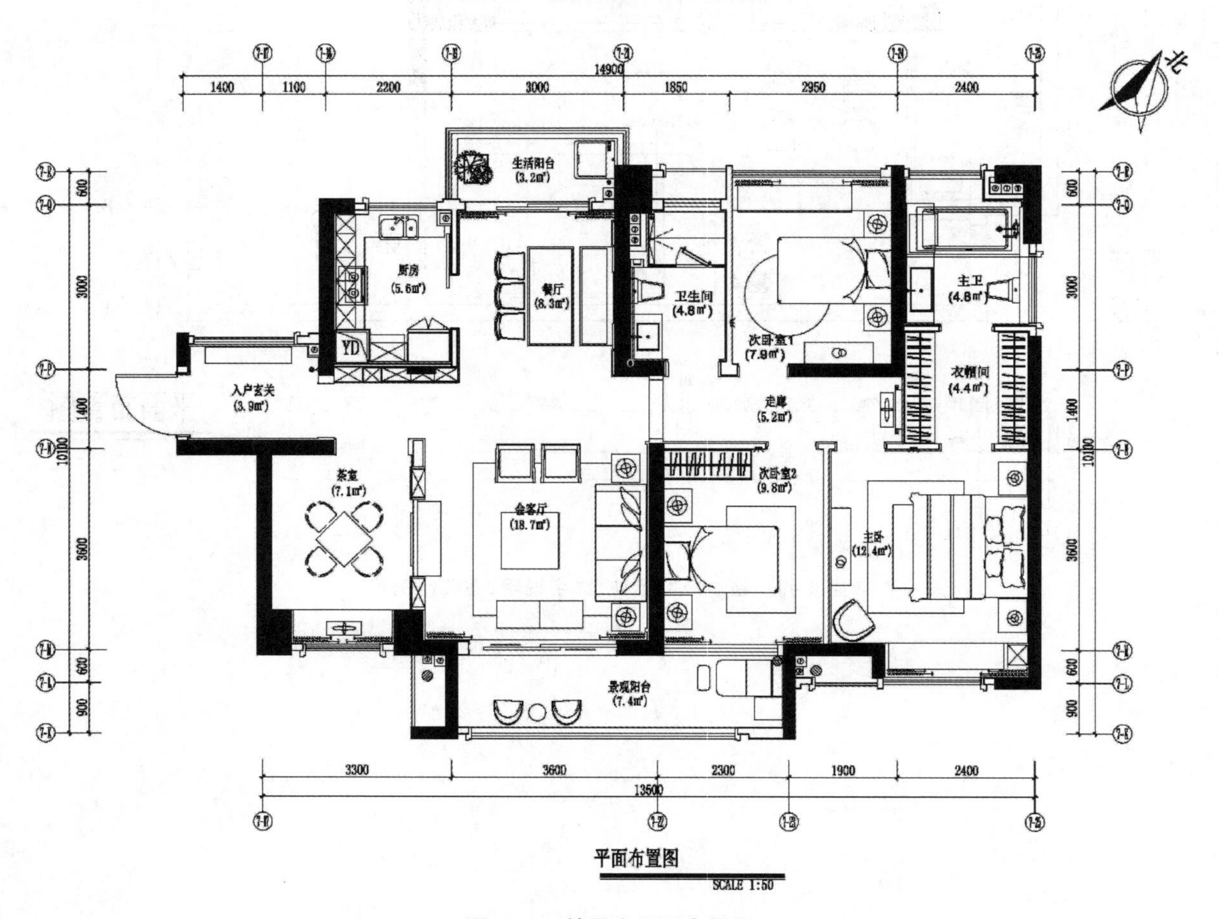

图 4-44　某居室平面布置图

学习任务三　居室天花布置图的识读与绘制实训

教学目标

(1) 专业能力：掌握居室天花布置图的形成、作用和图示方法、识读技巧和绘制技能。

(2) 社会能力：激发学习兴趣，增强主动性，提高组织能力，锻炼发现和解决问题能力。

(3) 方法能力：资料分析和整理能力，实践操作能力。

学习目标

(1) 知识目标：学习居室天花布置图的图示内容、识读方法和绘制技巧。

(2) 技能目标：通过居室天花布置图案例实训，掌握其识读和绘制技能。

(3) 素质目标：认真负责态度，严谨细致作风，团结互助精神以及良好的沟通表达能力。

教学建议

1. 教师活动

(1) 收集居室天花布置图，运用多媒体课件和视频教学手段，进行知识点讲授和技能指导。

(2) 导入某居室设计案例，学习居室天花布置图识读和绘制，培养扎实识读和绘图基本功。

(3) 关注学生思想、重视学生职业素质，把思政教育以及职业能力锻炼融入课堂内外。

2. 学生活动

(1) 提前预习，认真听讲，积极思考，参与讨论，加强实践，完成识读和绘制的实训。

(2) 查阅资料，主动观察，自主学习，自我管理，自我提高，举一反三并能学以致用。

(3) 培养人文素养，锻炼职业能力，熟悉制图规范，并应用到居室天花布置图识读和绘制。

一、学习问题导入

本次学习任务是居室天花布置图的识读和绘制，主要学习居室原始结构图的形成、表达内容、表达方法和制图规范，熟悉施工图的识读思路和绘制技巧，通过训练提高图纸识读和绘制速度，提升绘图质量。本次学习任务要求能够清晰表述居室天花布置图中的顶棚造型、灯具布置、风口、喷淋、烟感、检修口等具体位置，居室天花布置图的名称、比例、尺寸标高等，锻炼良好的图纸识读与绘制能力，提升沟通表达能力。

二、学习任务讲解

1. 居室天花布置图的形成

天花布置图也称顶棚图或吊顶平面图。它是用一个假想水平剖切面从窗台上方把房屋剖开，移去下面的部分，向顶棚方向做正投影所得。即剖切的位置与平面布置图一致，但是投影方向刚好相反，就是将天花进行镜像所得到的图，见图 4-45 所示。天花布置图在室内设计中是非常重要的一环。在天花布置图中我们不仅可以看到室内天花的造型、位置，还能看到天花上灯具的具体布置、设备的尺寸和所用的材料工艺等。

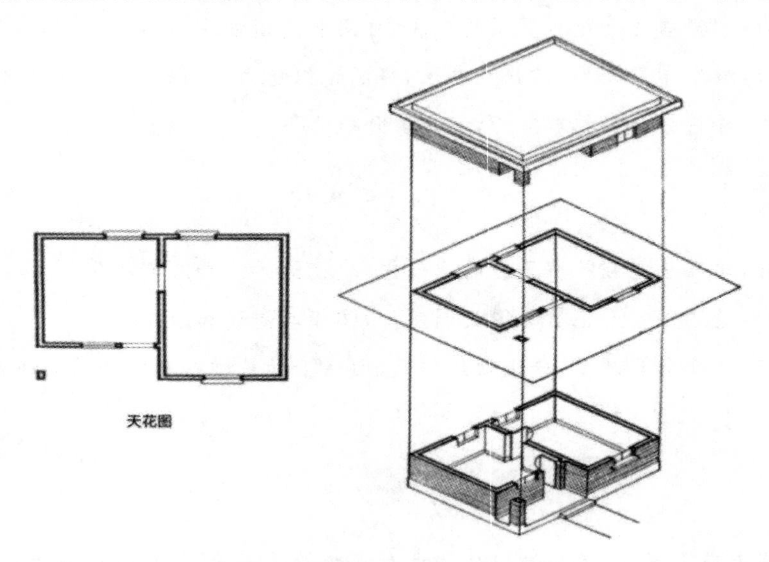

图 4-45　居室天花布置图的形成

2. 居室天花布置图的图示内容

(1) 反映天花的装修造型、材料名称及规格、施工工艺要求等。

(2) 反映天花上的灯具、风口、自动喷淋头、烟感报警器、扬声器、浮雕及脚线等的装饰、名称以及具体位置尺寸。

(3) 注明天花底面及分层吊顶底面标高。

(4) 标注详图索引符号、剖切符号。

(5) 注明墙与梁以及顶部有关的施工项目，比如窗帘盒。

(6) 注明灯位及开孔尺寸，暗藏灯槽的位置和长度。

(7) 复杂的圆形、椭圆形、弧形、线槽、脚线、装饰线等节点或者剖面详图。

(8) 注明图名、图例和比例，天花的索引详图可绘制在居室天花布置图旁。

3. 居室天花的造型识读

(1) 吊顶的造型常见的有平面式、凹凸式、悬浮式、井格式、发光式、构架式、穹顶式、雕刻式等。

(2) 天花造型若是简单平面形状，可直接在天花布置图上表达清楚。见图 4-46 所示。

(3) 天花造型若为单层次复杂形状，应用较大比例绘制。见图 4-47 所示。

(4) 更复杂的天花造型(如曲线天花、折线天花、雕刻天花等)，应绘制网格图。见图 4-48 所示。

(5) 层次较多的复式和悬浮式天花造型可以分别绘制。见图 4-49 所示。

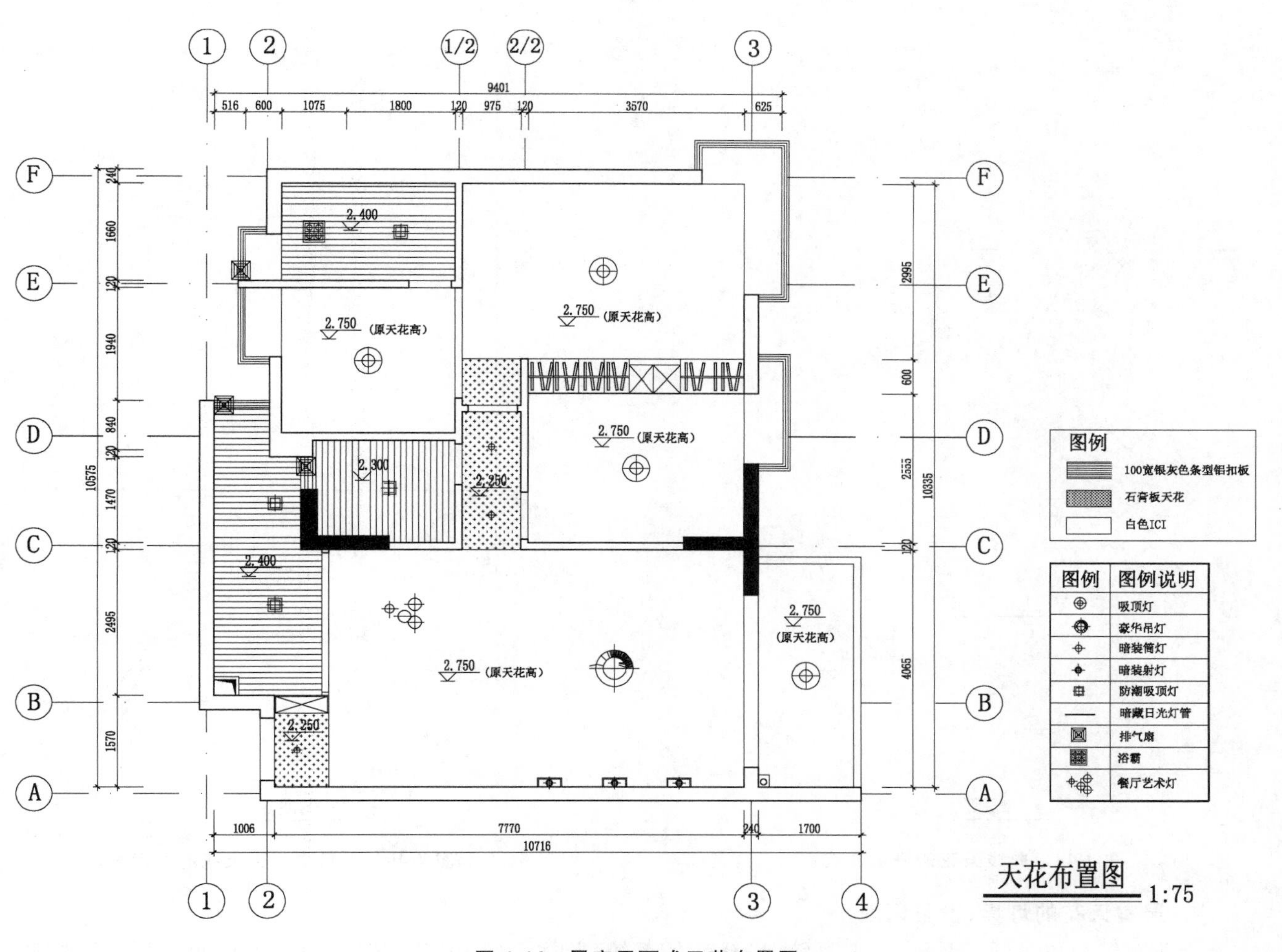

图 4-46 居室平面式天花布置图

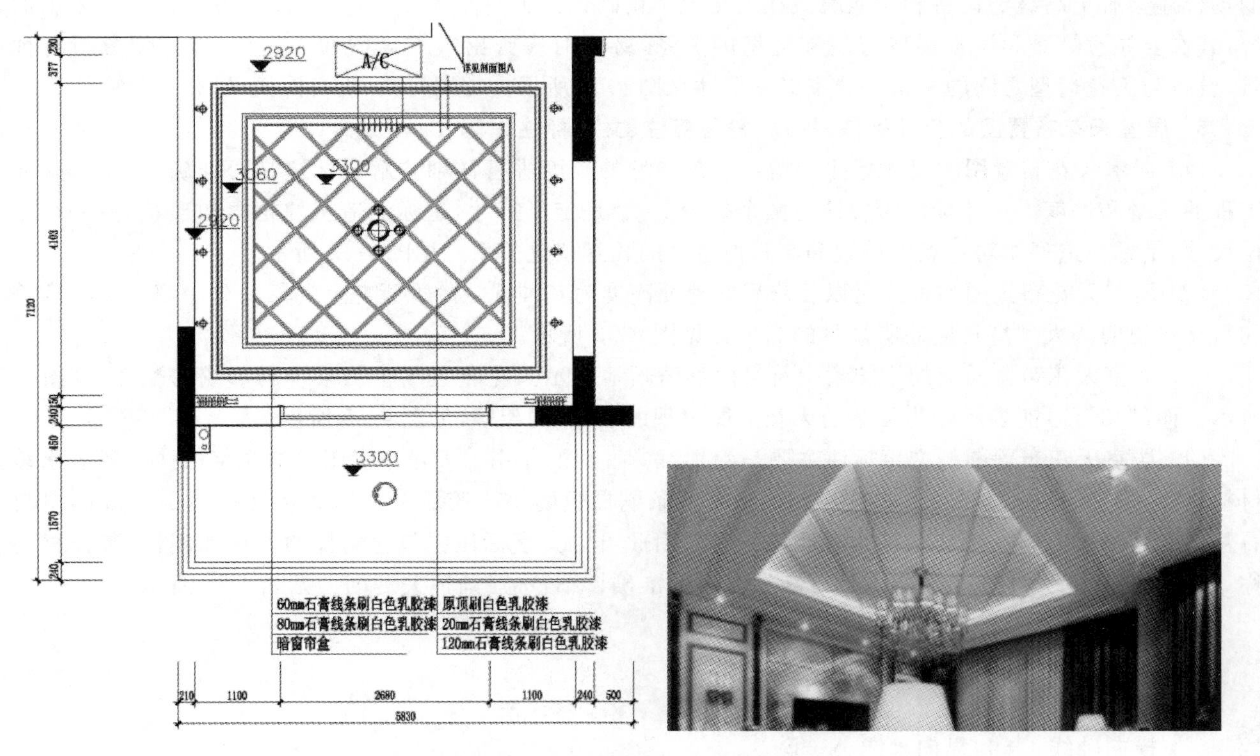

图 4-47 单层次复杂天花(井格式)的表示方法

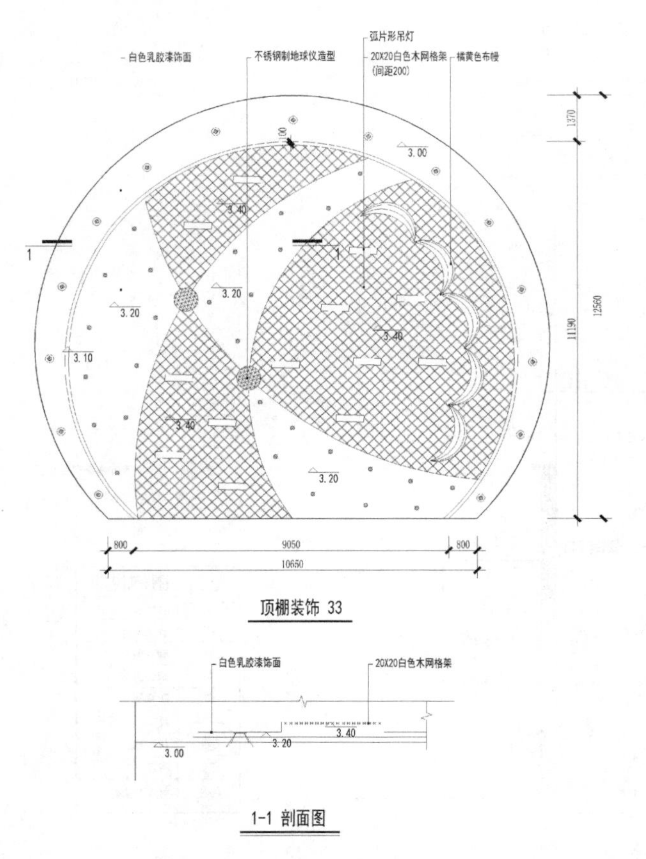

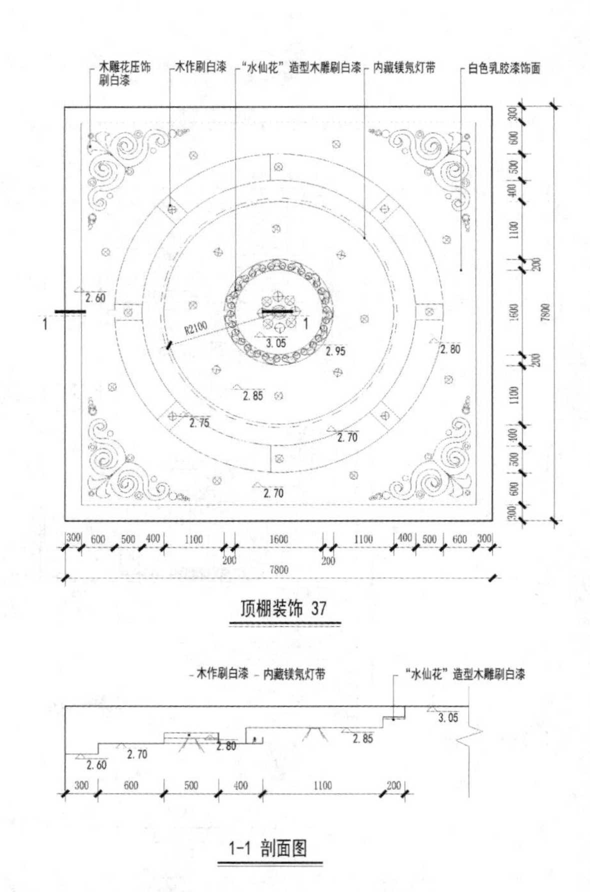

图 4-48　曲线天花的表示方法

图 4-49　多层次复杂天花的表示方法

4. 居室天花的灯具、设备识读

天花布置图包含照明系统、空调系统、广播通信系统、监视系统、消防（报警、喷淋和防火）系统等，特殊的场合还会有更高级的设备和功能隐藏在天花上。正确识读天花布置图，首先要读懂各种符号所表示的内容，其次要注意灯具和设备接口与装饰造型的关系，必要时应画出节点详图和大样图，以方便分析各种灯具、设备与天花造型之间的关系。居室灯具尺寸见图 4-50 所示。常用灯具、设备图例见图 4-51 所示。

5. 居室天花布置图的尺寸标注、标高、符号标注、文字标注识读

（1）居室天花布置图的尺寸标注是指对天花造型的尺度进行详细注解。标注是否准确、详尽直接涉及工程的质量和进度。尺寸标注时应注意两个概念：一个是定形尺寸，是标注造型的轮廓和形状；另一个是定位尺寸，是标注造型相对基点的位置和与其他造型的相互位置关系。见图 4-52 所示。

（2）居室天花布置图的标高是以装修后的地面高度为基准标注的。天花上的每一分层都要用标高符号和数据来说明。大型灯具应注明灯具的高度。见图 4-53 所示。

（3）居室天花布置图上的详图索引符号能够清晰地表示天花布置图中的某个局部或构配件，见图 4-54 所示。而剖切符号能表示较为复杂的天花上所出现的跌级，构架等，见图 4-55 所示。

（4）居室天花布置图的文字标注主要是起到解释说明的作用。天花布置图中的文字标注一般表示装饰材料、施工工艺、设备构件。比如“100 mm 石膏线条刷白色防水乳胶漆三道”，表示规格为 100 mm，材料为石膏线条，色彩为白色，工艺为防水乳胶漆三道。由此可见文字标注中包含构件的名称和规格、装修材料名称、颜色和施工工艺这四个基本内容。在标注时要准确详细，不能漏掉关键词。见图 4-56 所示。

6. 居室天花布置图的识读实训

某居室天花布置图见图 4-57 所示。

（1）图名是某居室天花布置图，比例是 1∶75。

（2）横向轴线 1—4，纵向轴线 A—F。

（3）居室的轴线以墙中定位，墙的中心线与轴线重合。

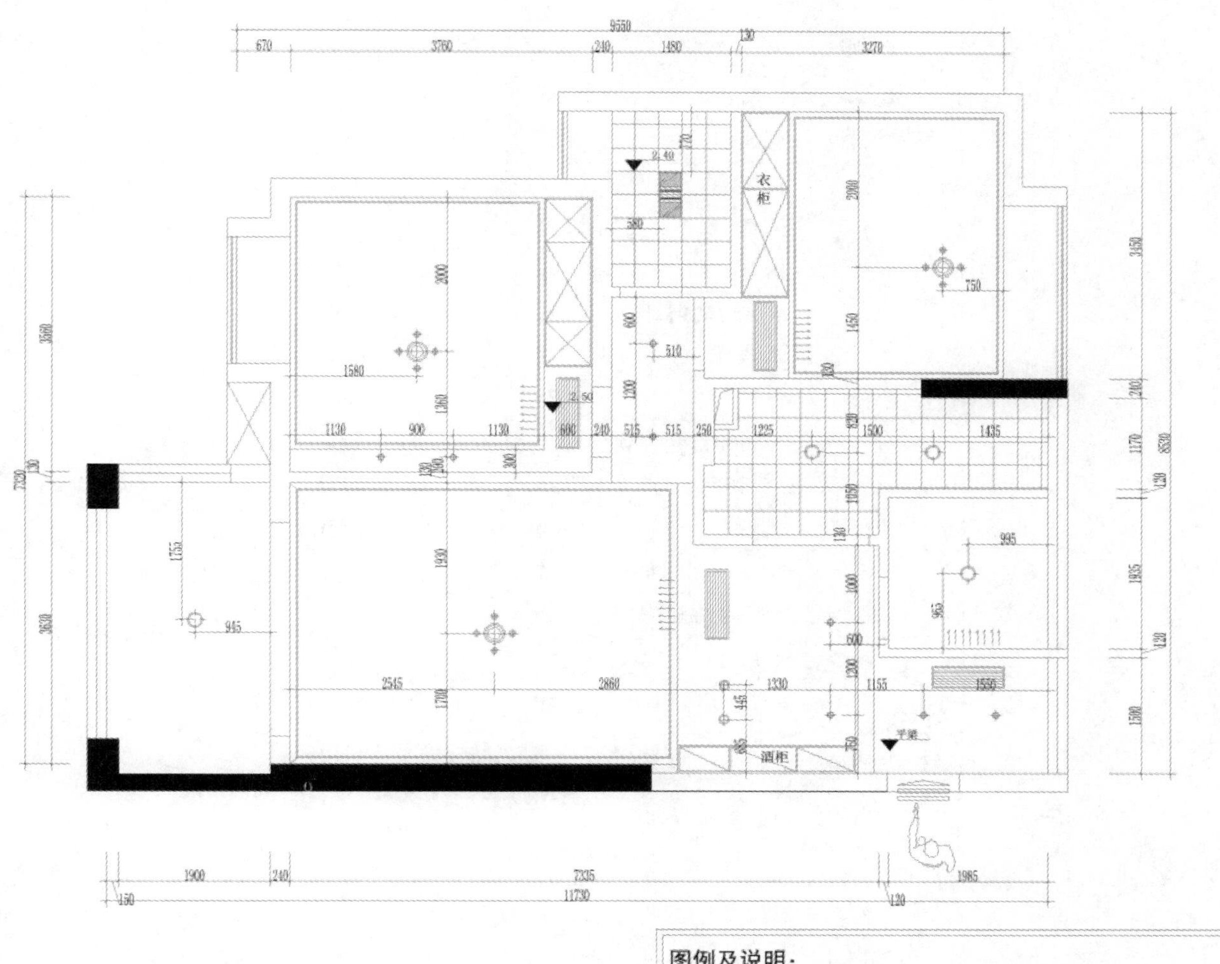

图例及说明:				
豪华吊灯	空调	防雾灯	筒灯	射灯
吸顶灯	镜前灯	排气扇、照明灯	T5灯管	

图 4-50 居室灯具尺寸

(4) 剖切到的墙体用粗实线绘制,墙厚 240 mm,涂黑的是钢筋混凝土墙体。

(5) 本居室总长为 10716 mm,总宽为 10575 mm。

(6) 平面布置图中有两道尺寸标注,第一道尺寸为总体尺寸,反映居室的总长和总宽。

(7) 第二道尺寸为定位轴线尺寸,反映定位柱墙间距。

(8) 室内有客厅、餐厅、厨房、卫生间、阳台和两个卧室,属于两室两厅的住宅空间。

(9) 居室层高为 2.750 m,客厅、小孩房和两个卧室的高为原天花高,玄关和过道的高为 2.250 m,厨房和主卧卫生间为 2.400 m,公共卫生间为 2.300 m。

(10) 结合材料图例可知客厅、小孩房和两个卧室的高为原天花高,玄关和过道天花材料是石膏板,厨房和卫生间天花材料是银灰色条型铝扣板。

(11) 结合灯具图例还能清楚知道灯具布置和具体尺寸,如主卧用的是吸顶灯,居中布置。

(12) 厨房和两个卫生间的窗户位置安装有排气扇,其中主卧卫生间的淋浴间安装了浴霸。

7. 居室天花布置图的绘制实训

(1) 确定绘图比例,按开间、进深尺寸绘制纵、横双向定位轴线。见图 4-58 所示。

(2) 绘制被剖到的墙身和柱断面轮廓线,注明承重柱和承重墙。见图 4-59 所示。

(3) 画出建筑门窗、固定家具和装饰构件、隔断等内容。见图 4-59 所示。

(4) 根据现场测量数据,标注好门窗位置和尺寸。见图 4-59 所示。

序号	图例	名称	序号	图例	名称
1		出风口	16		装饰吊灯
2		回风口	17		吸顶灯
3		排气扇	18		石英灯
4		筒灯	19		筒灯
5		射灯	20		烟感器
6		双头转向射灯	21		烟感报警
7		暗藏灯	22		防潮吸顶灯
8		吊灯	23		高度标识符
9		600X600日光管灯盘	24		防雾灯
10		三头转向射灯	25		喷淋
11		应急灯	26		侧喷淋
12		200X200斗胆灯单头	27		防雾石英灯
13		二头斗胆吊杆联灯	28		镜前灯
14		壁灯	29		浴霸
15		轨道射灯	30		通风口

序号	名称	图例
1	吸顶灯	
2	吸顶灯	

烟感器6.7米服务半径
喷淋3.6米服务直径

图 4-51　常用灯具、设备图例

(5) 绘制天花造型、灯饰及天花上的设备等。见图 4-60 所示。

(6) 标注相对于本层楼地面的天花跌级标高。

(7) 绘制尺寸标注、符号标注和文字说明等,注意标注布局与美观。见图 4-61 所示。

(8) 检查并加粗图线,装饰面层剖切轮廓线用中实线。建筑主体结构和隔墙轮廓线用粗实线表示。见图 4-62 所示。

(9) 加绘图框,书写图名和比例,检查完善与美化。见图 4-62 所示。

三、学习任务小结

本次任务主要学习居室天花布置图的识读与制图。通过案例分析和绘图训练,同学们已经初步了解了天花布置图的形成和内容。本次任务还示范了居室天花布置图的绘制步骤,并通过课堂实训对学生进行指导。课后,希望同学们课后认真完成作业,收集一些优秀的居室天花布置图,加强识图与绘制实训,提升绘图技能。

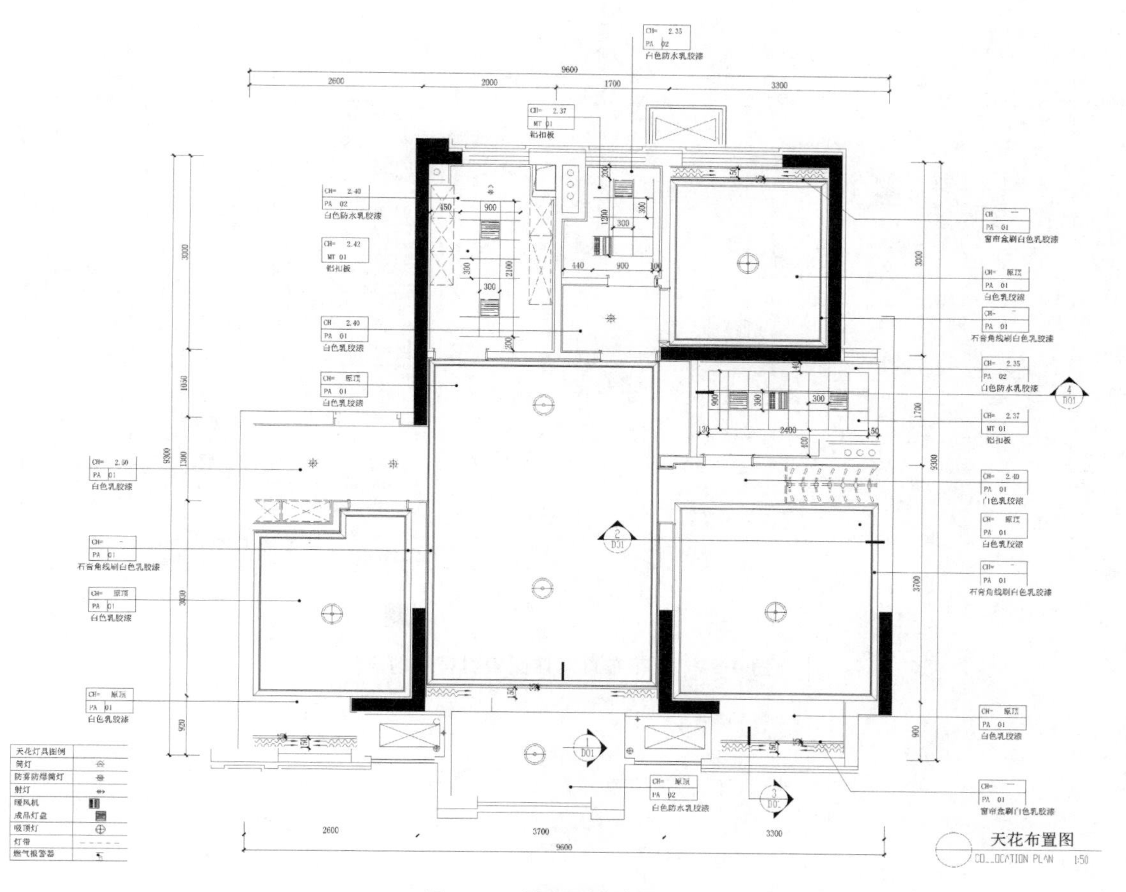

图 4-52 居室天花布置图

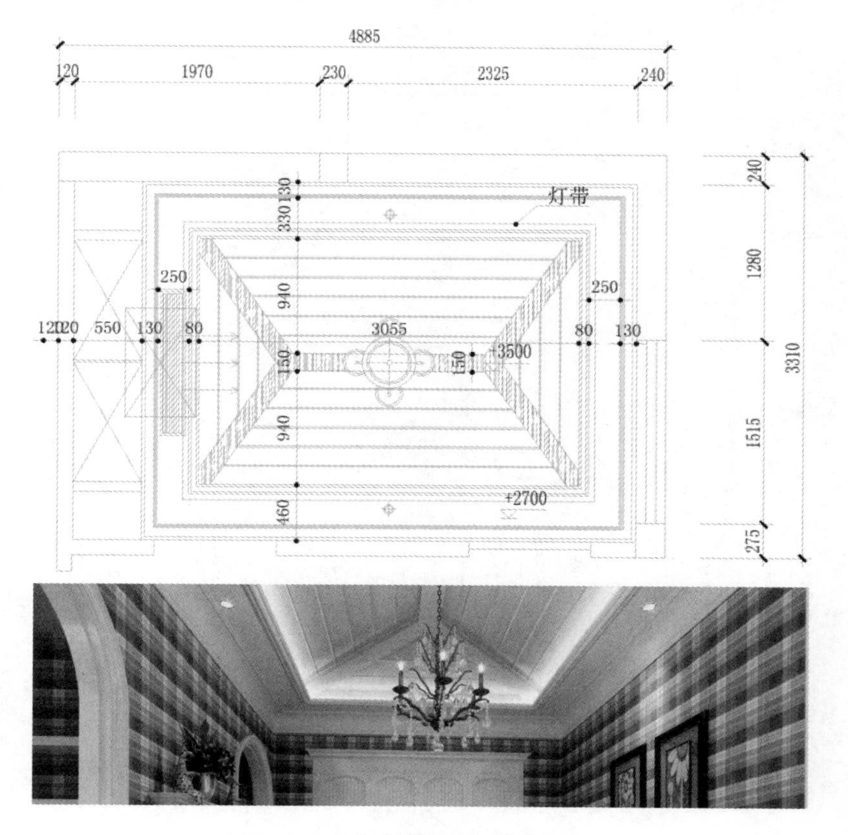

图 4-53 天花布置图的标高表示方法

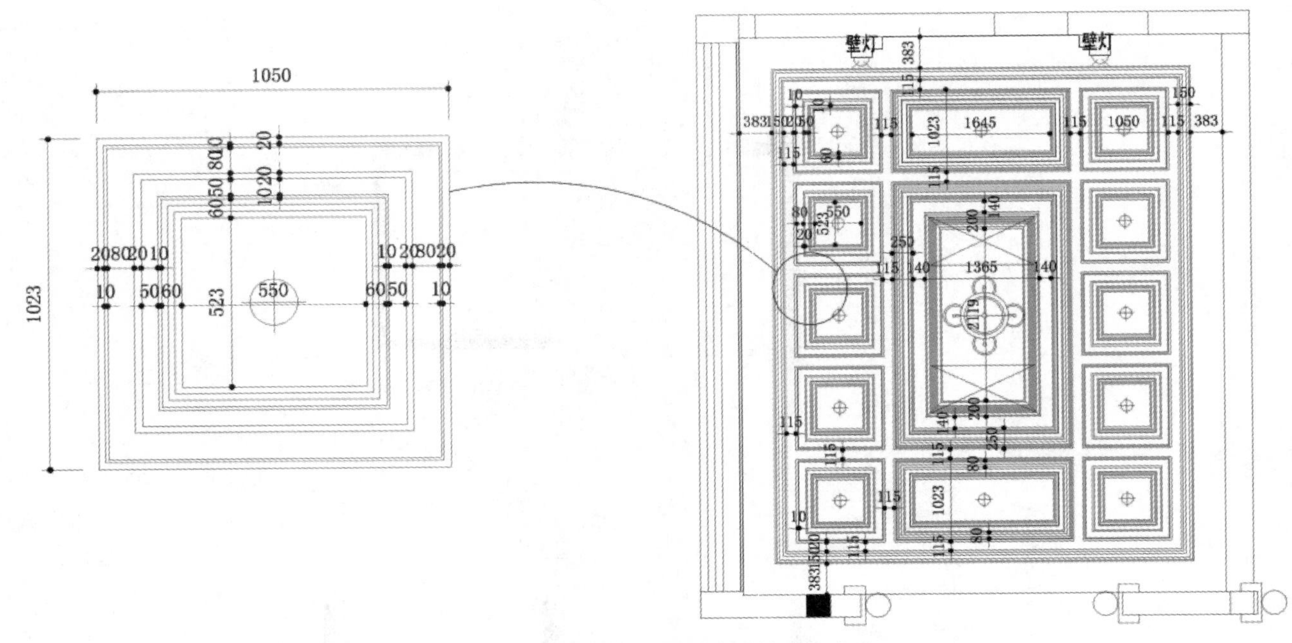

图 4-54　天花布置图详图索引符号的表达

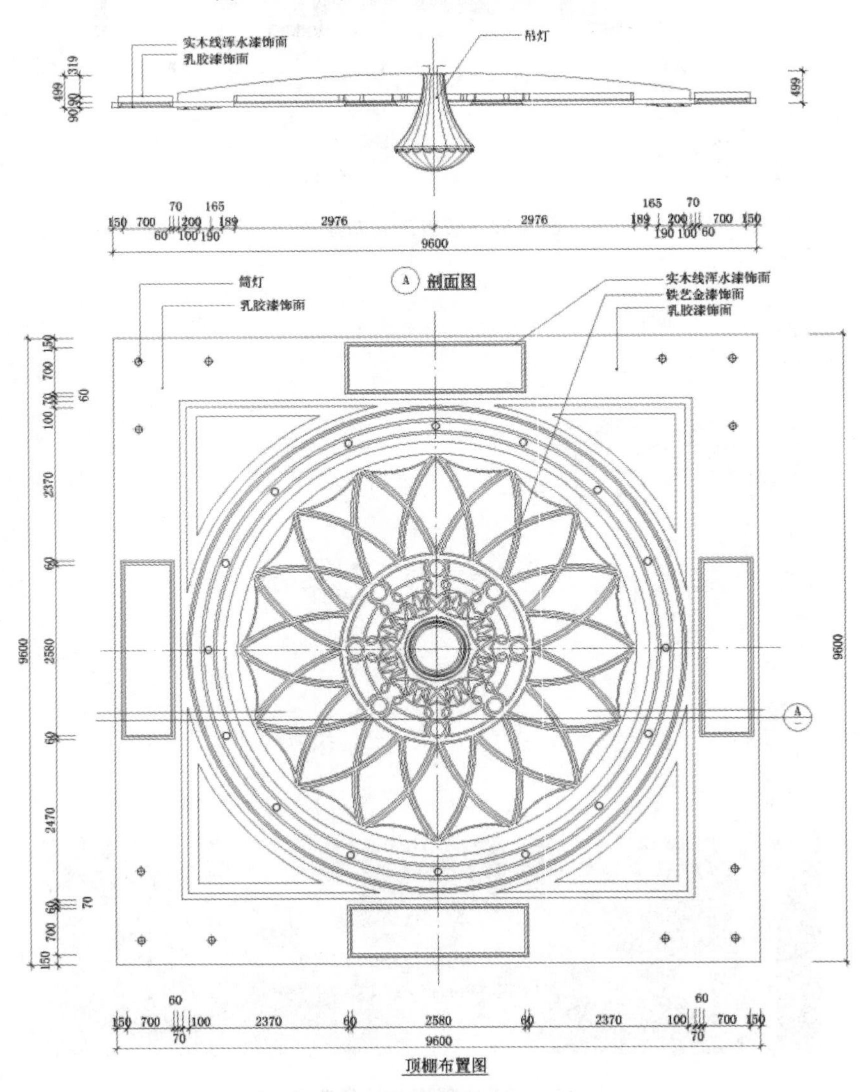

图 4-55　天花布置图剖切符号的表达

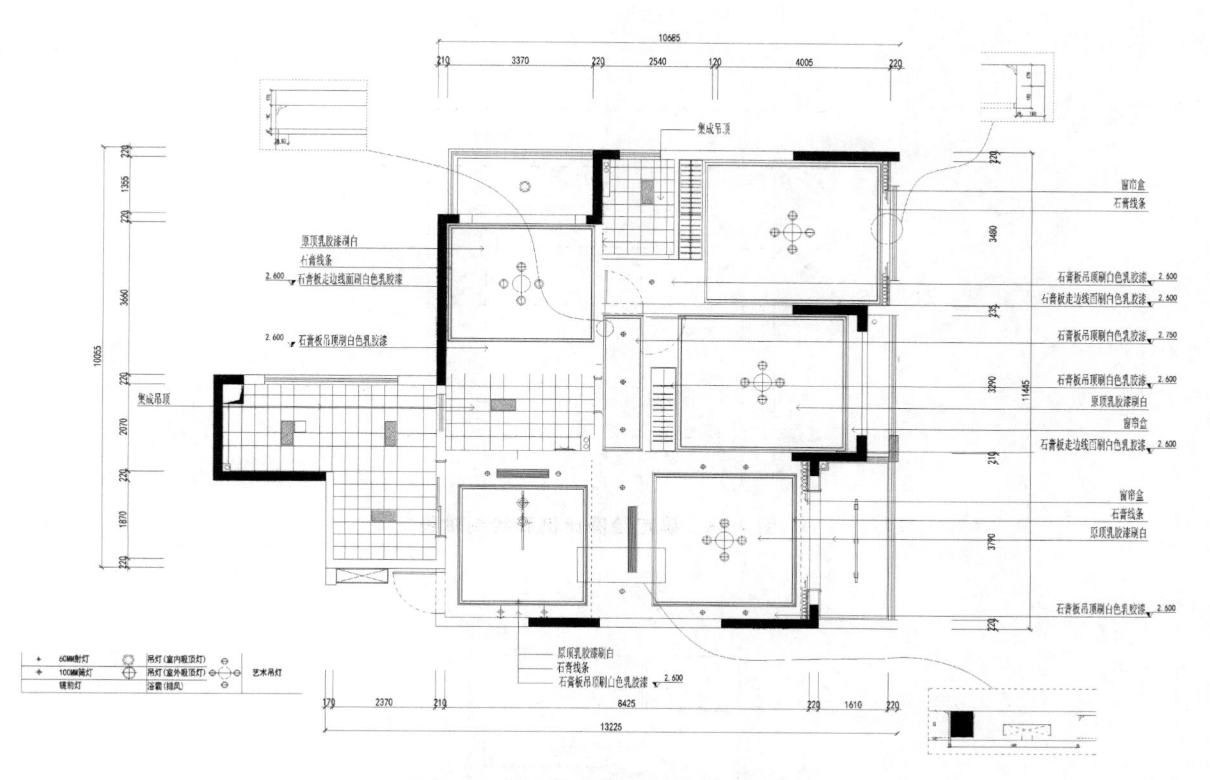

图 4-56　居室天花布置图的文字标注

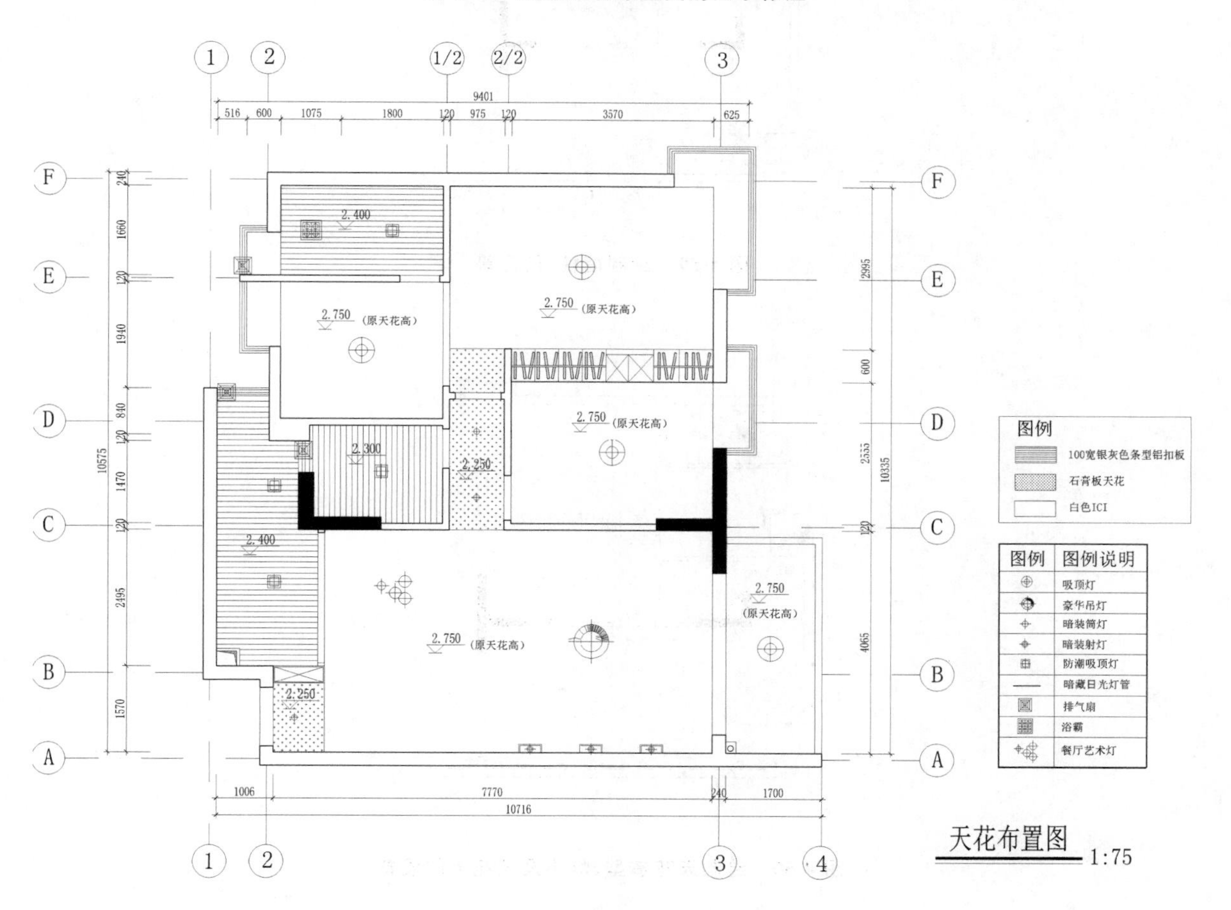

图 4-57　某居室天花布置图

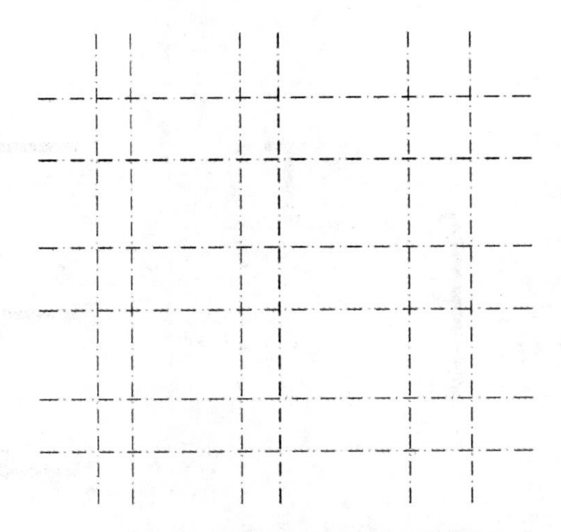

图 4-58　确定绘图比例和绘制轴线

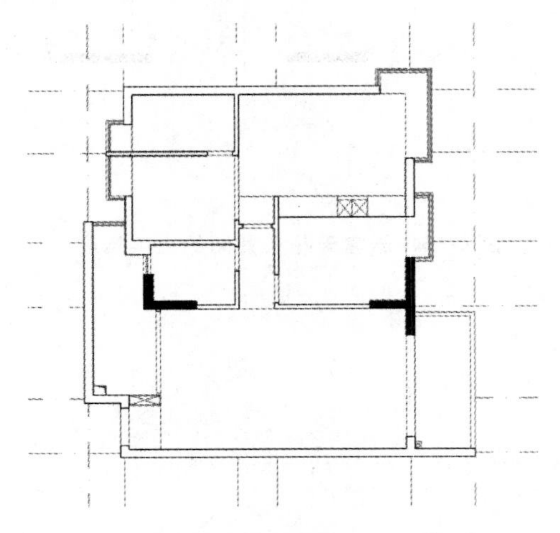

图 4-59　绘制墙柱、门窗等

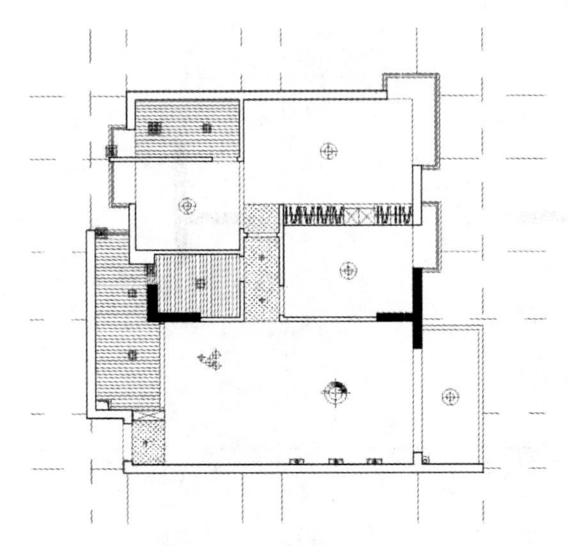

图 4-60　绘制天花造型、灯饰及天花上的设备

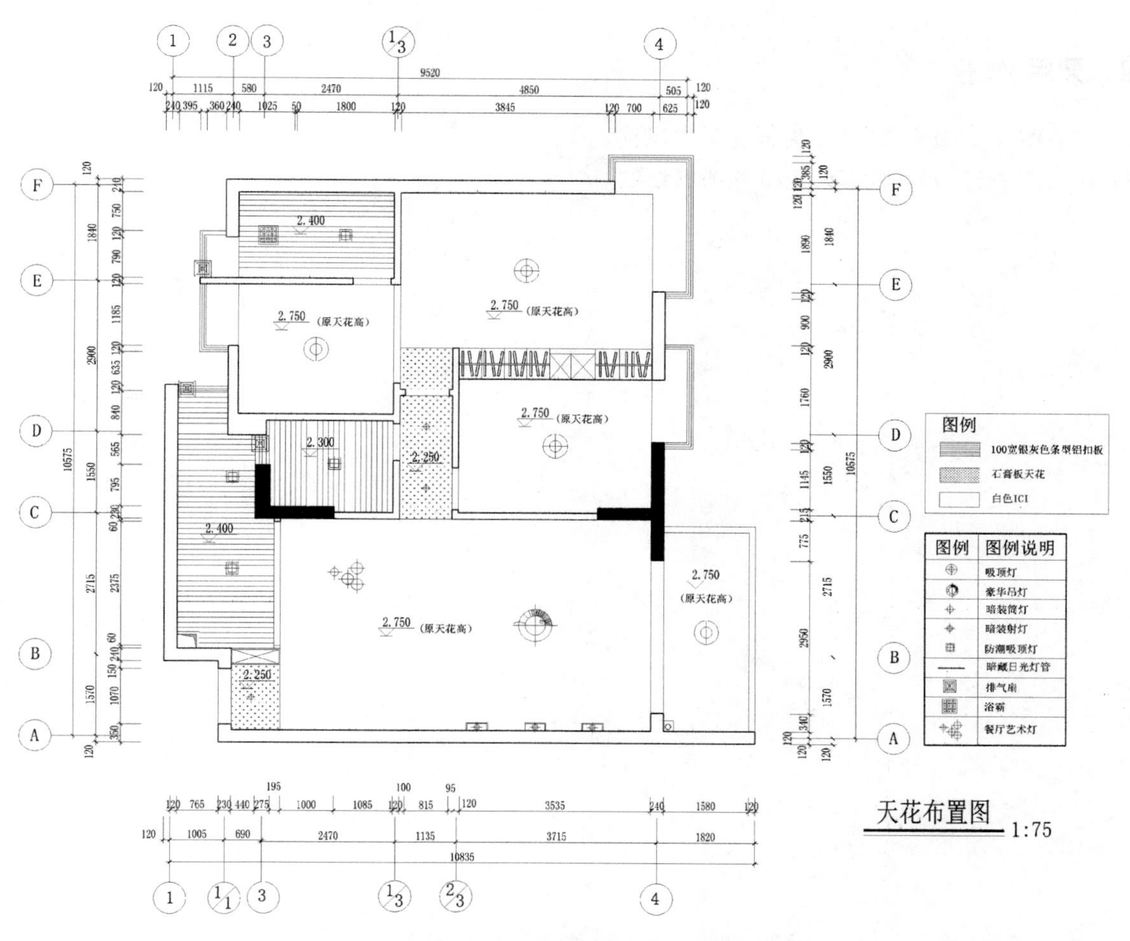

图 4-61 绘制尺寸标注、符号标注和文字说明等

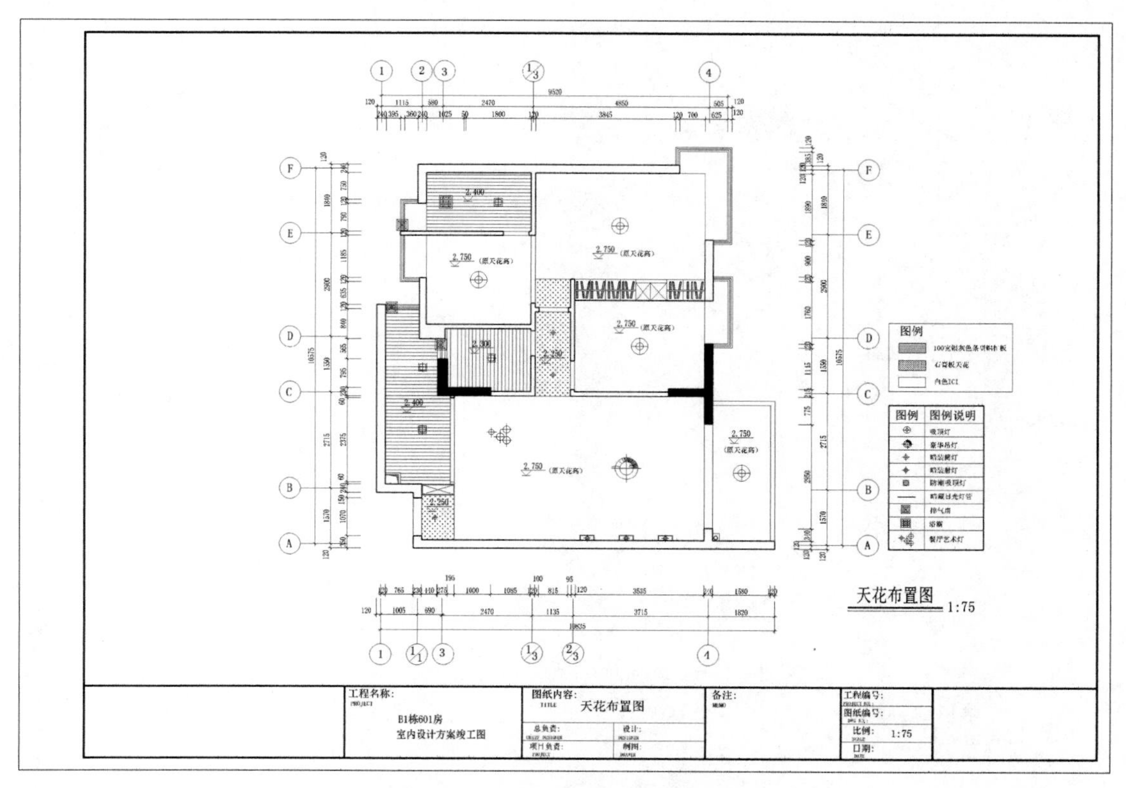

图 4-62 加绘图框,书写图名和比例

四、课后作业

(1) 完成图 4-52 所示居室天花布置图的识读。

(2) 完成图 4-57 所示居室天花布置图的绘制。

学习任务四　居室地材布置图的识读与绘制实训

教学目标

(1) 专业能力：掌握居室地材布置图的形成、作用和图示方法、识读技巧和绘制技能。

(2) 社会能力：激发学习兴趣，增强主动性，提高组织能力，锻炼发现问题和解决问题的能力。

(3) 方法能力：资料分析能力和整理能力，实践操作能力。

学习目标

(1) 知识目标：学习居室地材布置图的图示内容、识读方法和绘制技巧。

(2) 技能目标：掌握居室地材布置图识读和绘制技能。

(3) 素质目标：认真负责，严谨细致，培养团结互助精神以及良好的沟通表达能力。

教学建议

1. 教师活动

(1) 收集地材布置图，运用多媒体课件和视频教学手段，进行知识点讲授和技能指导。

(2) 导入某居室设计案例，组织地材布置图识读和绘制，培养识读和绘图基本功。

(3) 关注学生思想，重视学生职业素质，将职业能力锻炼融入课堂内外。

2. 学生活动

(1) 提前预习，认真听讲，积极思考，参与讨论，加强实践，完成识读和绘制的实训。

(2) 查阅资料，主动观察，自主学习，自我管理，自我提高，举一反三并能学以致用。

(3) 培养人文素养，锻炼职业能力，熟悉制图规范，并应用到地材布置图识读和绘制过程中。

一、学习问题导入

本次学习任务是居室地材布置图的识读和绘制，主要学习居室地材布置图的形成、表达内容、表达方法和制图规范，熟悉施工图的识读思路和绘制技巧，通过训练提高图纸识读和绘制速度，提升绘图质量。本次学习任务要求清晰表述居室地材布置图中地面铺装的形式，地面标高，饰面材料的名称、规格、拼花样式和施工工艺等，居室地材布置图的名称、比例、尺寸标高等，锻炼图纸识读与绘制能力。

二、学习任务讲解

1. 居室地材布置图的形成与作用

居室地材布置图是表达地面做法的图样。地材布置图的形成原理和平面布置图一样。居室地材布置图主要用于表达地面铺装形式、地面标高，饰面材料的名称、规格、拼花样式和施工工艺。当地面铺装简单时，可以不用绘制专门的居室地材布置图，只需在平面布置图上一并绘制即可，见图 4-63 所示。当地面做法较复杂时，就需专门绘制地材布置图来进一步表达地面铺装做法，见图 4-64 所示。

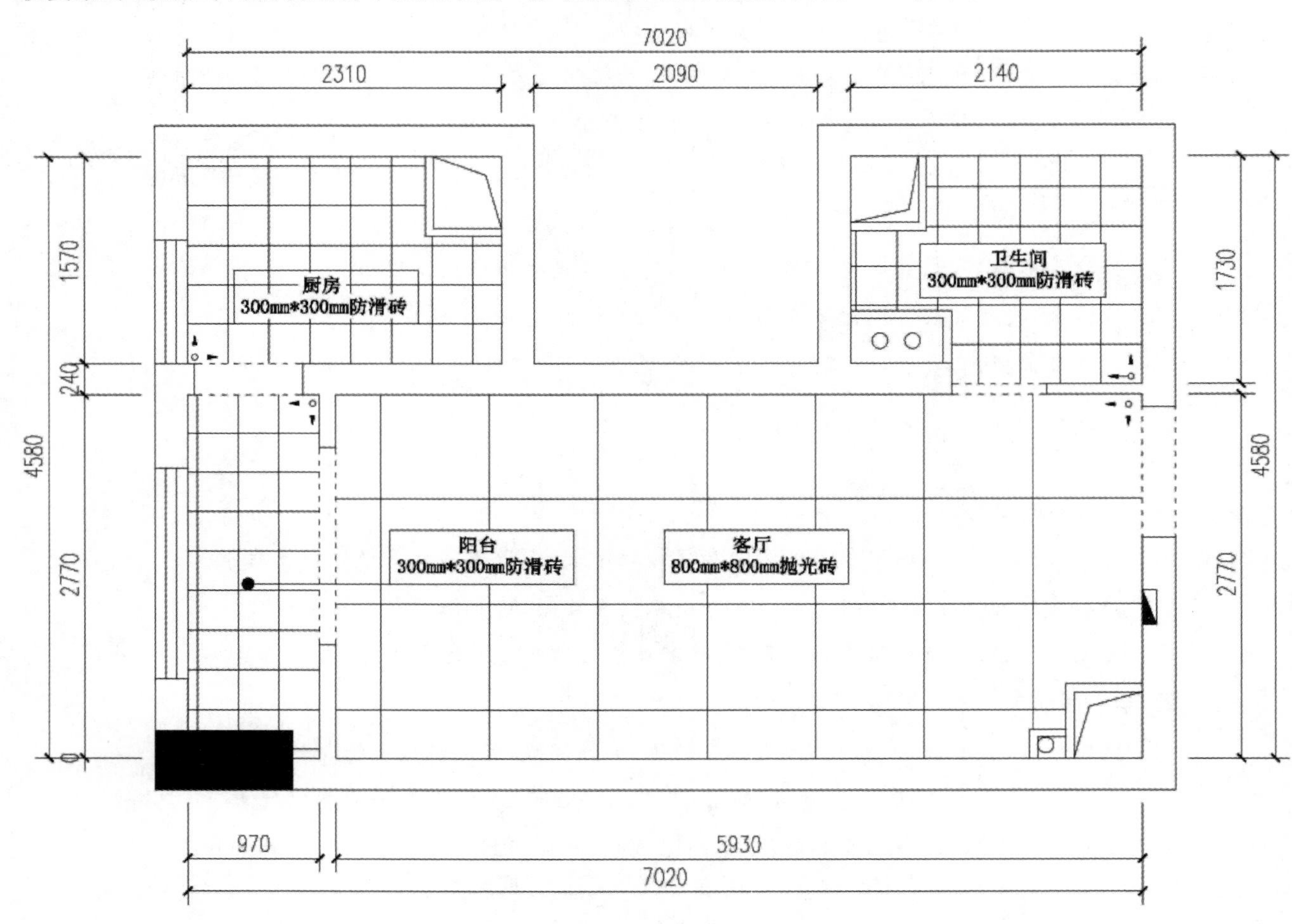

图 4-63　居室地材布置图(简单铺装)

2. 居室地材布置图的图示内容

(1) 建筑主体结构(如墙、柱、台阶、楼梯、门窗等)的平面布置和具体形状。

(2) 建筑各功能空间(如客厅、餐厅、卧室、厨房、卫生间、书房、健身房等)的布局。

(3) 各功能空间地面铺装形式、规格、位置，材料名称、拼花样式和工艺要求等。

(4) 地面应用标高标注高度，当地面有几种不同高度时，应标注清楚。

(5) 居室地材布置图上的尺寸标注包含建筑结构体的尺寸和材料铺装规格尺寸。

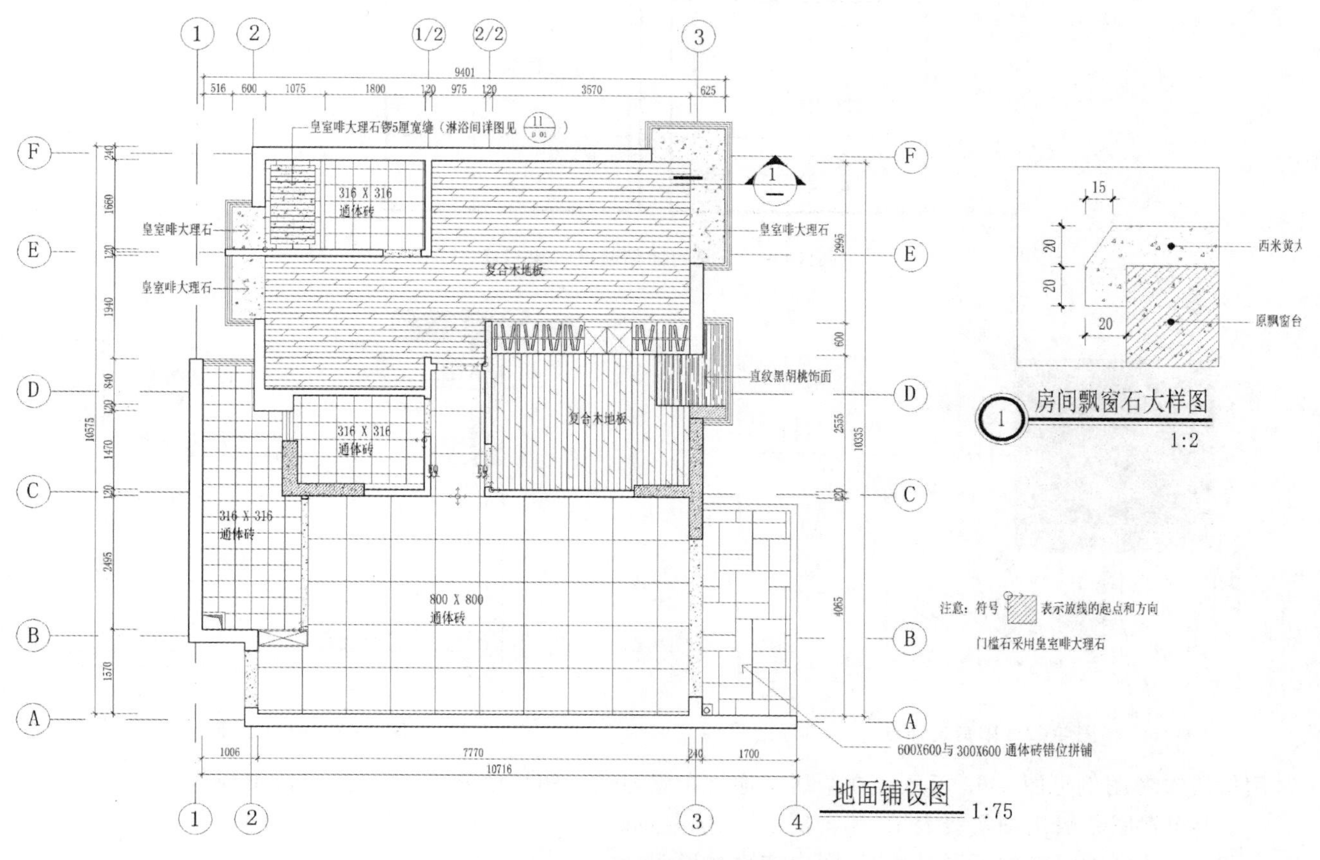

图 4-64　居室地材布置图(复杂铺装)

(6) 地材布置应有固定尺寸和调节尺寸，原则上每个铺贴空间都应留有调节尺寸。

(7) 注明起铺点的位置，某些局部或构配件还需注明详图索引符号。

(8) 居室地材图的图名、比例。地材的索引详图可绘制在居室地材布置图旁。

3. 居室地材布置图起铺点的识读

居室地材布置图上的起铺点就是铺设的基准点，材料均以此点为基准点开始铺设。起铺点有定位和指示铺贴方向的作用。见图 4-65 所示。

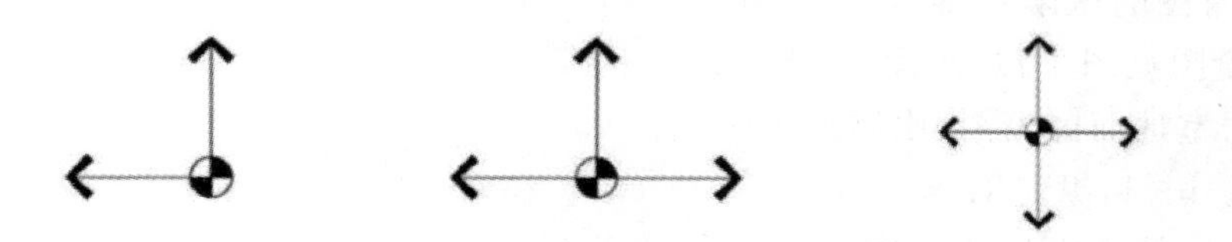

图 4-65　起铺符号的表达

起铺点设置应考虑的因素如下。

(1) 美观。起铺点的设置关系到材料最终呈现的效果。

(2) 省料。同样的铺贴面积和形状，选择不同的铺贴起点，所需地砖块数和所产生的材料损耗则不同。见图 4-66 所示。

(3) 省工。不同的铺贴点导致地砖裁切的工作量不同，工人花费时间也是不同的。

(4) 起铺点常设置在阴阳角和中心位置。见图 4-67 和图 4-68 所示。

4. 居室地材布置图的图例

近几年新装饰材料不断出现，并在室内设计中广泛使用，使得居室地面设计参考图样更加丰富。地面

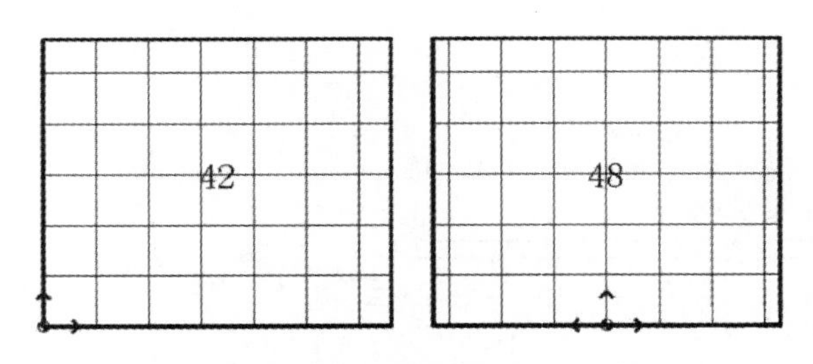

图 4-66　不同的铺贴起点效果对比

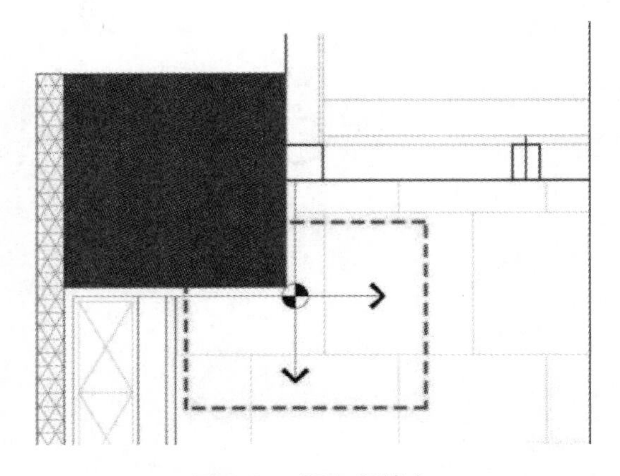

图 4-67　阳角起铺点

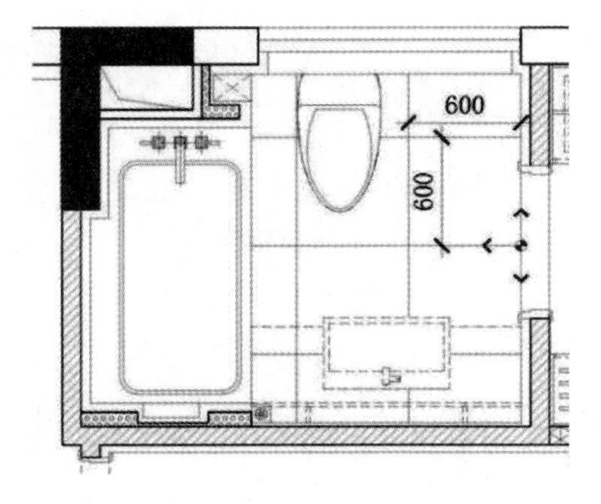

图 4-68　中心起铺点

常用材质参考图例见图 4-69 所示。在给居室地材布置图进行图样填充时,需要遵循以下规定。

(1) 布置图一般用细实线表示,疏密适中,比例要正确。

(2) 表达同类材料的不同品种时,图中应附加说明。

(3) 如果图形太小或过于复杂,无法用图例表达,可采用其他方式说明。

(4) 自编图例可按设定比例以简化方式画出,辅以文字说明,以免与其他图例混淆。

5. 居室地材布置图索引详图

对于材料种类规格多、铺设复杂的地面,可用专门的索引详图来表达,见图 4-35 所示。

6. 居室地材布置图文字说明

为了使图面表达更为详尽周到,必要的文字不可缺少,比如房间名称、饰面材料的规格、品种、颜色、工艺做法与要求、某些装饰构件与配套布置的名称等。见图 4-70 所示。

7. 居室地材布置图的识读实训

某居室地材布置图见图 4-71 所示。

(1) 图名是某居室地面铺设图,比例是 1∶75。

(2) 横向轴线为 1—4,纵向轴线为 A—F。

(3) 居室的轴线以墙中定位,墙的中心线与轴线重合。

(4) 剖切到的墙体用粗实线绘制,墙厚 240 mm,涂黑的是钢筋混凝土墙体。

(5) 本居室总长为 10716 mm,总宽为 10575 mm。

(6) 各功能空间的地面铺装形式、规格、位置,饰面材料的名称、拼花样式已标明。比如阳台“600×600 与 300×600 通体砖错位拼铺”,材料名称为通体砖,规格为 600 mm×600 mm 和 300 mm×600 mm,拼花样式为错位拼铺。

(7) 尺寸标注包含建筑结构体尺寸和铺装规格尺寸。

(8) 文字说明。例:注意符号表示放线的起点和方向,门槛石采用皇室啡大理石。

(9) 起铺点的位置。例:厨房的起铺点从右下角开始。

(10) 详图索引符号。例:主人房飘窗窗台详图索引,编号为 1。

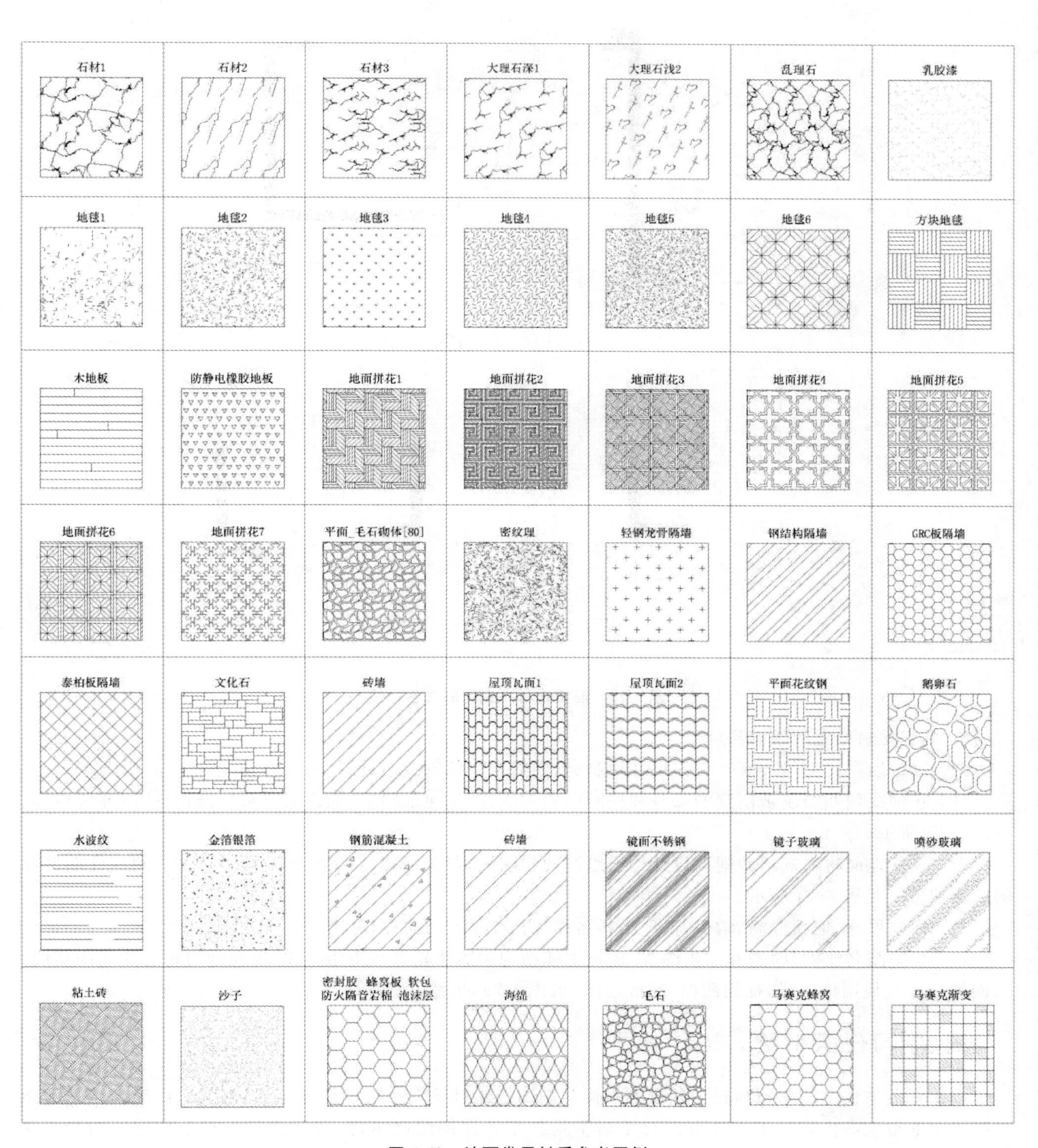

图 4-69 地面常用材质参考图例

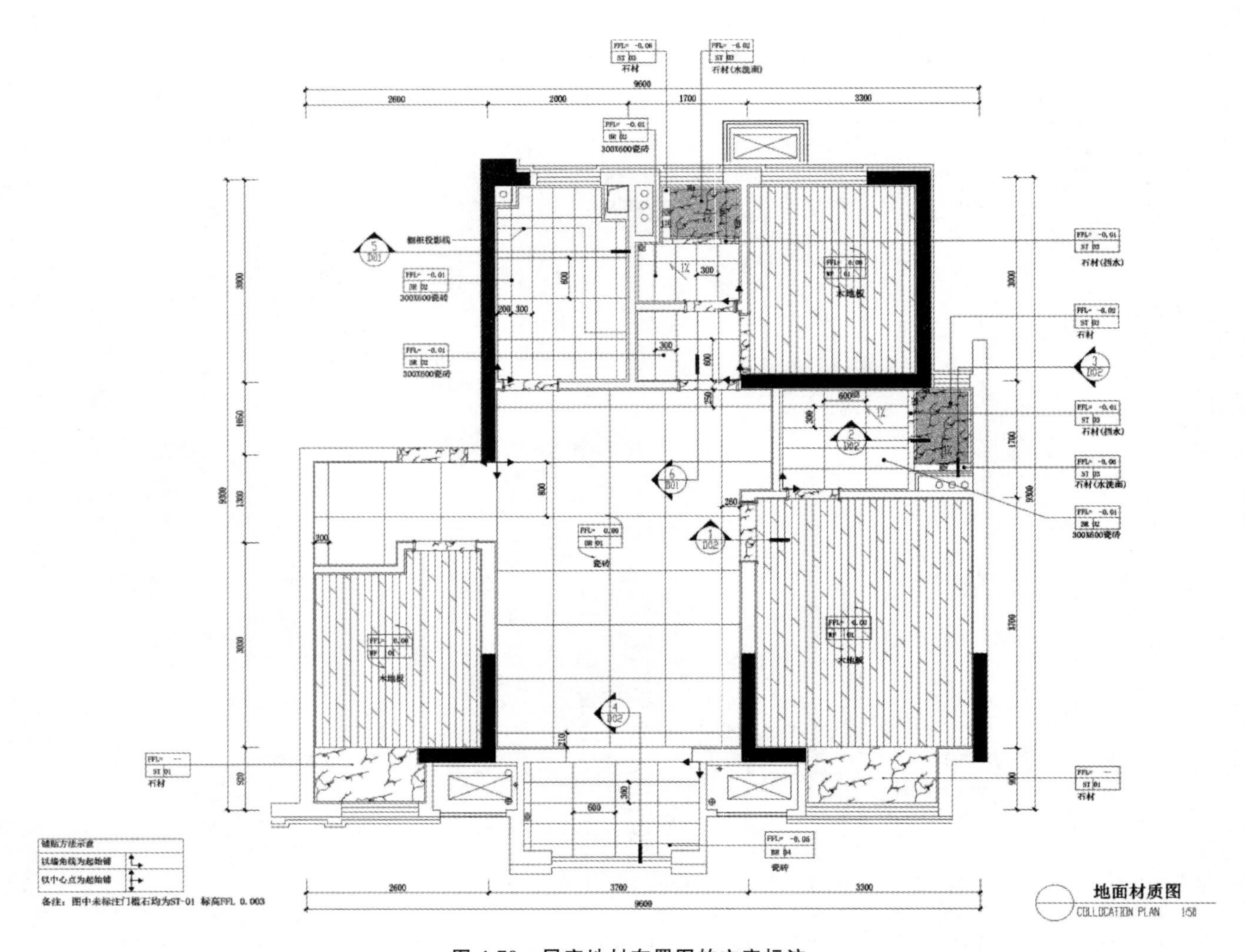

图 4-70 居室地材布置图的文字标注

8. 居室地材布置图绘制实训

(1) 确定绘图比例,按开间、进深尺寸绘制纵、横双向定位轴线。见图 4-72 所示。

(2) 在轴线两侧绘制被剖到的墙身和柱断面轮廓线,画出建筑门窗、固定家具和装饰构件、隔断等内容。见图 4-73 所示。

(3) 根据地面材料规格和铺装设计构思绘制铺装图线,对于地砖、石材与木地板等装饰材料应注明铺贴的起始位置。见图 4-74 所示。

(4) 标注尺寸、地面标高、索引符号、材料名称规格与工艺做法等,见图 4-75 所示。

(5) 绘制图名比例,检查并加粗图线,建筑主体结构和墙体轮廓线用粗实线,饰面剖切轮廓线用中实线,地面铺贴及其他用细实线,加绘图框,完成绘图,见图 4-76 所示。

三、学习任务小结

本次任务主要学习居室地材布置图的识读与制图。通过案例分析和绘图实训,同学们已经初步了解地材布置图的形成和内容。本次任务进行了居室地材布置图的绘制示范,并在课堂上对学生进行指导。课后,希望同学们认真完成作业,有意识收集优秀的居室地材布置图,加强练习,全面提升绘图技能。

四、课后作业

完成图 4-71 所示居室地材布置图的识读与绘制。

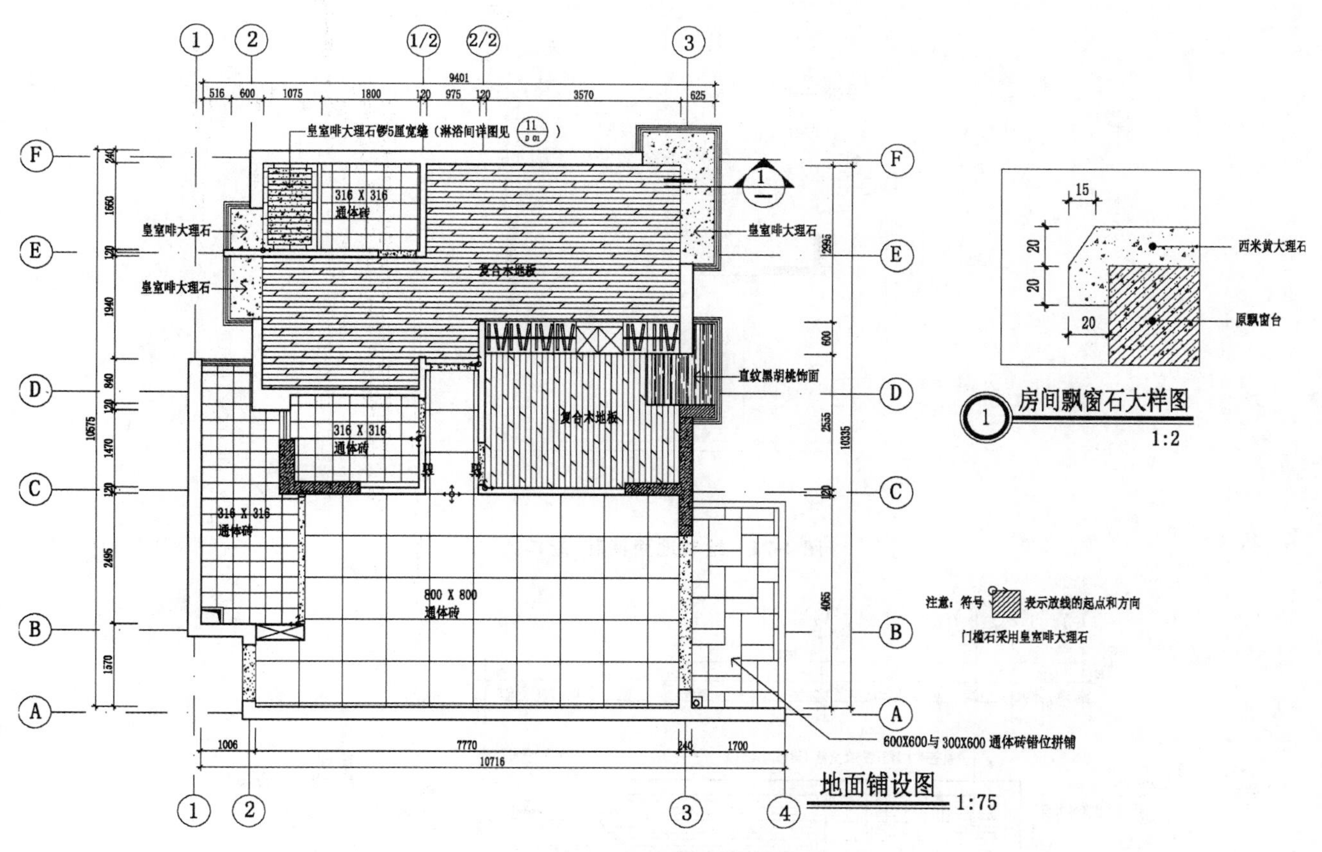

图 4-71　某居室地材布置图

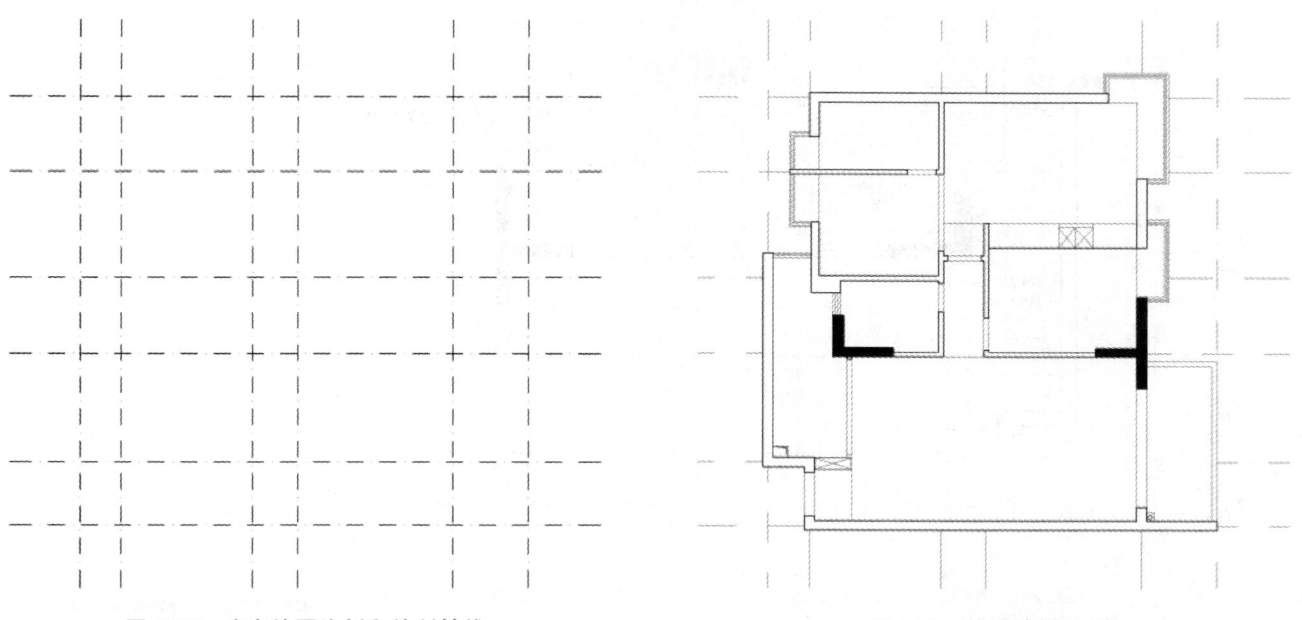

图 4-72　确定绘图比例和绘制轴线

图 4-73　绘制墙柱、门窗

图 4-74 绘制地面铺装、起铺线

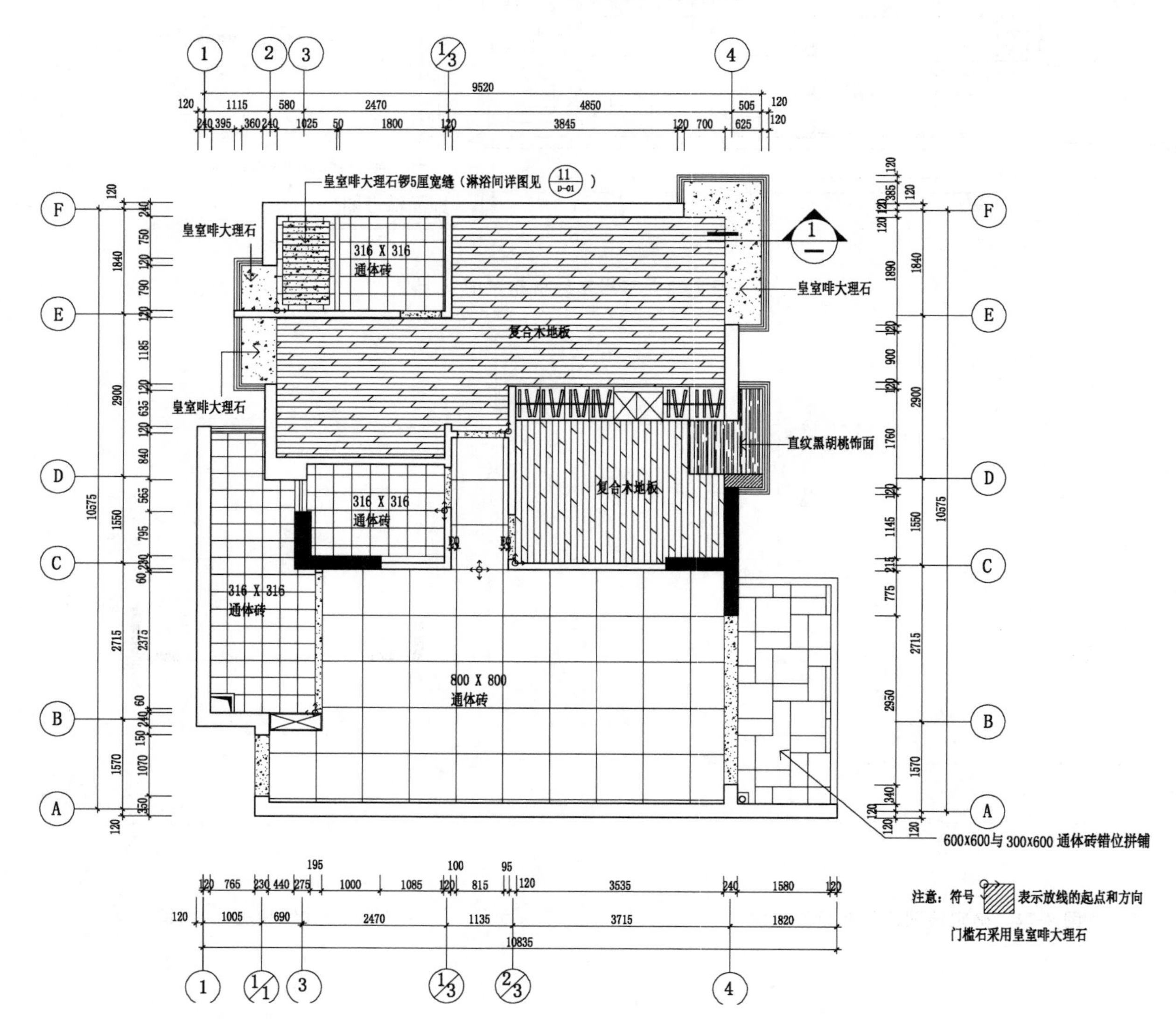

图 4-75 标注尺寸、地面标高、索引符号等

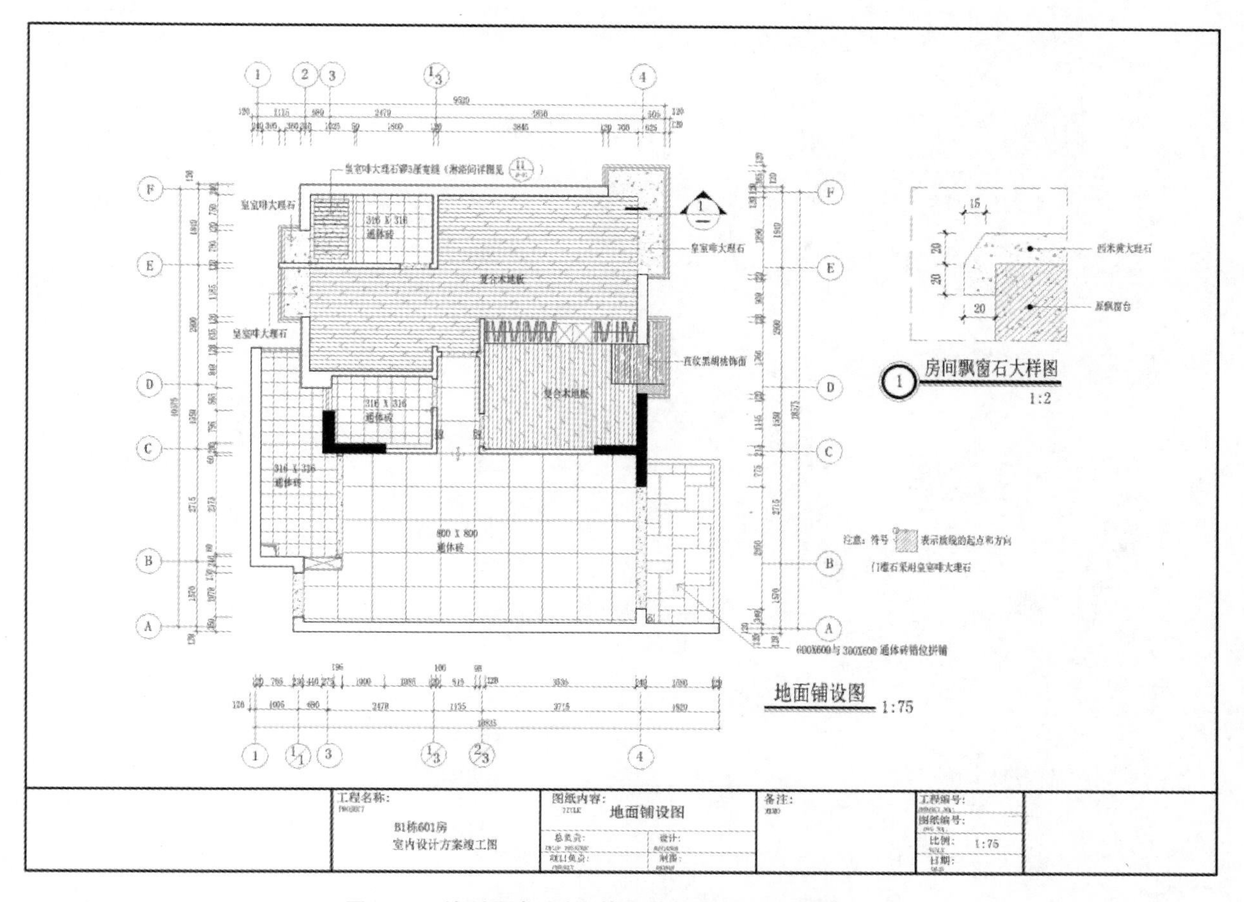

图 4-76　绘制图名比例，检查并加粗图线，图形加框等

项目五　居室空间图形与水电图的识读与绘制实训

学习任务一　居室立面图的识读与绘制实训

教学目标

（1）专业能力：掌握居室立面图的识读方法和绘制步骤，进行立面图识读和绘制。

（2）社会能力：综合识读平面图、立面图，锻炼发现问题、反映问题和解决问题的能力。

（3）方法能力：收集、整理、归纳和总结能力，沟通表达能力。

学习目标

（1）知识目标：学习居室立面图的形成、表达内容、表达方法，识读方法和绘制步骤。

（2）技能目标：通过居室立面图识读和绘制实训，掌握居室立面图识读方法和绘制技能。

（3）素质目标：认真负责，严谨细致，团结互助精神以及良好的沟通表达能力。

教学建议

1. 教师活动

（1）收集居室立面图，运用多媒体课件和视频教学手段，进行知识点讲授和技能指导。

（2）导入某居室设计案例，引导对居室立面图分组思考和讨论，组织识读和绘制实训。

2. 学生活动

（1）提前预习，认真听讲，仔细观察，积极思考，参与讨论，完成识读和绘制的实训。

（2）以学习为主导，互帮互助，互查互评，互相进步，锻炼组织能力和沟通表达能力。

一、学习任务导入

对于室内装修设计，我们需要重点表达室内空间中每一个垂直界面的材料、造型结构、施工工艺及高度尺寸。为此我们需要学习立面图的内容，包括室内立面造型、门窗高度尺寸等，完善室内装修的设计图纸，以便更好地指导室内装饰施工。

二、学习任务讲解

1. 居室立面图的概念与作用

居室的立面图是指内部墙面的正投影图，也称为居室装修立面图或内视立面图，见图 5-1 所示。它是通过室内竖向剖切平面而得到的正立投影图。居室立面图主要反映了室内墙面造型、色彩、施工工艺及与室内装饰有关的陈设物品布置等内容，是指导室内装饰立面施工及编制预算的主要依据。

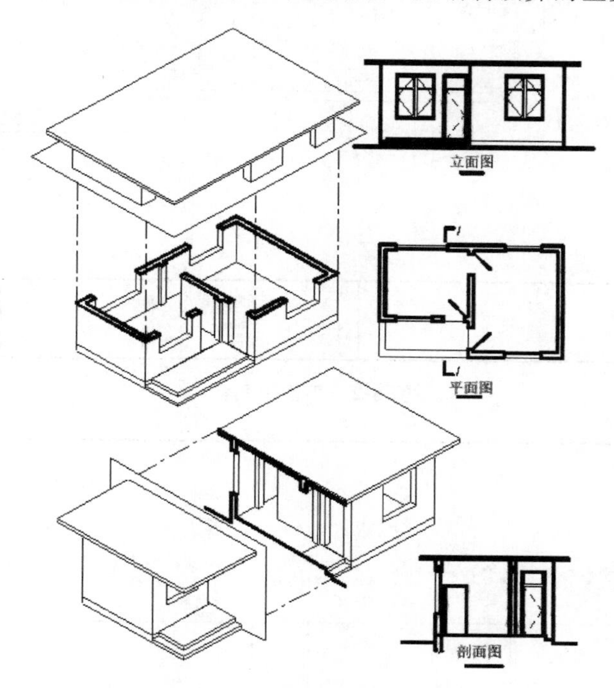

图 5-1　立面图的形成

2. 居室立面图的表达内容

(1) 表示垂直面的可见装修内容的立面造型。

(2) 表示家具、灯具和各陈设品的立面造型。

(3) 注明长度和高度以及立面图施工尺寸及标高。

(4) 注明立面图节点剖切索引号、大样索引号。

(5) 注明立面图上所使用的装修材料及其说明。

(6) 注明立面图的图号名称及平立面索引编号。

(7) 注明比例，常用比例为 1∶25、1∶30、1∶50 等。

3. 居室立面图的识读实训

结合平面索引图识读图 5-2。

(1) 客厅沙发背景墙立面图识读实训，以图 5-3 为例。

①了解图名及比例，该图为客厅沙发背景墙立面图，比例为 1∶30。

②了解立面图与平面图的对应关系，从平面图中的索引符号观察到 L-03/3 是第三张立面图，图名为 3 的客厅沙发背景墙立面图。

③了解居室的尺寸，居室内立面总高度为 2750 mm，踢脚线的高度为 100 mm。

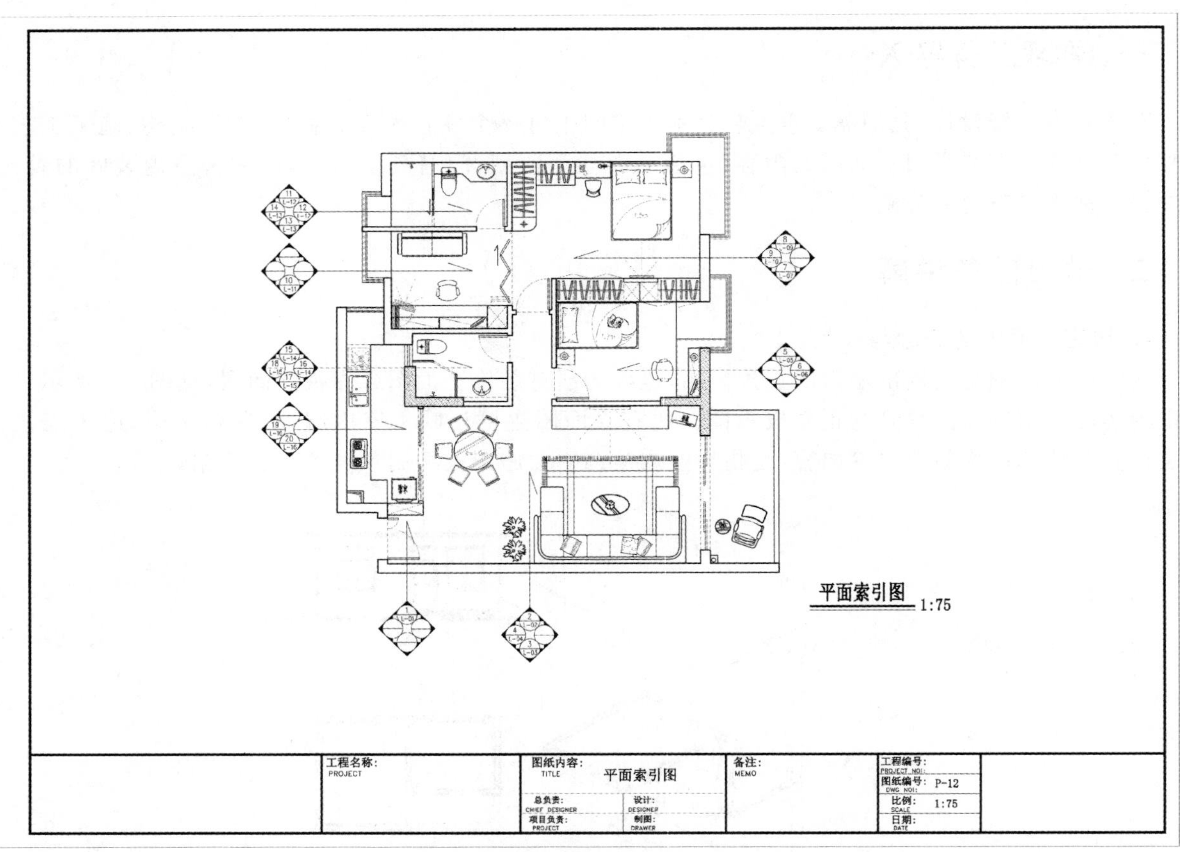

图 5-2　平面索引图

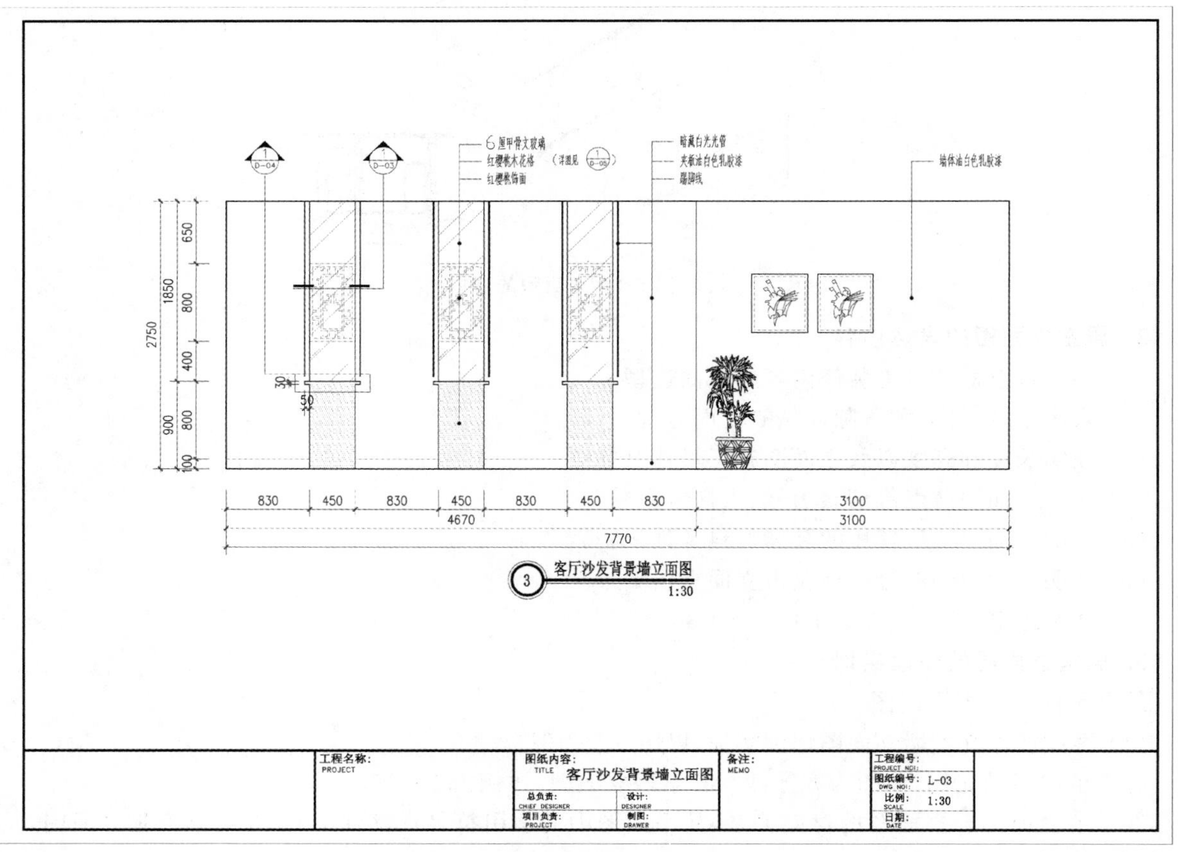

图 5-3　客厅沙发背景墙立面图

④了解居室的索引符号，该立面图中有三处索引符号：D-03 图名为 1 及 D-04 图名为 1 的立面剖切大样索引符号；D-05 图名为 1 的樱桃木花格的详细大样图的索引符号。

⑤了解居室墙面的装修材料及说明，该立面材料为红樱桃木花格和甲骨文玻璃装饰，右边墙面刷白色乳胶漆及装饰画。

（2）客餐厅立面图识读实训，以图 5-4 为例。

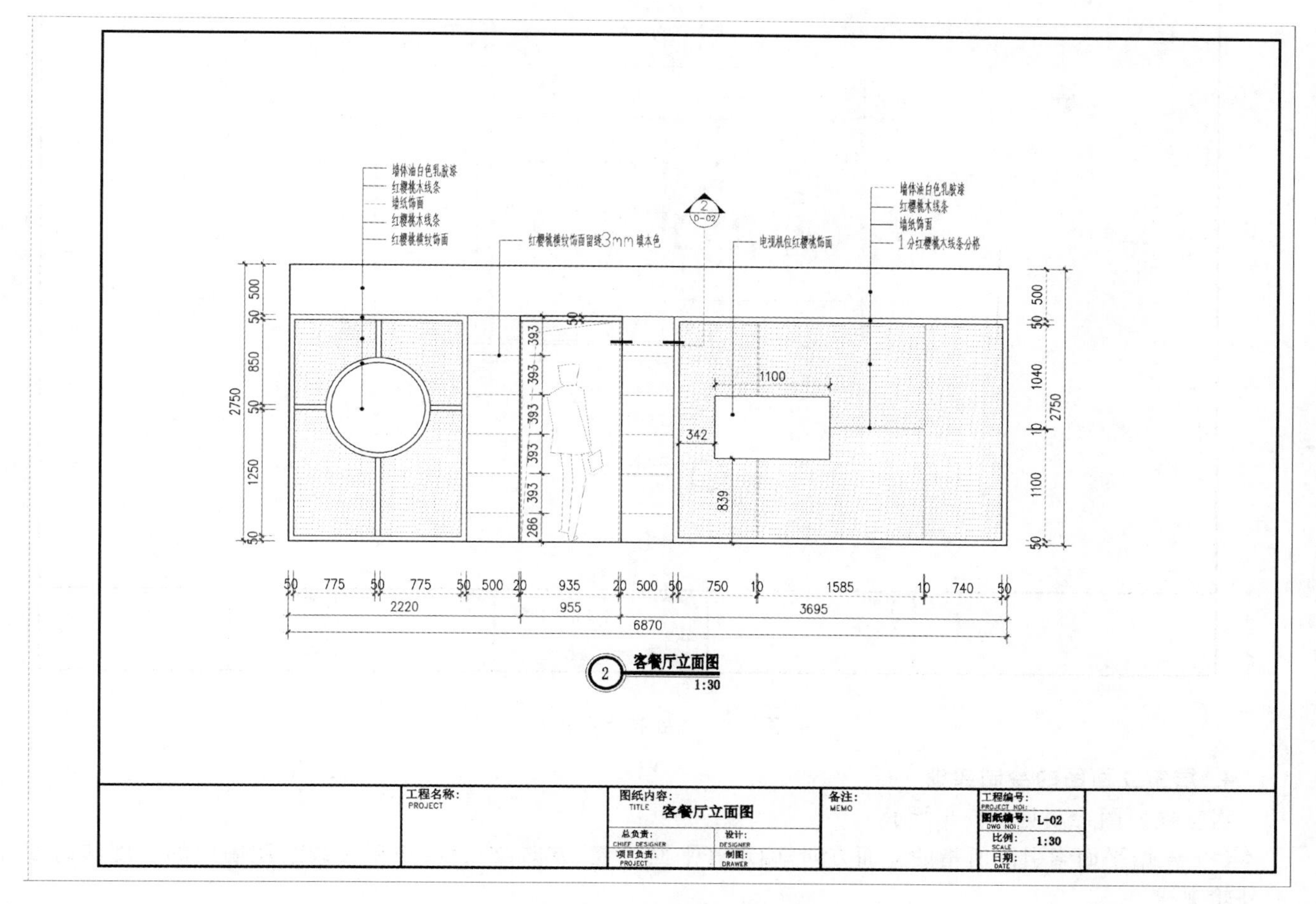

图 5-4　客餐厅立面图

①了解图名及比例，该图为客餐厅立面图，比例为 1∶30。

②了解立面图与平面图的对应关系，图中从平面图中的索引符号观察到 L-02/2 是第二张立面图，图名为 2 的客餐厅立面图。

③了解居室的尺寸，图中居室立面总高度为 2750 mm，总宽度为 6870 mm。

④了解居室的索引符号，该立面图中有一处索引符号：D-02 图名为 2 的立面剖切大样索引符号。

⑤了解居室墙面的装修材料及说明，该餐厅立面部分从上往下依次为白色乳胶漆、红樱桃木线条、墙纸饰面、红樱桃木横纹饰面；客厅电视背景墙部分从上往下依次为白色乳胶漆、红樱桃木线条、墙纸饰面、墙纸中间用红樱桃木线条分格。

（3）主卧衣柜立面图识读实训，以图 5-5 为例。

①了解图名及比例，该图为主卧衣柜立面图，比例为 1∶30。

②了解立面图与平面图的对应关系，从平面图中的索引符号观察到 L-07/7 是第七张立面图，图名为 7 的主卧衣柜立面图。

③了解居室的尺寸，图中居室内立面总高度为 2750 mm，总宽度为 4665 mm，垂直立面尺寸中的 EQ 表示根据现场尺寸进行均分。

④了解材料及说明，主卧衣柜材料为红樱桃横纹饰面，柜门用水曲柳油白。

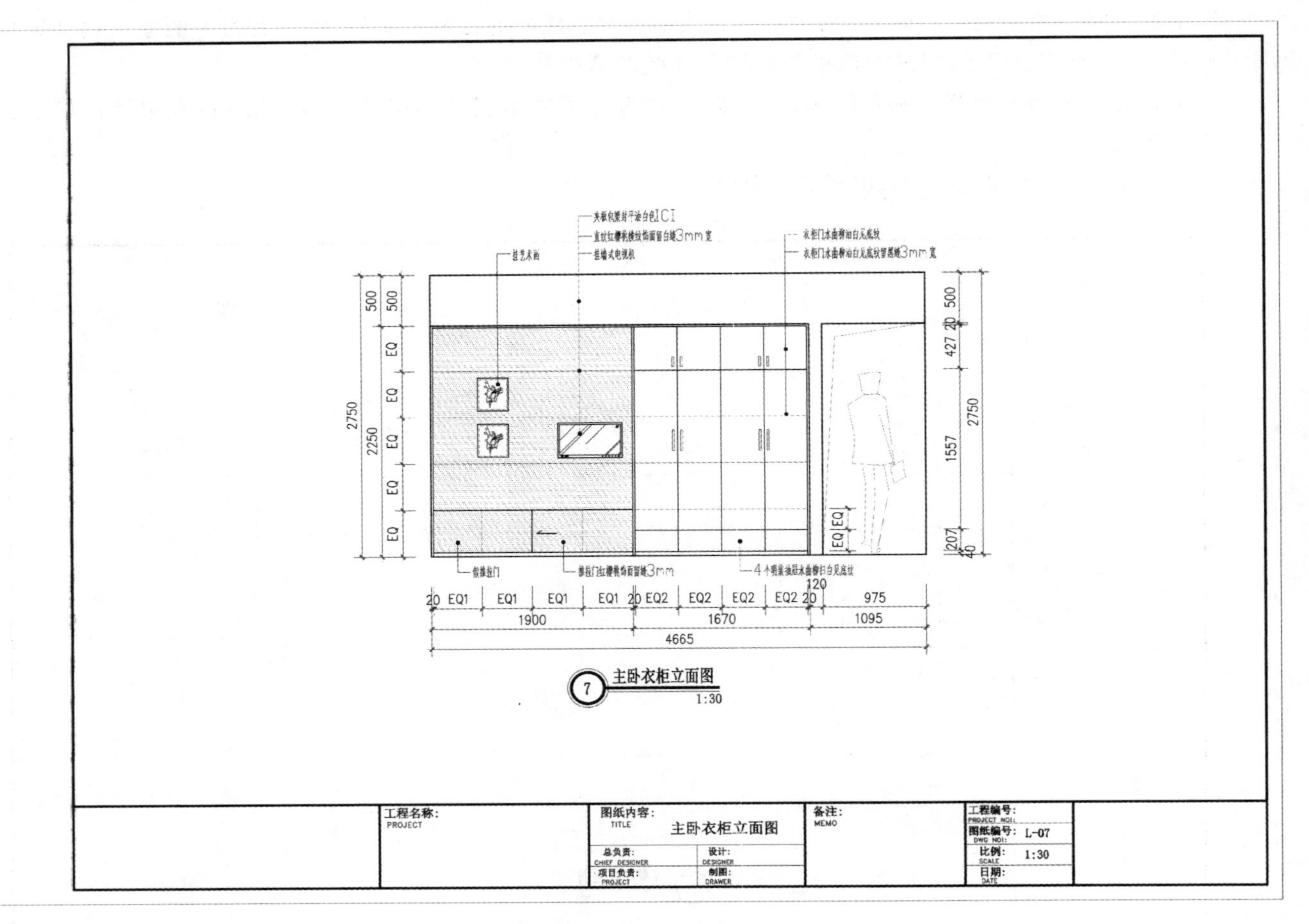

图 5-5 主卧衣柜立面图

4. 居室立面图的绘制实训

居室立面图绘制见图 5-6 所示。

(1) 根据平面索引图所指的立面方向,确定好平面位置、方向及长度;用粗实线绘制墙面的长度和高度的外轮廓线。

(2) 用中实线、细实线作主次的区别,分别画出各墙面上的正投影图像。从左到右绘制门、窗、墙造型等。

(3) 用细实线绘制邻近墙面的各种家具、设备、灯具及艺术品等。

(4) 用细实线标注材料及尺寸,按从左到右,由上到下,由大到小的顺序标注。

(5) 用细实线标注需要说明的尺寸数据、详图索引符号、引出线上的文字说明等。

(6) 标注图名比例等。

三、学习任务小结

本次任务主要学习了室内设计施工图中立面图的作用、表达内容、识读方法和绘制步骤。通过图形识读与绘制实训,了解了立面图符号所表达的含义,以及居室立面图使用材料和主要施工工艺,掌握了立面图的表达方式。居室立面图的识读与绘制实训,应结合居室平面图来完成。

四、课后作业

(1) 完成图 5-3 客厅沙发背景墙立面图和图 5-4 客餐厅立面图的识读。

(2) 完成图 5-5 主卧衣柜立面图和图 5-6 居室立面图的识读。

(3) 完成图 5-7 某主卧立面图的识读与绘制。

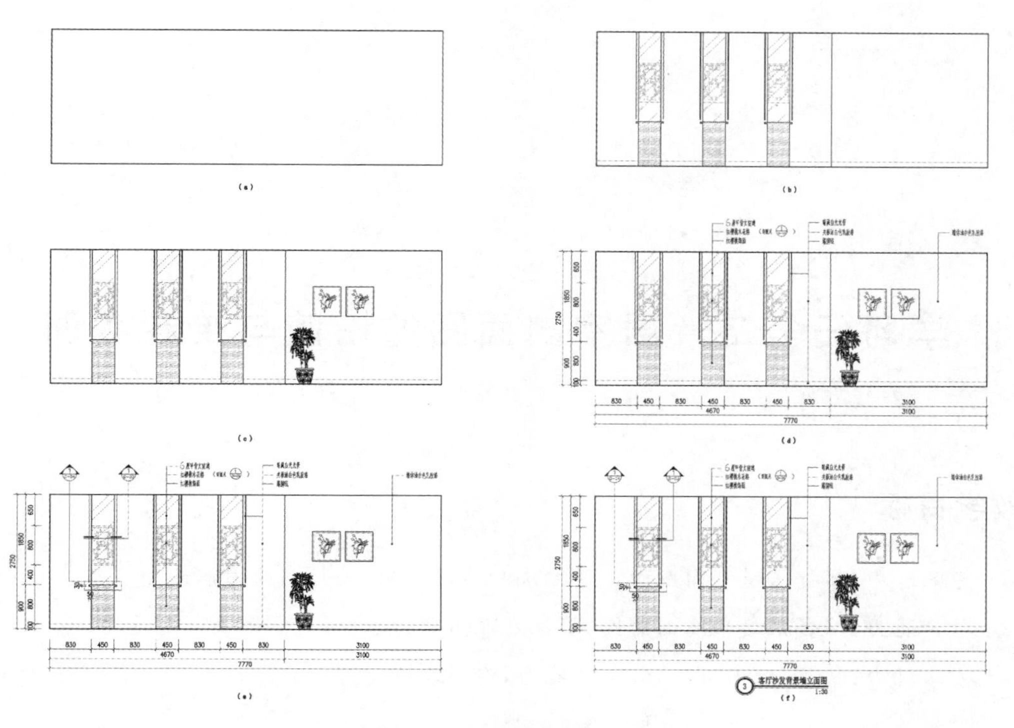

图 5-6　居室立面图绘制

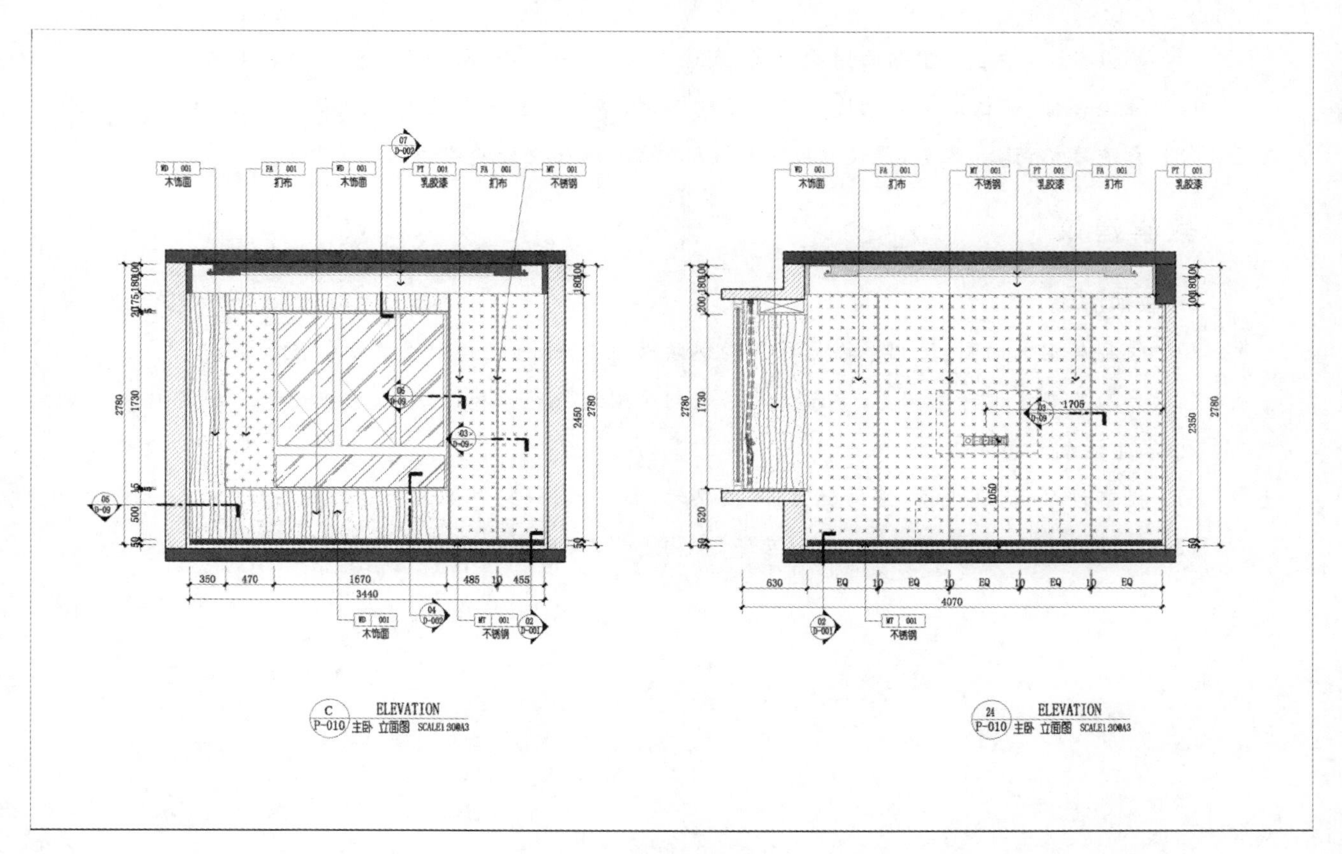

图 5-7　某主卧立面图

学习任务二　居室剖面图的识读与绘制实训

教学目标

(1) 专业能力:掌握居室剖面图的识读方法和绘制步骤,进行剖面图识读和绘制。

(2) 社会能力:综合识读平立剖面图,锻炼发现问题、反映问题和解决问题能力。

(3) 方法能力:收集、整理、归纳和总结能力,沟通表达能力。

学习目标

(1) 知识目标:学习居室剖面图的形成、表达内容、表达方法,识读方法以及绘制步骤。

(2) 技能目标:通过居室剖面图识读和绘制实训,掌握居室剖面图识读方法和绘制技能。

(3) 素质目标:认真负责,严谨细致,团结互助精神以及良好的沟通表达能力。

教学建议

1. 教师活动

(1) 收集居室剖面图,运用多媒体课件和视频教学手段,进行知识点讲授和技能指导。

(2) 导入某居室设计案例,引导学生对居室剖面图进行思考和讨论,组织识读和绘制实训。

2. 学生活动

(1) 提前预习,认真听讲,仔细观察,积极思考,参与讨论,完成识读和绘制的实训。

(2) 以学习为主导,互帮互助,互查互评,互相进步,锻炼组织和沟通表达能力。

一、学习任务导入

各位同学，大家好！之前我们已经学习了居室平面图、立面图的知识。在室内设计施工图学习中，我们还应学习剖面图的知识，例如室内天花垂直造型结构，墙面、地面的截面做法，室内定制柜的剖面结构等，以此来补充和完善施工图的内容。

二、学习任务讲解

1. 居室剖面图的概念与作用

居室剖面图主要表达室内装修内部剖切位置的截面造型、材料、比例尺度及施工工艺等，是指导室内装饰施工及编制预算的重要依据。居室剖面图主要分为整体剖面图和局部剖面图。

（1）整体剖面图也称为剖立面图，是指平行于某内空间立面方向，假设有一个竖直平面从顶至底将该空间剖切后所得到的正投影图。位于剖切线上的物体均表达出被切的断面图形式，位于剖切线后的物体以立面形式表示。室内设计的整体剖立面图即断面加立面。当室内装修需要表达天花造型地面墙体情况时，可以采用剖立面图代替立面图。见图 5-8 和图 5-9 所示。

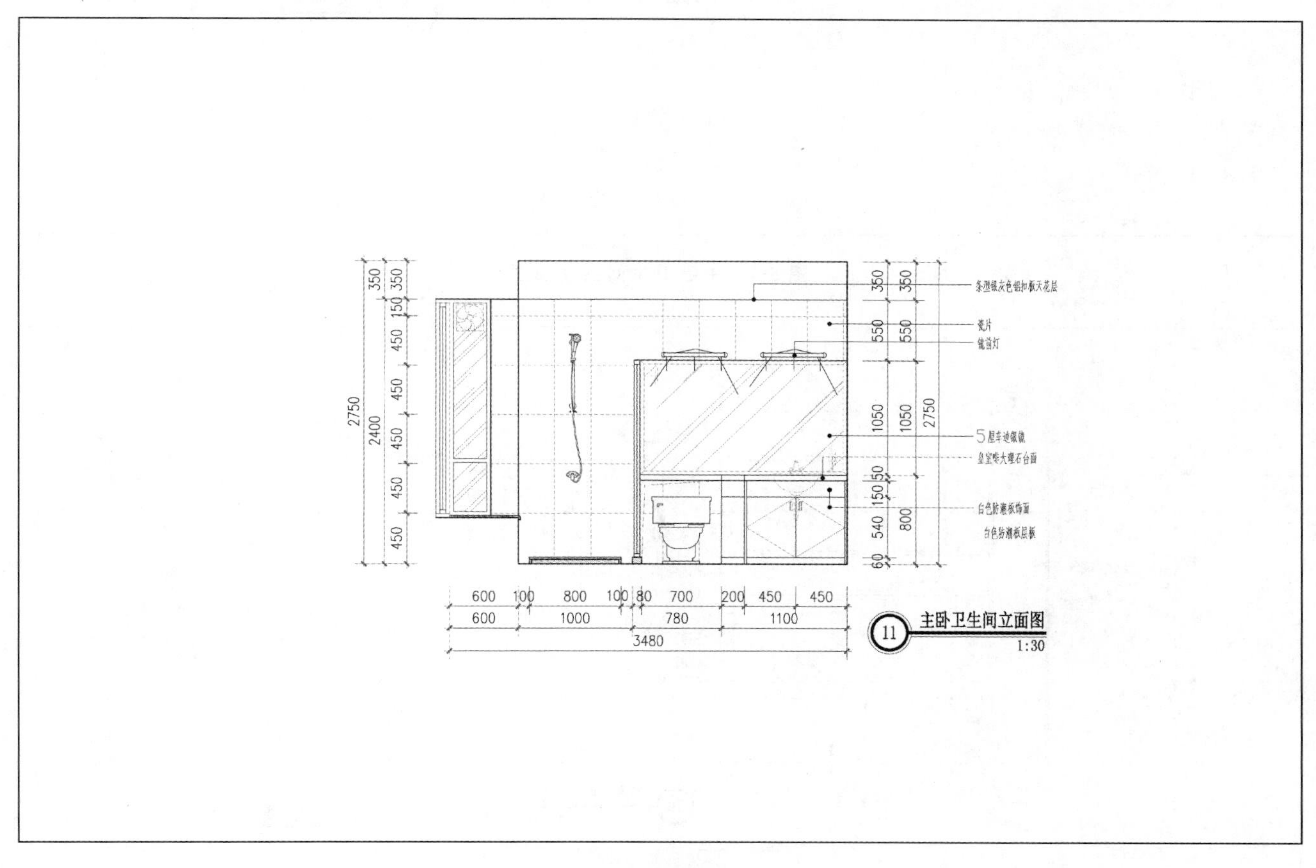

图 5-8　卫生间立面图

（2）局部剖面图表达了局部剖切面的内部构造。在室内设计中，局部剖面图常绘制定制书柜、衣柜、装饰柜的剖面，卫生间洗手台的剖面等。见图 5-10 和图 5-11 所示。本次学习的居室剖面图主要是指整体剖面图。

2. 居室剖面图表达内容

（1）表示出被剖切到的建筑及装修的截面造型。

（2）表示出被剖切到的构筑物截面材料的纹理。

（3）表示出未被剖切到的可见内容的立面造型。

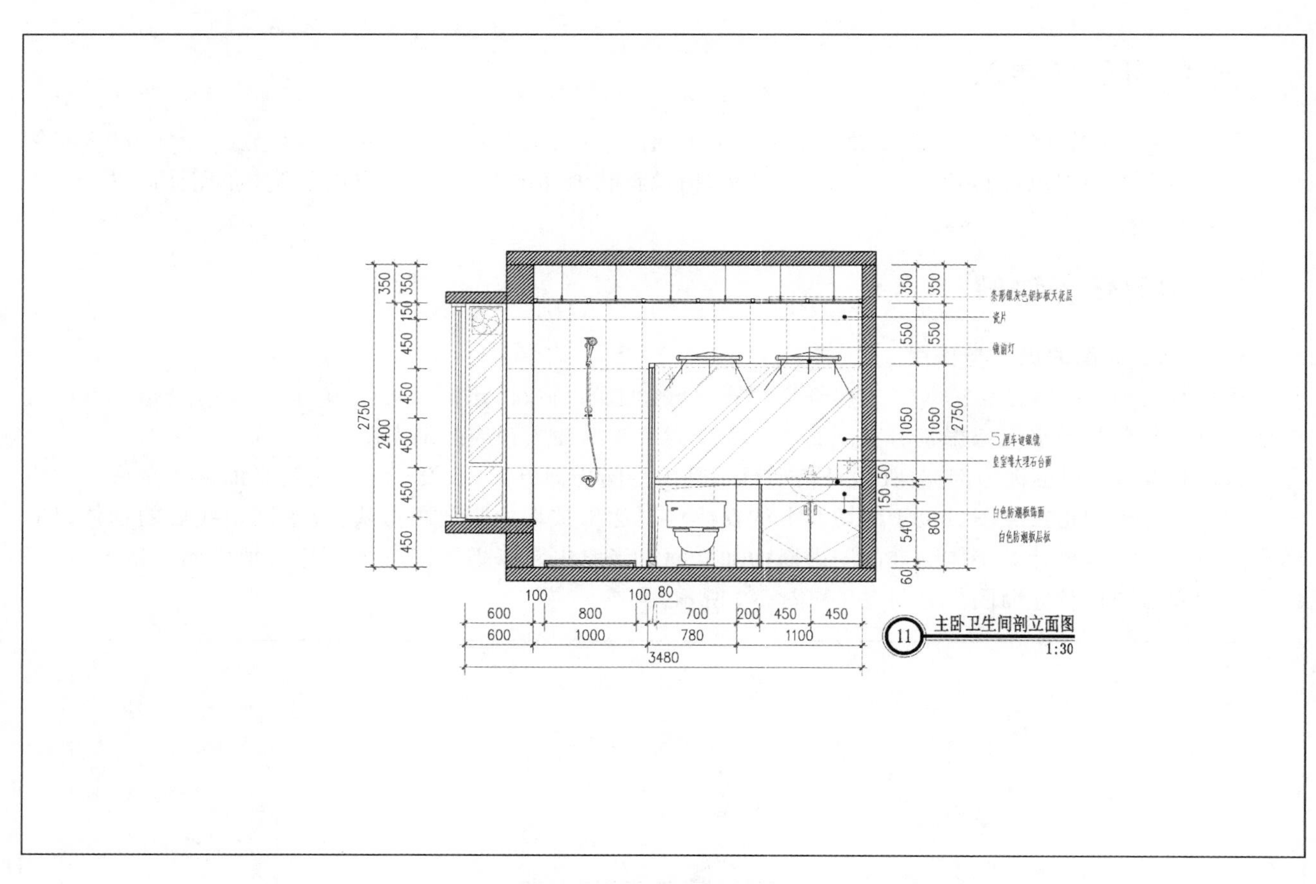

图 5-9　主卧卫生间剖立面图

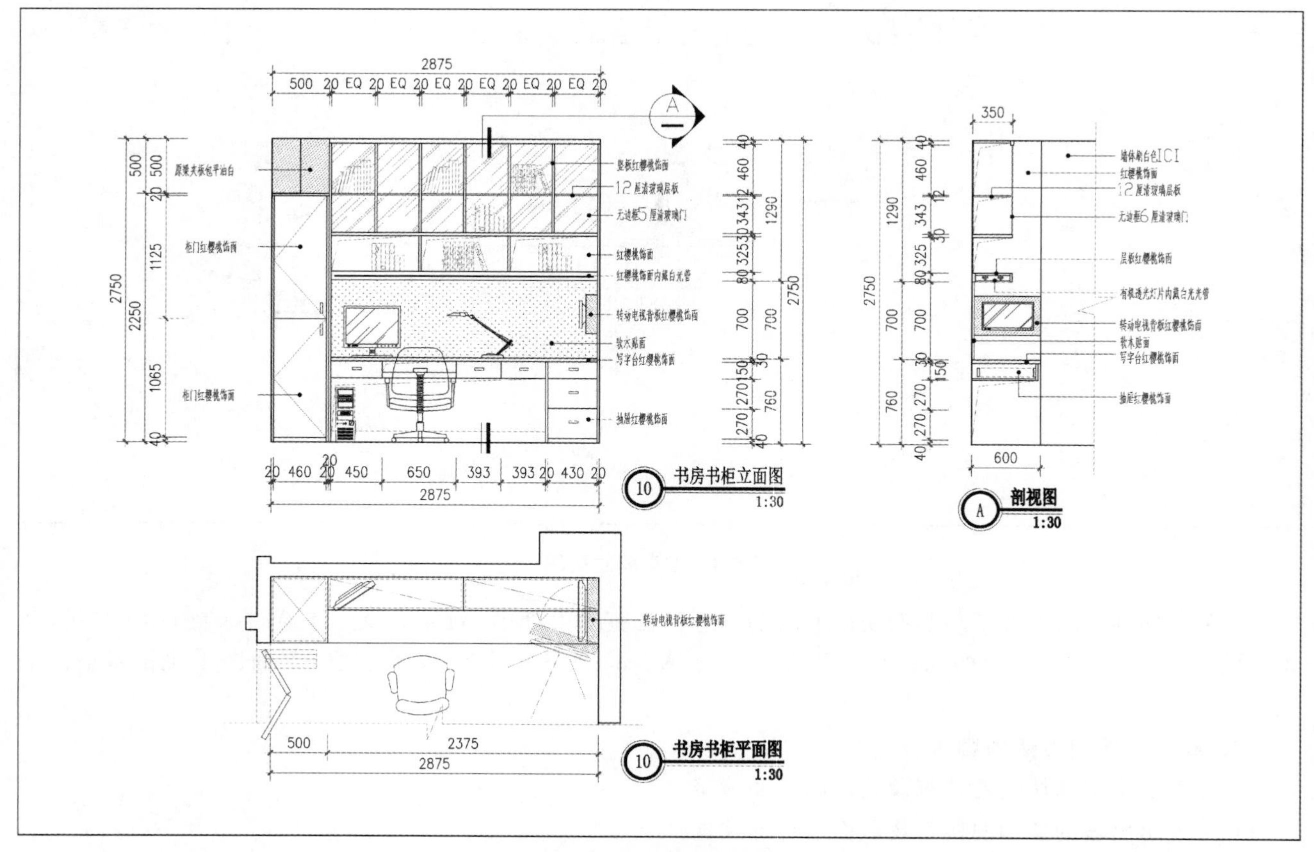

图 5-10　书柜剖面图

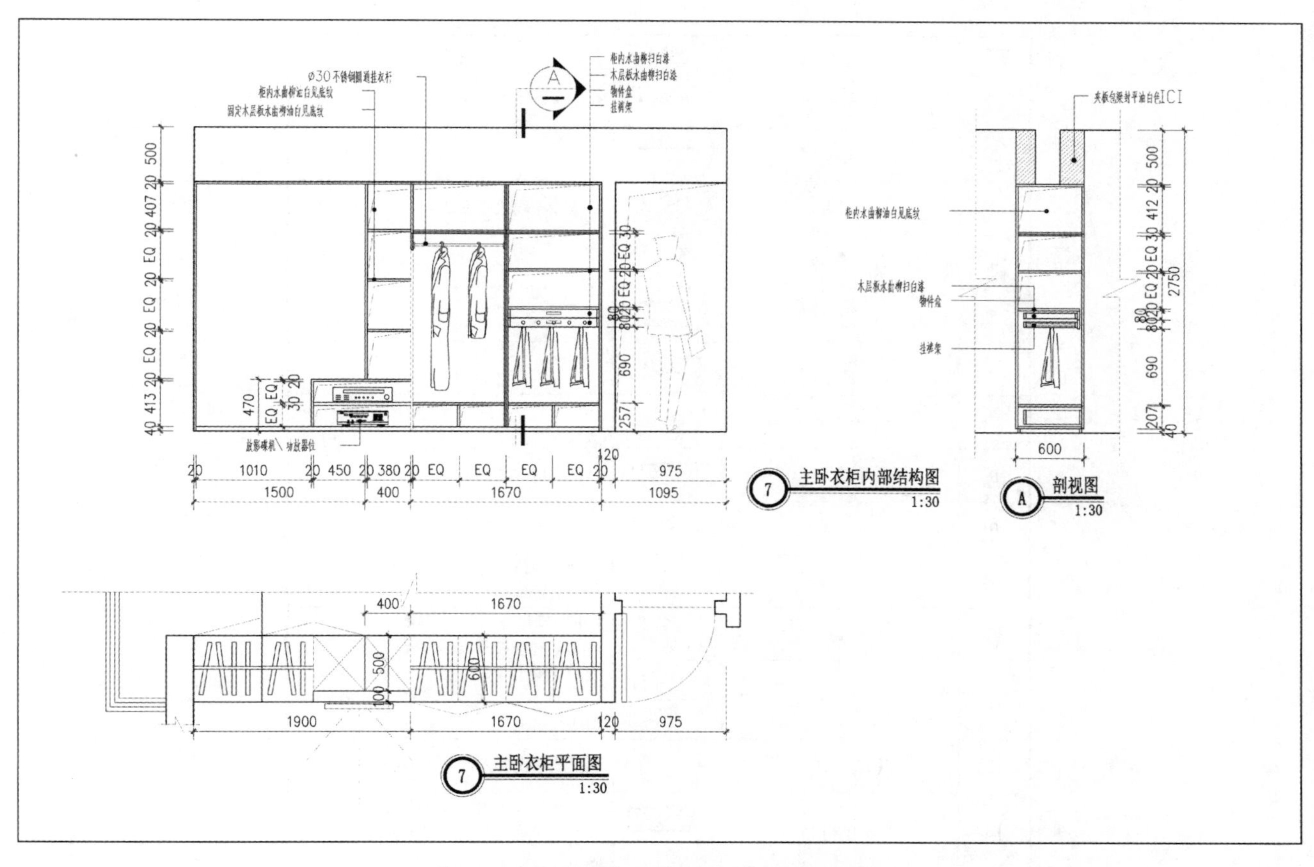

图 5-11　衣柜内部结构图、剖视图和平面图

(4) 表示出家具、灯具和各陈设品的立面造型。

(5) 注明长度和高度上剖面图施工尺寸及标高。

(6) 注明剖面图节点剖切索引号、大样索引号。

(7) 注明剖面图上所使用的装修材料及其说明。

(8) 注明剖面图的图号名称及平立面索引编号。

(9) 注明比例,常用比例为 1∶25、1∶30、1∶50 等。

3. 居室剖面图的识读实训

(1) 整体剖面图的识读实训。

结合平面图(详见项目四),以图 5-9 为例。

①了解图名及比例,该图为主卧卫生间剖立面图,比例为 1∶30。

②了解剖面图与平面图的对应关系,从平面图中的索引符号观察到 L-12/11 是第十二张剖立面图,图名为 11 的主卧卫生间剖立面图。

③了解居室的尺寸,图中居室内总高度为 2750 mm。

④了解居室墙面装修材料及说明,该剖面材料为条形灰色铝扣板天花、墙面贴瓷片等。

(2) 局部剖面图的识读实训。

以图 5-10 书柜剖面图为例。

①了解图名及比例,该图为书柜剖面图,比例为 1∶30。

②了解剖面图与平立面图的对应关系,图中从书柜立面图中的剖切索引符号观察到局部剖面的剖切位置。其中符号圆圈中的下半圆"—"表示在本页,上半圆的字母"A"表示图号名称为 A 的剖面图。

③了解局部剖面的尺寸,图中剖面的总高度为 2750 mm,宽度为 600 mm。

④了解剖面的材料及说明,该剖面材料从上到下有竖板红樱桃饰面、清玻璃层板、无边框清玻璃门、红樱桃饰面层板、有机透光灯片(内藏白光光管)、软木贴面(红樱桃饰面)、移动电视背板(红樱桃饰面)、写字台(红樱桃饰面)、抽屉(红樱桃饰面)。常用建筑材料图例见图 5-12 所示。

序号	名称	图例	备注
1	自然土壤		包括各种自然土壤
2	夯实土壤		
3	砂、灰土		靠近轮廓线绘较密的点
4	砂砾石、碎砖三合土		
5	天然石材		
6	毛石		
7	普通砖		包括实心砖、多孔砖、砌块等砌体，断面较窄不易绘出图例线时，可涂红
8	耐火砖		包括耐酸砖等砌体
9	空心砖		指非承重砖砌体
10	饰面砖		包括铺地砖、马赛克、陶瓷锦砖、人造大理石砖等
11	混凝土		1.本图例指能承重的混凝土及钢筋混凝土 2.包括各种强度、等级、骨料、添加剂的缓凝土 3.在剖面图上画出钢筋时，不画图例线 4.断面图形小，不易画出图例线时可涂黑
12	钢筋混凝土		
13	焦渣、矿渣		包括与水泥、石灰等合成的材料
14	多孔材料		包括水泥珍珠岩、沥青珍珠岩、泡沫混凝土、非承重加气混凝土、软木、硅石制品等
15	纤维材料		包括矿棉、岩棉、玻璃棉、麻丝、木丝板、纤维板等
16	泡沫塑料材料		包括聚苯乙烯、聚乙烯、聚氨酯等多孔聚合物材料
17	松散材料		
18	木材		1.上图为横断面，上左图为垫木，木砖或木龙骨。 2.下图为纵断面
19	胶合板		应注明为×层胶合板
20	石膏板		包括圆孔、方孔石膏板、防水石膏板等
21	金属		1.包括各种金属 2.图形小时，可涂黑
22	网状材料		1.包括金属，塑料网状材料 2.应注明具体材料名称
23	液体		应注明具体液体名称
24	玻璃		包括平板玻璃、磨砂玻璃、夹丝玻璃、钢化玻璃、中空玻璃、加层玻璃、镀膜玻璃等
25	橡胶		
26	塑料		各种软、硬塑料及有机玻璃等
27	防水材料		构造层次多或比例大时，采用上面图例
28	粉刷		本图例采用较稀的点
图例中斜线、短斜线、交叉斜线等一律为45°。			

图 5-12　常用建筑材料图例

4. 居室剖面图的绘制实训

以卫生间剖面图绘制(见图 5-13)为例,剖面图绘制步骤如下。

(1) 绘制两端墙体、地面、天花等剖切位置轮廓线;用粗实线绘制墙面的长度和高度的外轮廓线。

(2) 用中实线绘制剖切的门窗地面线等。

(3) 用细实线绘制该方向上的正投影面家具。

(4) 用细实线绘制被剖切处的切面材料纹理。

(5) 用细实线标注材料名称及尺寸。

(6) 添加图名比例并加深图线。

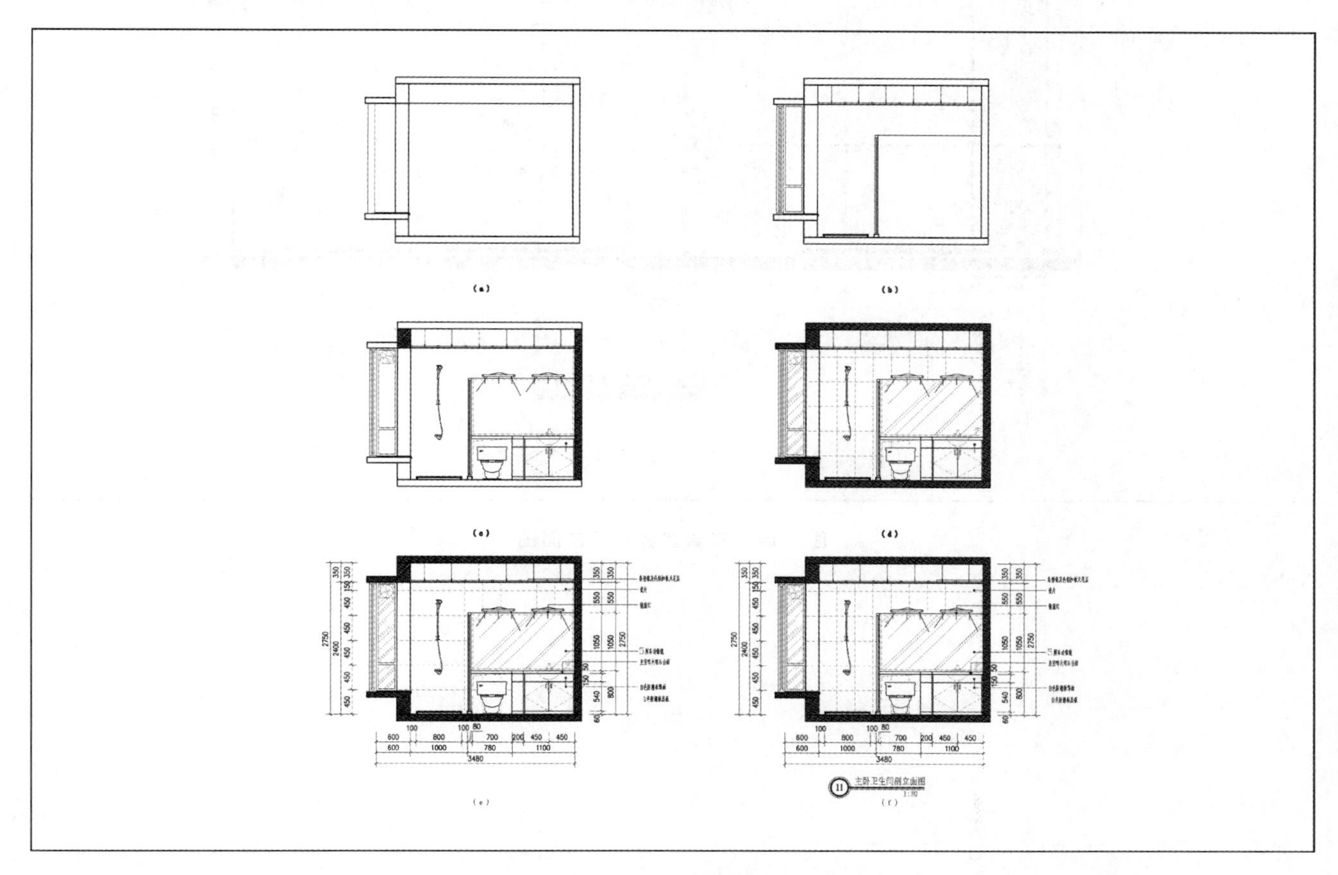

图 5-13 卫生间剖面图绘制

三、学习任务小结

本次任务主要学习了室内设计施工图中剖面图的作用、表达内容、识读方法和绘制步骤。通过图形识读与绘制实训,了解了剖面图符号所表达的含义,以及居室剖面图使用材料和施工工艺,掌握了剖面图的表达方式。居室剖面图的识读与绘制实训应结合居室平面图、立面图来完成。

四、课后作业

(1) 完成图 5-9 主卧卫生间整体剖面图和图 5-10 书柜剖面图的识读。

(2) 完成图 5-12 常用建筑材料图的识读。

(3) 完成图 5-13 卫生间剖面图和图 5-14 某居室客餐厅剖面图的识读与绘制。

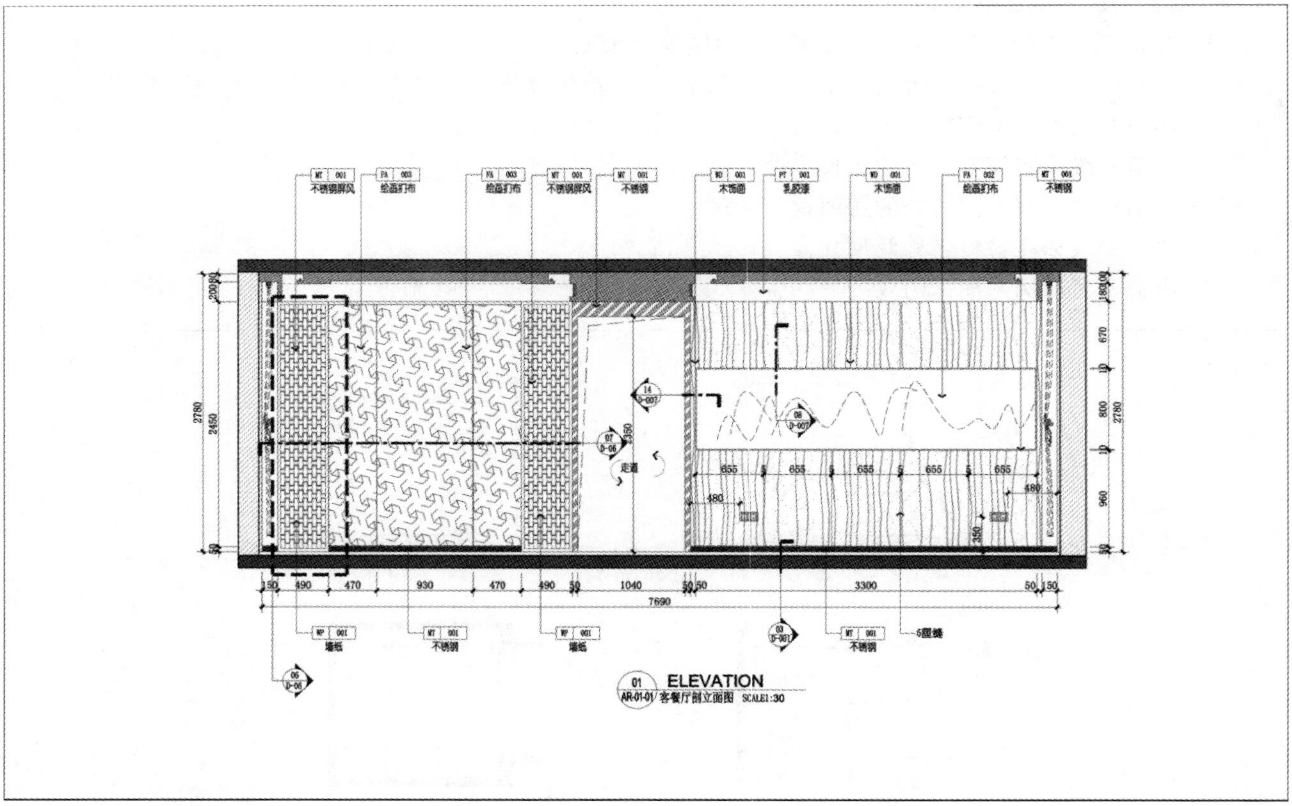

图 5-14　某居室客餐厅剖面图

学习任务三　居室大样图的识读与绘制实训

教学目标

(1) 专业能力:掌握居室大样图和详图的识读方法和绘制步骤,进行大样图识读和绘制。

(2) 社会能力:综合识读居室大样图和详图,锻炼发现问题、反映问题和解决问题的能力。

(3) 方法能力:收集、整理、对比、分析、积累、总结,沟通、表达、诉求和多练。

学习目标

(1) 知识目标:学习居室大样详图的形成、表达内容、表达方法,识读方法和绘制步骤。

(2) 技能目标:通过居室大样图识读和绘制实训,掌握居室大样图识读和绘制技能。

(3) 素质目标:认真负责,严谨细致,团结互助精神以及良好的沟通表达能力。

教学建议

1. 教师活动

(1) 收集居室大样图,运用多媒体课件和视频教学手段,进行知识点讲授和技能指导。

(2) 导入某居室设计案例,对居室大样图分组思考和讨论,组织识读和绘制实训。

2. 学生活动

(1) 提前预习,认真听讲,仔细观察,积极思考,参与讨论,完成识读和绘制大样图的实训。

(2) 以学习为主导,互帮互助,互查互评,互相进步,锻炼组织能力和沟通表达能力。

一、学习任务导入

作为具体指导施工操作的设计图纸，平面图、立面图、剖面图还不足以细致表达具体构件、局部空间、交错饰面装饰等所使用的材料、结构构造、施工工艺和具体尺寸，为此必须要增加绘制装饰施工大样图。例如墙体、顶棚的部分局部详图；隔断、花格、门窗套、护手、栏杆、橱柜、衣柜等构配件详图；顶棚与墙面，地面与墙面，梁柱、梁墙、门窗与墙等的节点详图等。

二、学习任务讲解

1. 居室大样图的概念和作用

室内设计施工图中的局部放大图称为大样图。大样图是室内设计不可缺少的部分，所采用的比例一般比平面图、立面图所采用的比例都要大。见图 5-15 和图 5-16 所示。

对于居室的构件造型、局部空间、交错饰面和构造节点，如果由于其形状特殊、连接复杂、制作精细、尺寸太小等原因，在整体的平立图中不便表达清楚时，在进行室内设计施工图的绘制时，可专门绘制大样图，用于指导现场施工、材料采购和预算编制。

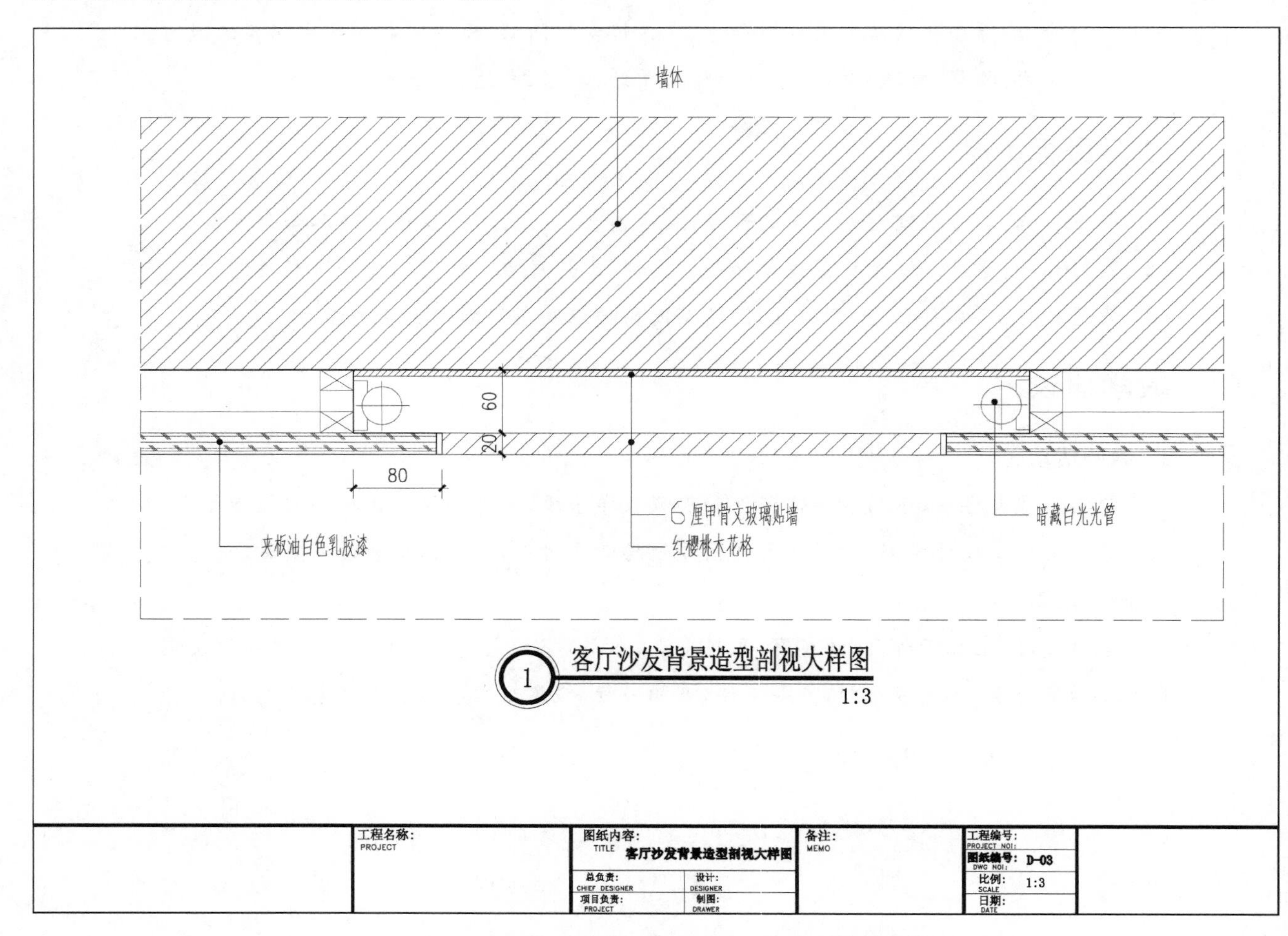

图 5-15　大样图示例 1(客厅沙发背景造型剖视大样图)

2. 居室大样图表达内容

(1) 详细表达从结构体至面饰层的施工构造连接方法及相互关系；注意线条粗细分明。

(2) 注明有关施工所需工艺与构造要求，标注图形的实际尺度，表达出详细的施工尺寸。

(3) 表达各断面构造的材料图例、编号、造型及施工要求，表明材料种类、规格和颜色。

(4) 注明详图名称和编号，并与施工平立面和剖面中索引一致。

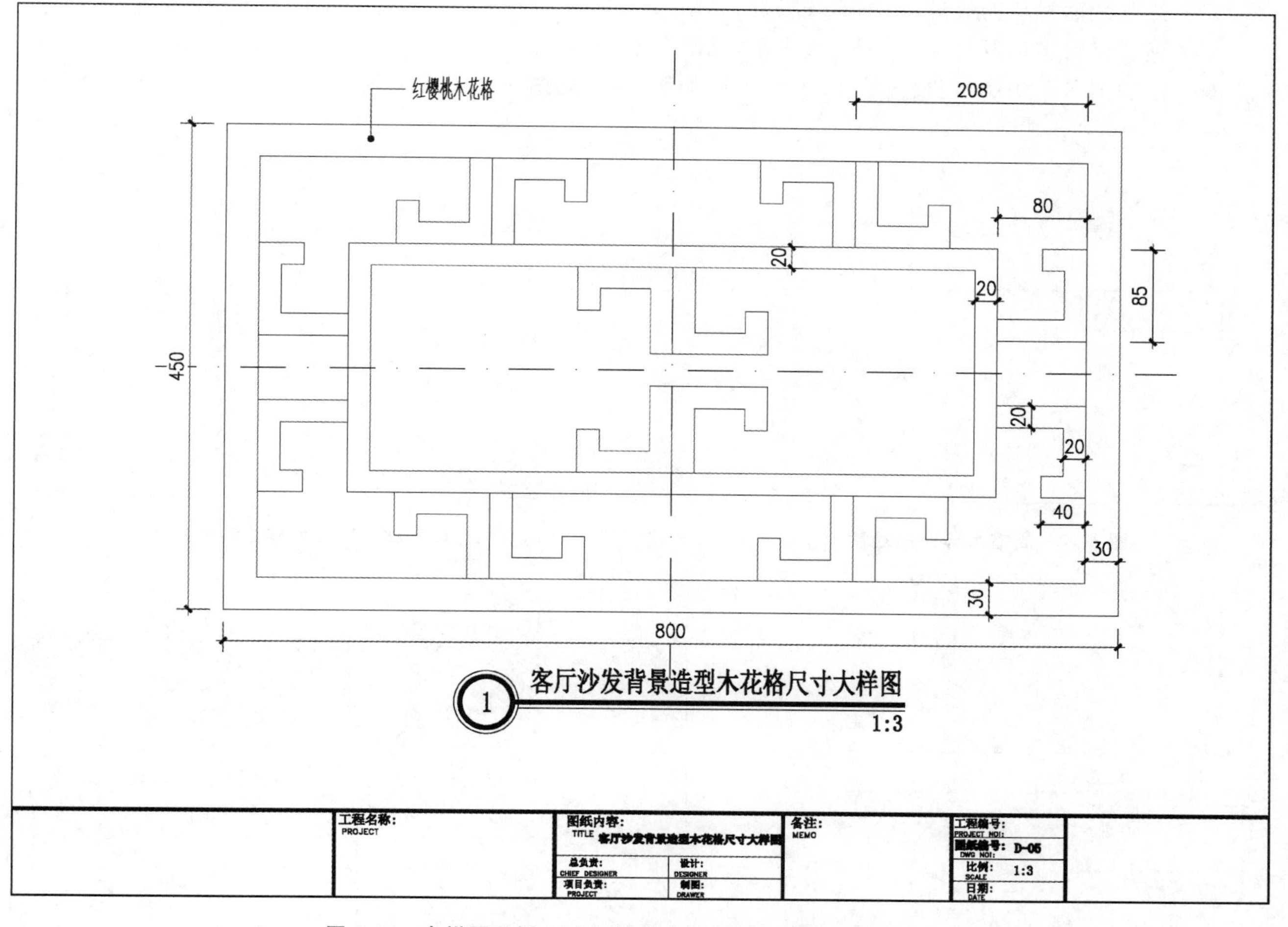

图 5-16　大样图示例 2(客厅沙发背景造型木花格尺寸大样图)

(5) 注明详图使用比例,常用比例为 1∶1、1∶2、1∶3、1∶4、1∶5、1∶10、1∶15 等。

3. 居室大样图的识读实训

(1) 客厅沙发背景造型剖视大样图识读实训,以图 5-15 为例。

①了解图名及比例,该图为客厅沙发背景造型剖视大样图,比例为 1∶3。

②了解大样图与立面图的对应关系,从立面图(详见项目五学习任务一)中的符号观察到 D-0311 是表示大样图在第三页,图名为 1 的客厅沙发背景造型剖视大样图。

③了解细部的尺寸,图中暗藏灯夹板突出尺寸为 80 mm,厚度为 20 mm,灯槽尺寸为 60 mm。

④了解细部墙面的装修材料及说明,该图的材料为夹板油白色乳胶漆、甲骨文玻璃贴墙、红樱桃木花格等。

(2) 客厅沙发背景造型木花格尺寸大样图识读实训,以图 5-16 为例。

①了解图名及比例,该图为客厅沙发背景造型木花格尺寸大样图,比例为 1∶3。

②了解大样图与立面图的对应关系,从立面图(详见项目五学习任务一)中的符号观察到 D-0511 是表示大样图在第五页,图名为 1 的客厅沙发背景造型木花格尺寸大样图。

③了解细部的尺寸,图中木花格的长度为 800 mm,高度为 450 mm,厚度为 20 mm。

④了解细部材料及说明,该图的材料为红樱桃木花格。

4. 居室大样图的绘制实训

(1) 根据平面图、立面图上的位置尺寸,选择适当比例,绘制节点造型外轮廓,如夹板宽度、灯槽宽度、墙体宽度等轮廓,用粗实线表示,见图 5-17 所示。

(2) 绘制节点截面造型,如玻璃宽度线及木方截面等,用中实线表示,见图 5-18 所示。

(3) 绘制节点处未剖切到的物体造型,如灯具等用中实线表示,见图 5-19 所示。

(4) 绘制截面材料的纹理,用细实线表示,见图 5-20 所示。

(5) 标注材料名称及尺寸,用细实线表示,见图 5-21 所示。

(6) 添加图名及比例,用细实线表示,检查后加深图线,见图 5-22 所示。

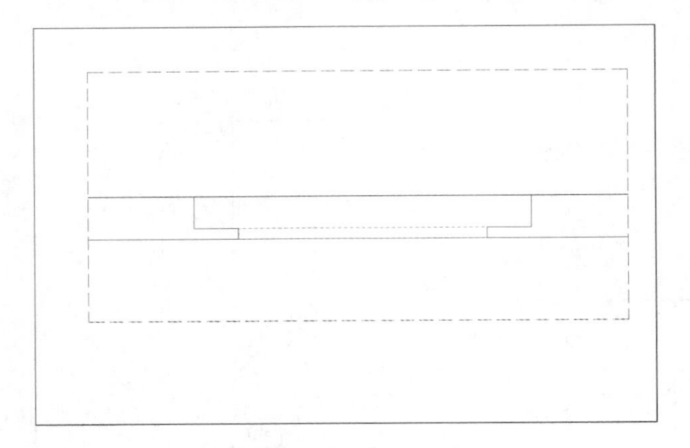

图 5-17 居室大样图的绘制 1

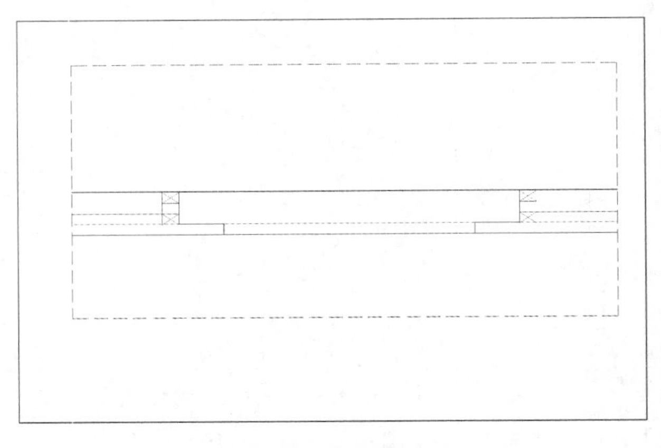

图 5-18 居室大样图的绘制 2

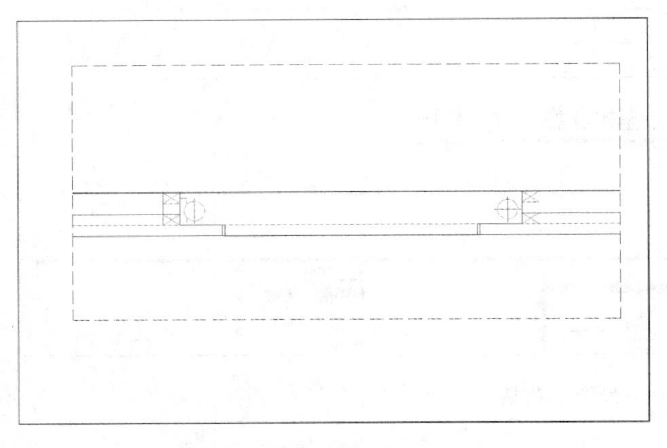

图 5-19 居室大样图的绘制 3

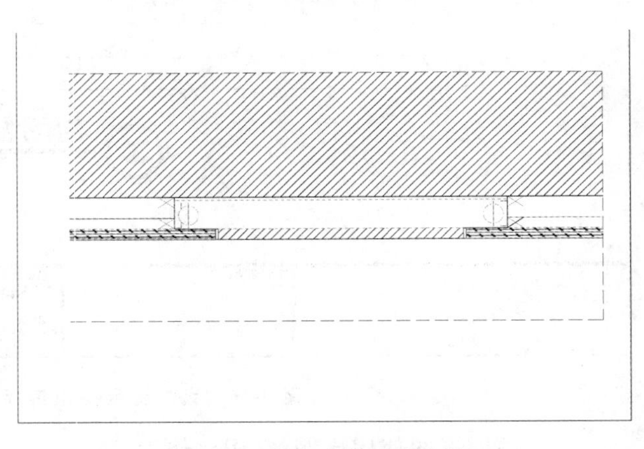

图 5-20 居室大样图的绘制 4

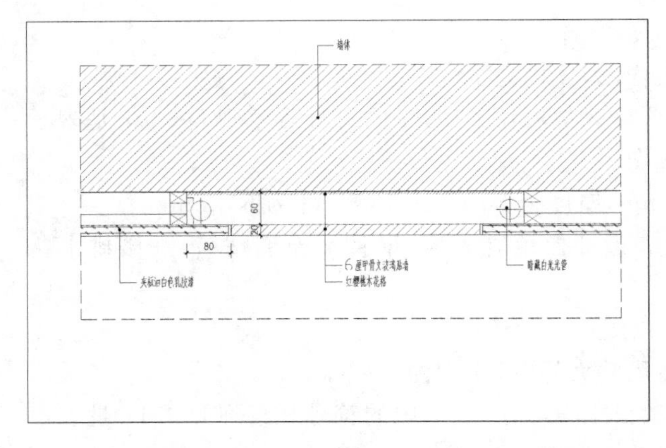

图 5-21 居室大样图的绘制 5

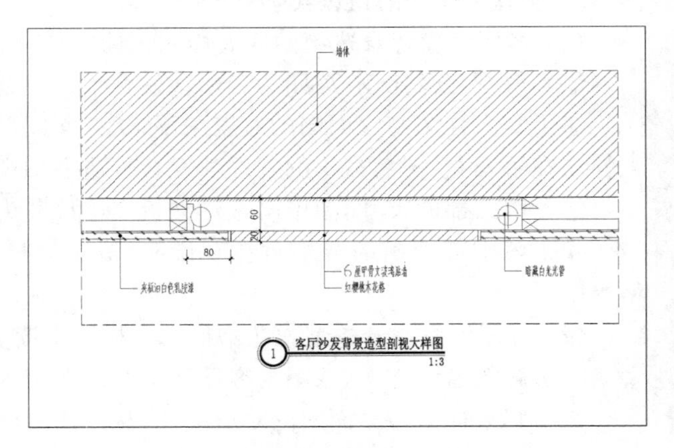

图 5-22 居室大样图的绘制 6

三、学习任务小结

本次任务主要学习室内设计施工图中大样图的表达内容、识读方法和绘制步骤。通过图形识读与绘制实训,了解了大样图所表达的含义,以及居室详图的使用材料和施工工艺。居室大样图的识读与绘制实训应结合居室平面图、立面图及剖面图来完成。

四、课后作业

（1）完成图 5-15 客厅沙发背景造型剖视大样图和图 5-16 客厅沙发背景造型木花格尺寸大样图的识读。

（2）完成图 5-23 某居室天花大样图的识读与绘制。

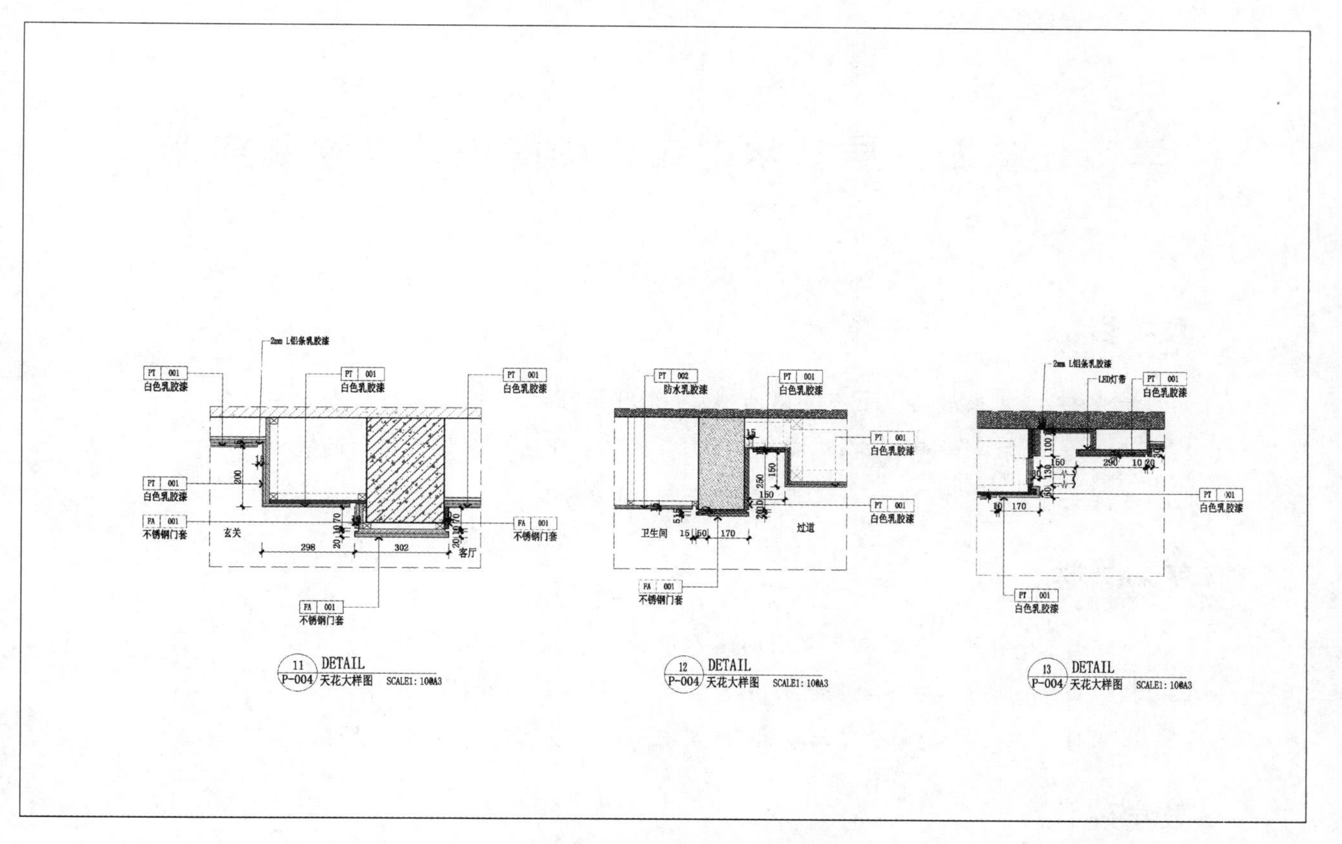

图 5-23　某居室天花大样图

学习任务四　居室水电布置图的识读与绘制实训

教学目标

(1) 专业能力:掌握居室水电布置图的形成、作用和图示方法、识读技巧和绘制技能。

(2) 社会能力:激发学习兴趣,提高组织能力,锻炼发现问题和解决问题的能力。

(3) 方法能力:搜索能力,分析能力,整理能力,学以致用。

学习目标

(1) 知识目标:学习居室水电布置图的图示内容、识读方法和绘制技巧。

(2) 技能目标:通过居室水电布置图案例实训,掌握其识读和绘制技能。

(3) 素质目标:认真负责,严谨细致,团结互助精神以及良好的沟通表达能力。

教学建议

1. 教师活动

(1) 收集水电布置图,运用多媒体课件和视频教学手段,进行知识点讲授和技能指导。

(2) 导入某居室设计案例,组织水电布置图识读和绘制,培养扎实识读和绘图基本功。

(3) 关注学生思想,重视学生职业素质,将职业能力锻炼融入课堂内外。

2. 学生活动

(1) 提前预习,认真听讲,积极思考,参与讨论,加强实践,完成识读和绘制的实训。

(2) 查阅资料,主动观察,自主学习,自我管理,自我提高,举一反三并能学以致用。

(3) 培养人文素养,锻炼职业能力,熟悉制图规范,并应用到水电布置图识读和绘制过程中。

一、学习任务导入

施工图纸是工程施工、预算和监理的依据，快速读懂施工图和掌握绘制施工图是室内设计行业技术人员的一项必备技能。本次学习任务是掌握居室水电布置图的识读和绘制，主要学习居室水电布置图的作用、表达内容、表达方法和制图规范，熟悉施工图的识读思路和绘制技巧，学习开关布置图、插座布置图、冷热水管布置图的识读和绘制，要求能够清晰表述居室水电布置图中给排水和电路的情况，锻炼良好的图纸识读与绘制能力，提升沟通表达能力，为以后从事设计、制图、施工、预算和管理工作锻炼扎实的基本功。

二、学习任务讲解

1. 居室水电布置图的作用

水电布置是家居装修中保证居室正常使用功能和装修效果的重要环节，描述给水排水和电路在室内空间的具体分布情况。它是确定工程造价和组织施工的主要依据，而且水电工程大部分是埋在墙、天花或地板的隐蔽工程，需要科学、严谨、规范。

2. 居室水电施工现场示意图

居室水电布置图主要包括开关布置图、插座布置图、冷热水管布置图等。见图 5-24～图 5-29 所示。

图 5-24　毛坯房示意图

图 5-25　标准线位示意图

图 5-26　插座示意图

3. 居室水电布置图的图示内容

(1) 开关布置图。

①开关布置图也叫灯控线位图，一般是在天花布置图的基础上进行绘制。

②天花灯具、电源开关的位置，以图例符号形式绘制。

③需图示注明定位尺寸的特殊开关，如床头柜开关等。

④需图示开关与对应控制的灯位，以直线连接形式绘制。

⑤需图示灯具、开关及设备符号的图例，在右上角制表绘制。

(2) 插座布置图。

①插座布置图中包含强电插座和弱电插座两种。

②强电插座是指电压在 220 V 以上的插座，包括开关、空调热水器插座、五孔插座等。

③弱电插座是指电压在 36 V 以内的插座，包括电视信号线插座、网络信号线插座、电话线插座等，一般是在家具布置图的基础上绘制。

④需图示各墙与地面的强电插座、弱电插座的位置及高度。

图 5-27 线管走向示意图

图 5-28 线管开槽示意图

图 5-29 供水及地漏示意图

⑤需图示注明定位尺寸的特殊插座，如床头柜插座、地插插座等。

⑥需图示插座符号的图例及名称，在右上角制表绘制。

(3) 给排水布置图。

①给排水布置图也叫水路布置图，一般是在平面图的基础上绘制。

②需图示冷热水管的分布情况。

③需图示排水管的分布情况。

④需图示给排水符号的图例及名称，在右上角制表绘制。

4. 居室水电布置图的识读实训

(1) 开关布置图的识读实训，以图 5-30 某居室开关布置图为例。

①看图名、比例、朝向。该图为开关布置图，比例为 1：75。

②读图例及说明，了解灯具的空间位置及数字编号。在入口的位置安装筒灯并用数字 1 进行编号；在餐厅位置安装餐厅艺术灯，用数字 2 进行编号。

③读图例及说明，了解开关控制的具体灯具。客厅位置的灯具开关控制编号为 1、2、3。

④读灯具中的连线及数字编号。客厅位置编号为 21、5 的灯具为串联开关灯，是以弧线连接，当按下按键时同时开启连线的灯具。

⑤读需注明的定位尺寸灯。卧室的床头有尺寸标注 1700，表示床的尺寸为 1700 mm，并在左边安装开关，高度为 900 mm。控制开关为双向开关，分别在卧室入口处和床头位置。

⑥读空间中图例符号所表达的灯具名称。图中客厅中有 1 盏豪华吊灯及 2 组暗装射灯。灯具的名称在右上角用图表列表说明。

(2) 插座布置图的识读实训，以图 5-31 某居室插座布置图为例。

①看图名、比例、朝向。该图为插座布置图，比例为 1：75。

②读图例及说明。根据图例符号去查看图纸，了解图纸空间的真实情况。

③结合平面布置图观察客厅电视背景墙的位置，从左到右分别为：安装高度为 1200 mm 位置有电视插座 1 个，五孔插座 1 个；安装高度为 350 mm 位置有电话插座 1 个，音响插座 1 个，五孔插座 3 个；安装高度为 300 mm 位置有空调插座 1 个等。见图 5-32 所示。

(3) 水路布置图的识读实训，以图 5-33 某居室水路布置图为例。

①看图名、比例、朝向。该图为水路布置图，比例为 1：75。

②读图例及说明。根据图例符号查看图纸，了解图纸空间的真实情况。例如图中厨房位置安装有热水器；冷热水管分别安装在厨房的洗手盆、公共厕所及主人房厕所洗手盆的位置；阳台、公共卫生间、主卧室卫

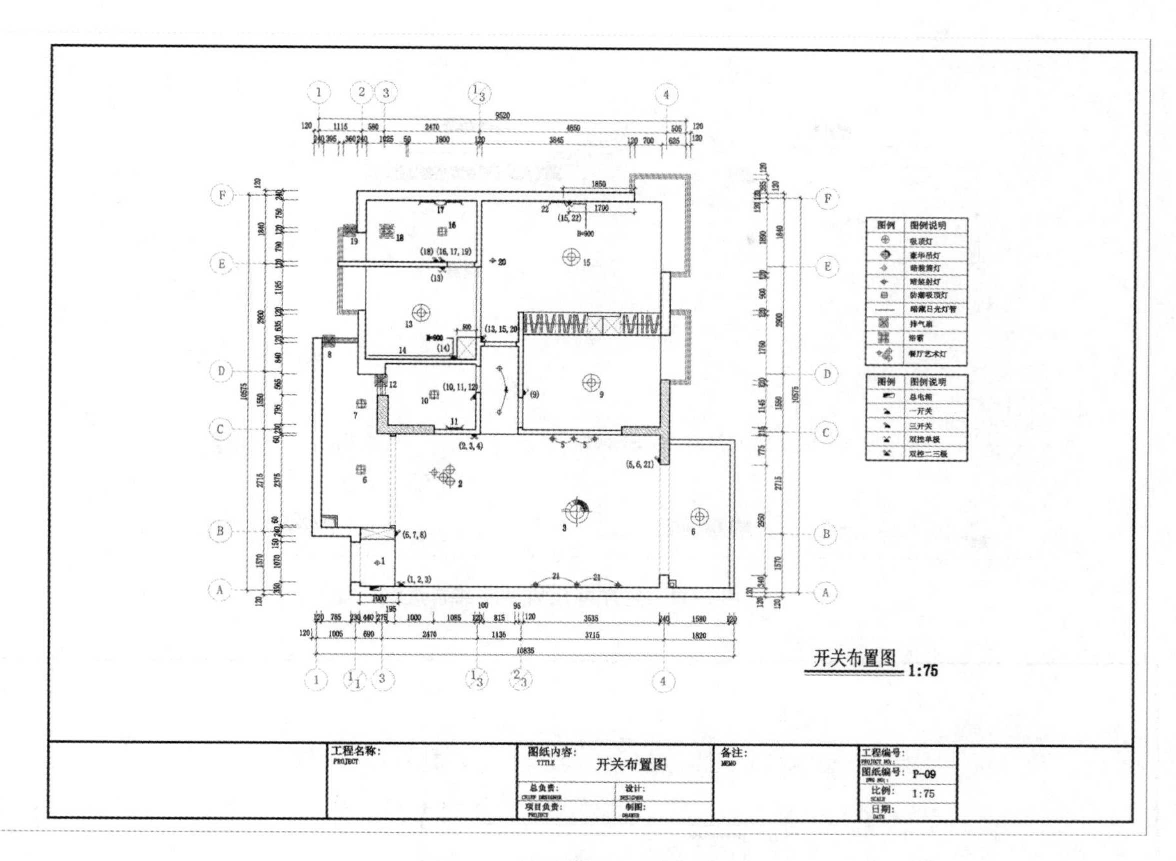

图 5-30 某居室开关布置图

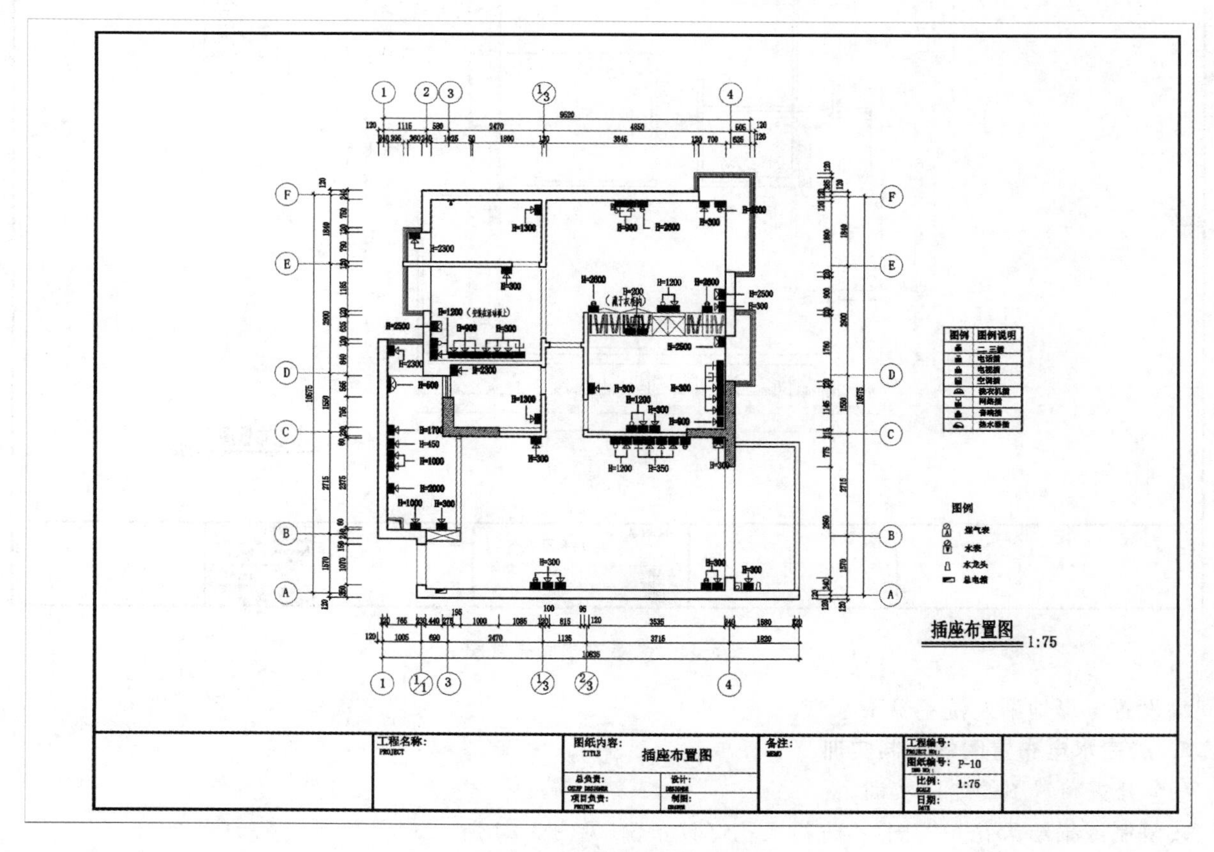

图 5-31 某居室插座布置图

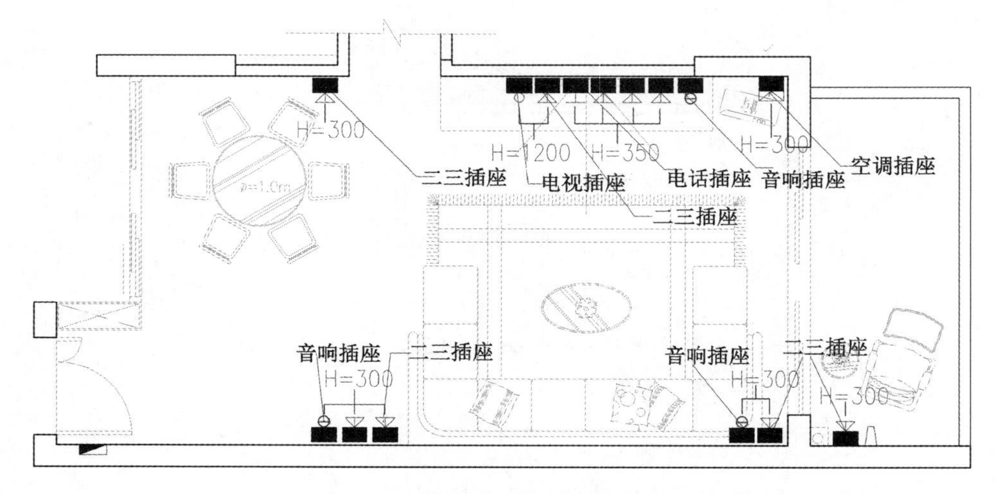

图 5-32　客厅餐厅插座局部示意图

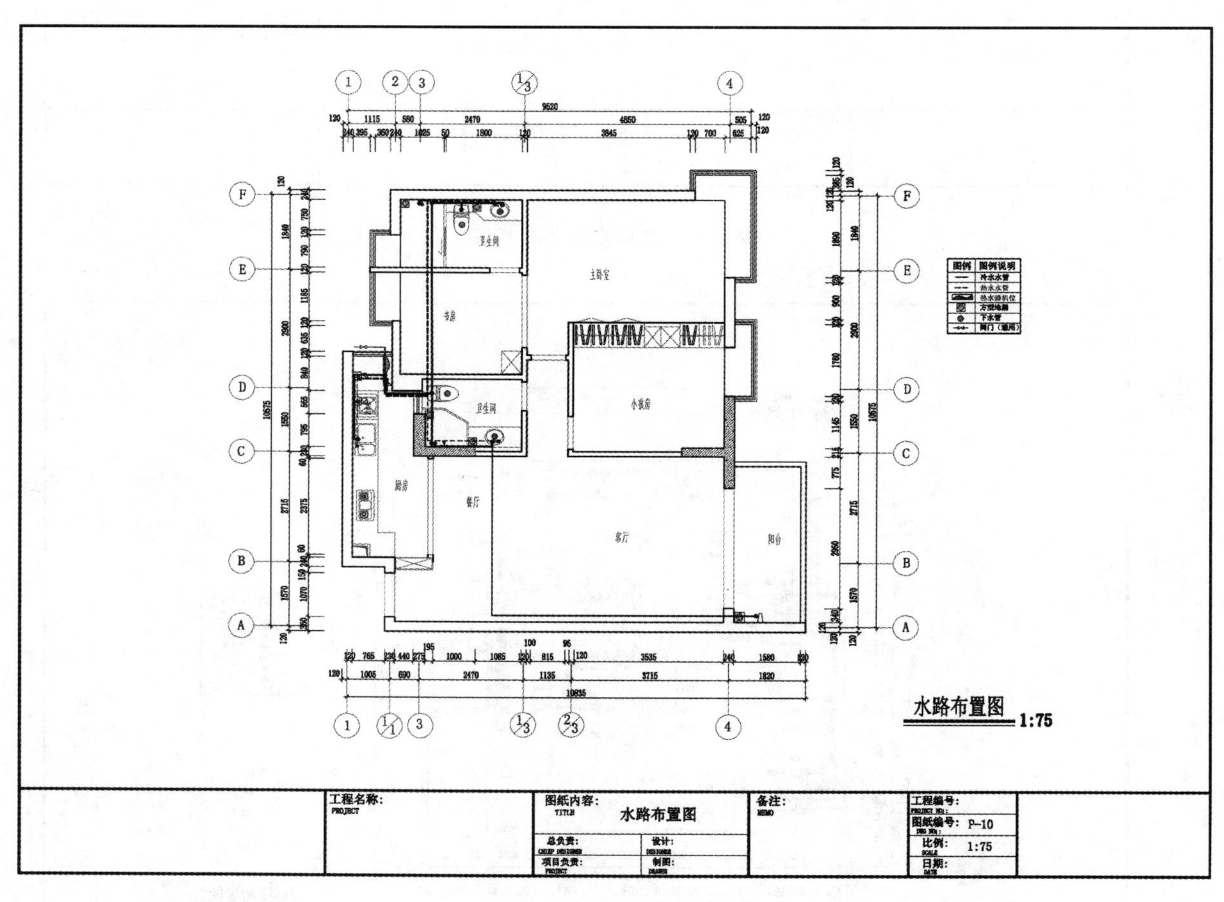

图 5-33　某居室水路布置图

生间均设置方形地漏及洗手盆下水管。

5. 居室水电布置图的绘制实训

(1) 开关布置图的绘制实训。

①复制或描绘天花布置图后，进行天花灯具布置，见图 5-34 所示。

②对灯具进行数字编号，见图 5-35 所示。

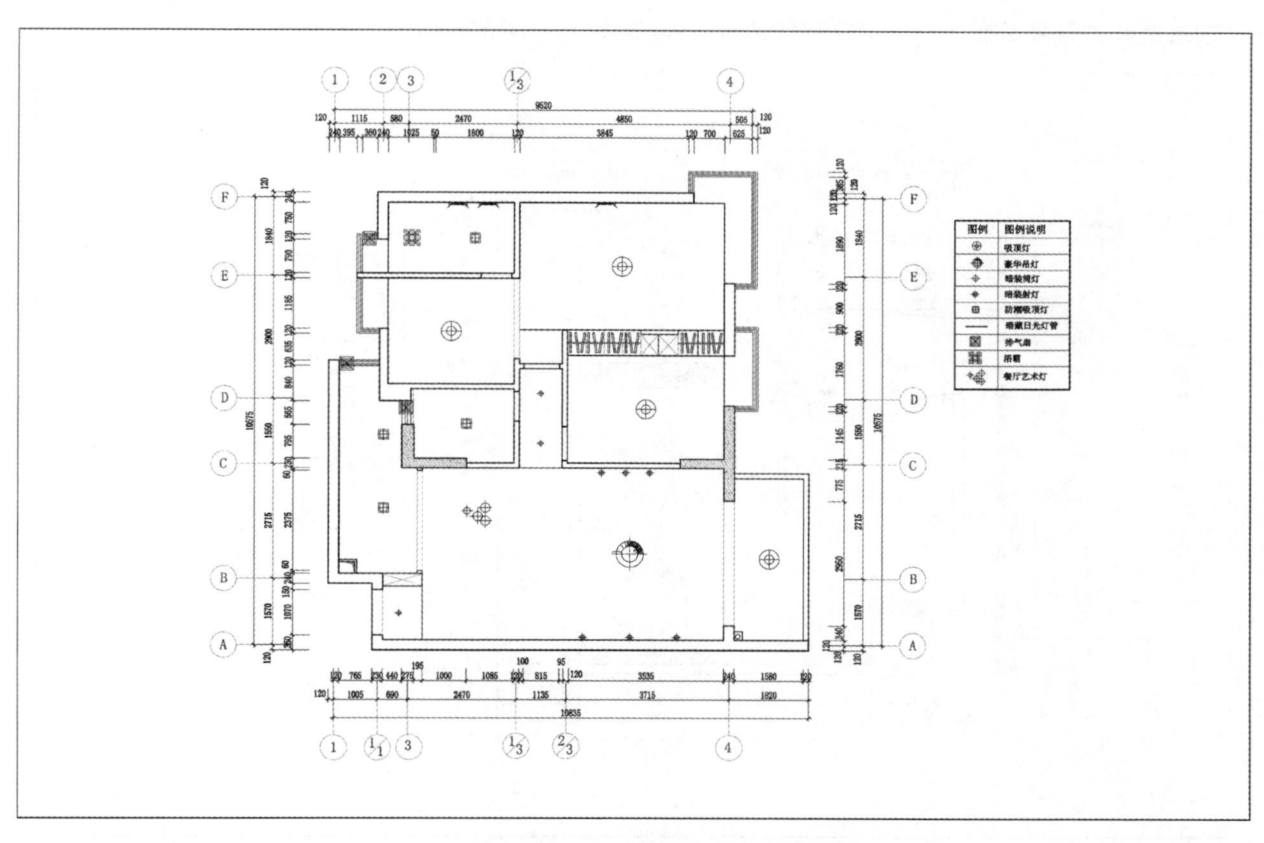

图 5-34　居室水电布置图(天花灯具布置)

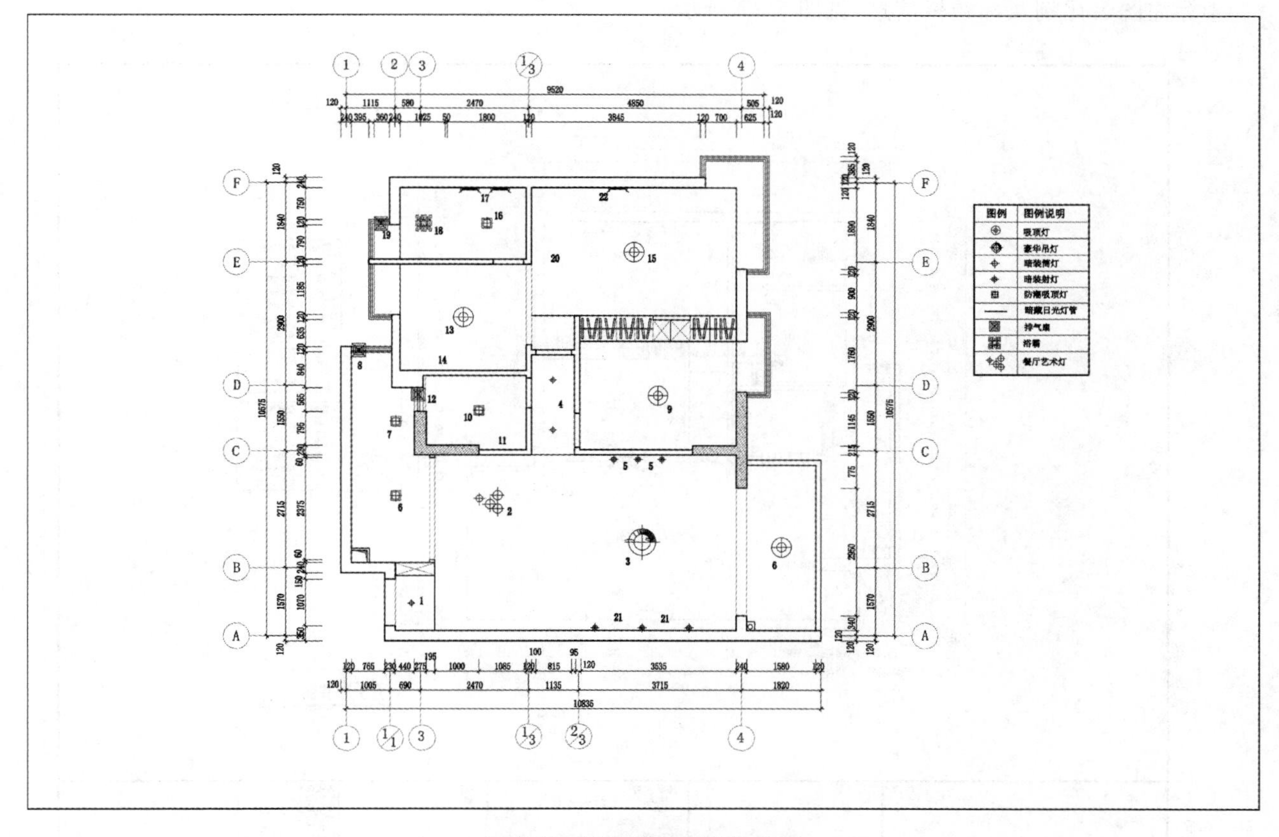

图 5-35　对灯具进行数字编号

③绘制开关符号及标注开关所控制灯具的编号，见图 5-36 所示。

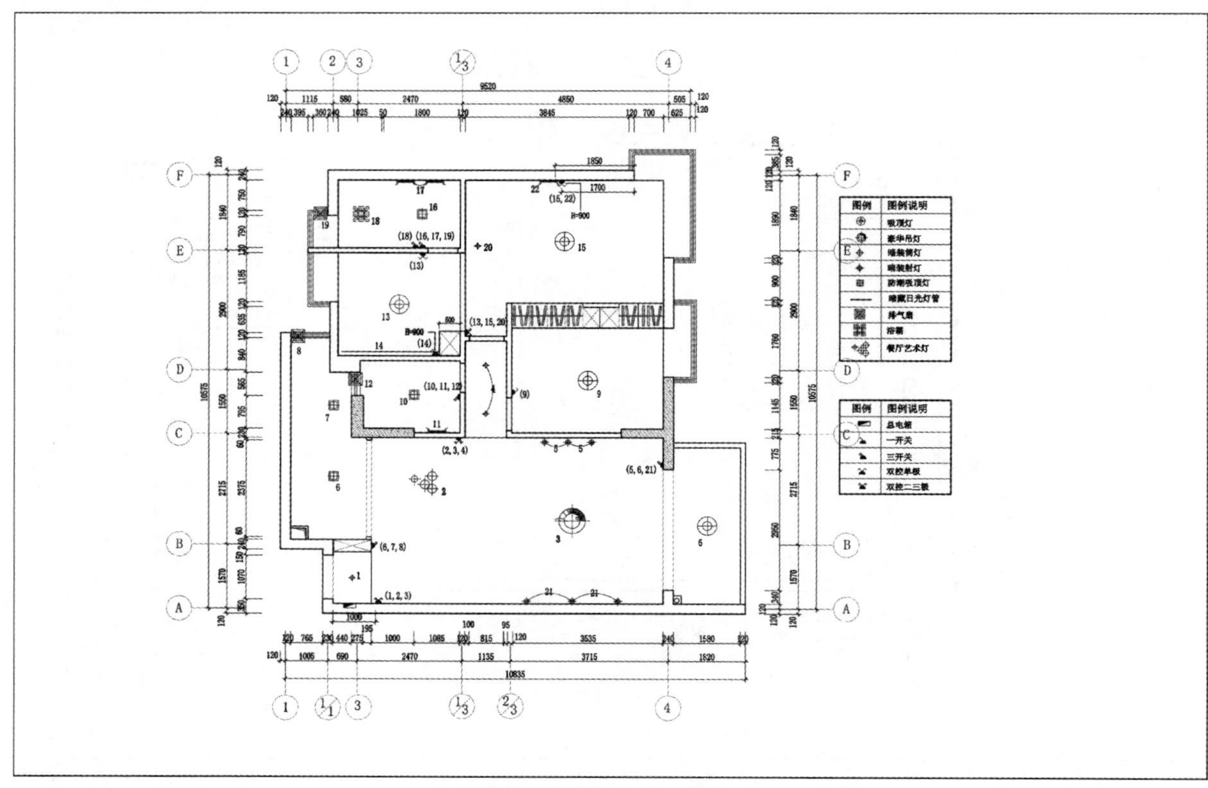

图 5-36　绘制开关符号

④标注图名比例及标题栏信息，见图 5-37 所示。

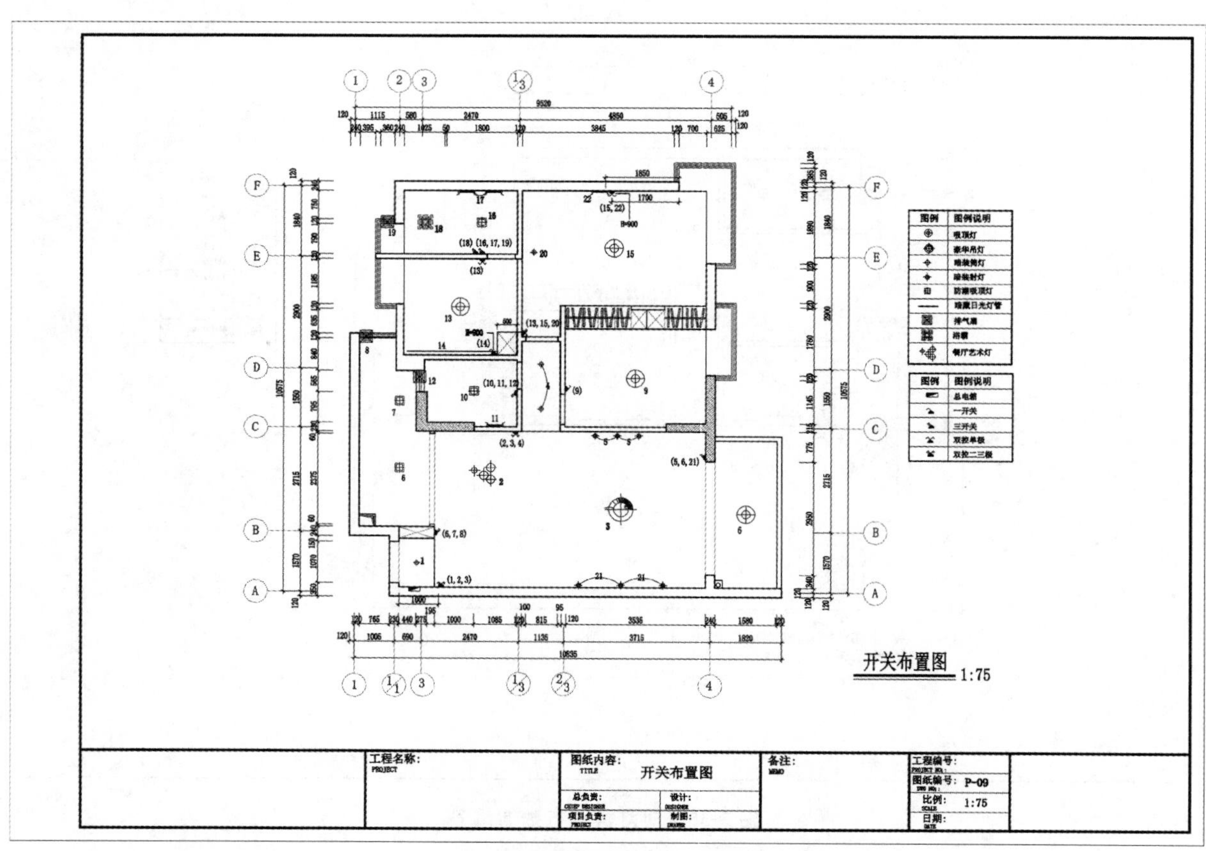

图 5-37　标注图名比例和标题栏

（2）插座布置图的绘制实训。

①复制或描绘天花布置图后，绘制插座图标和标识。见图 5-38 和图 5-39 所示。

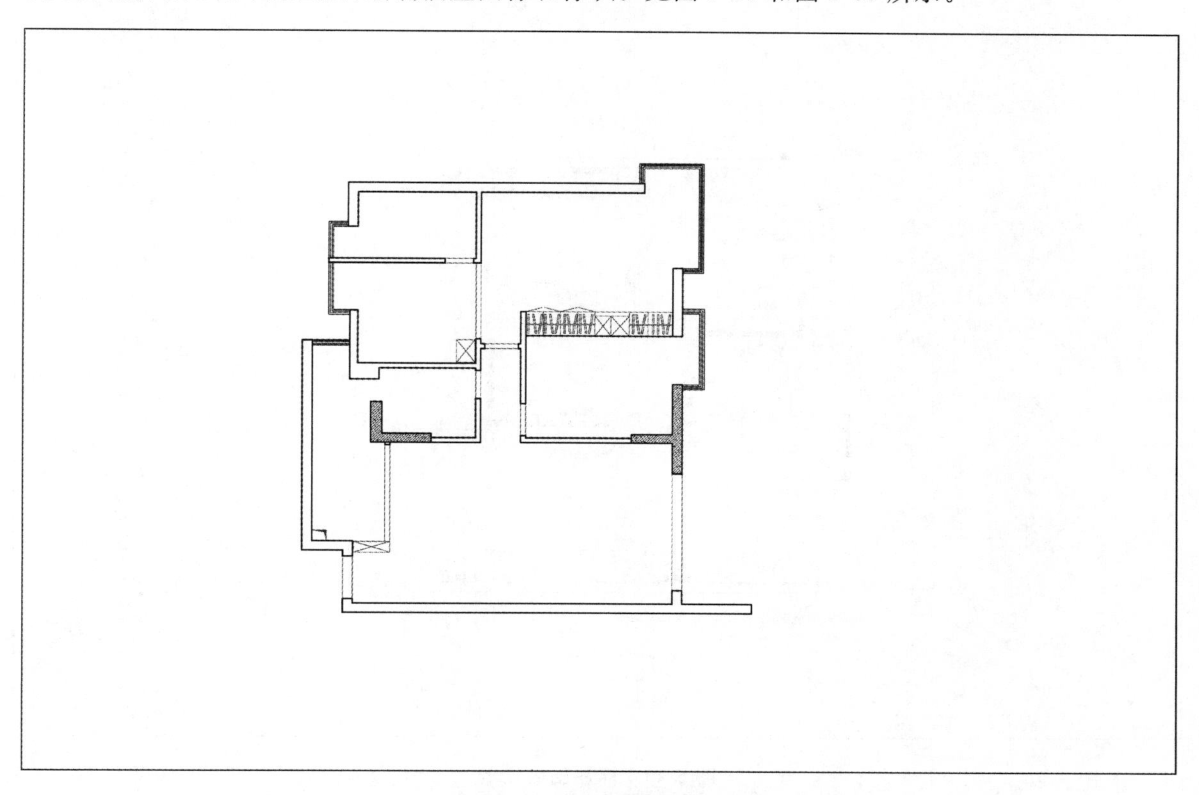

图 5-38　绘制插座图标和标识 1

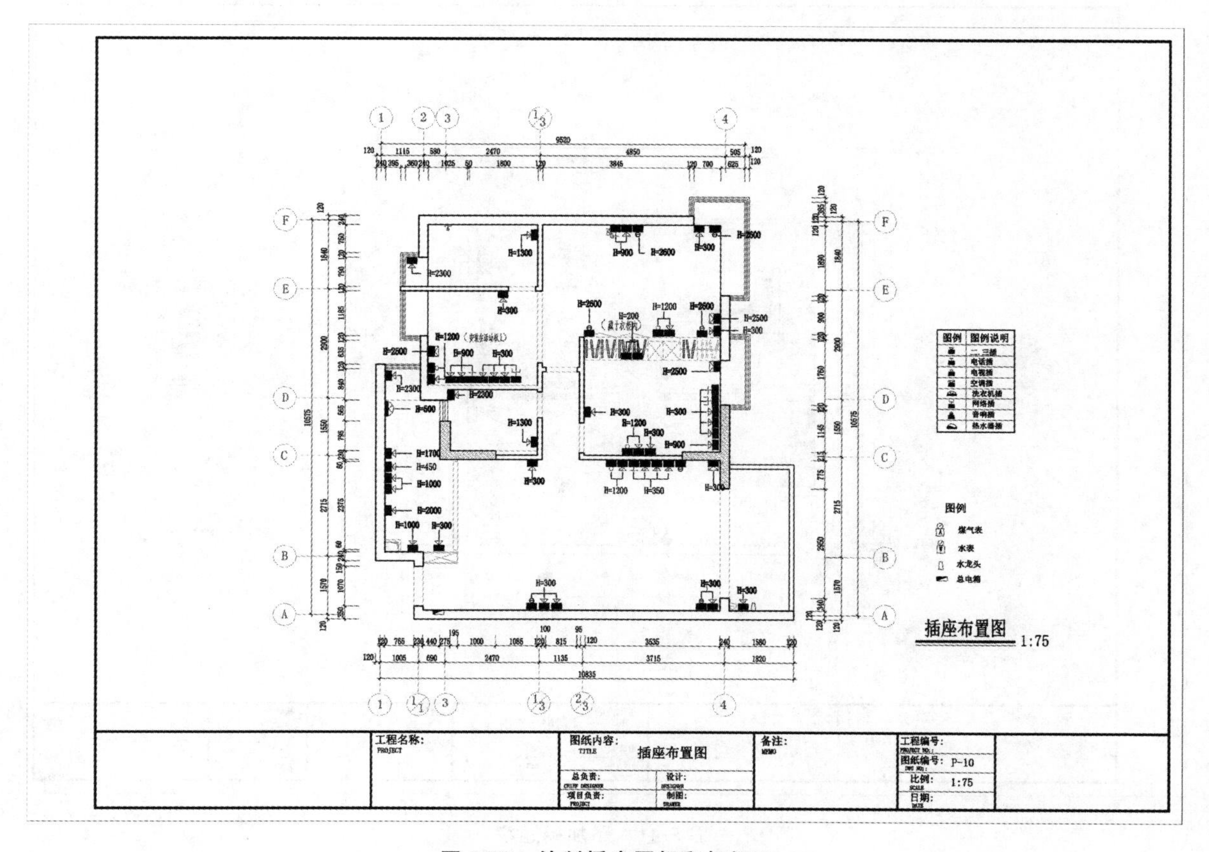

图 5-39　绘制插座图标和标识 2

②绘制插座图例表格，标注图名比例及添加标题栏信息。见图 5-40 和图 5-41 所示。

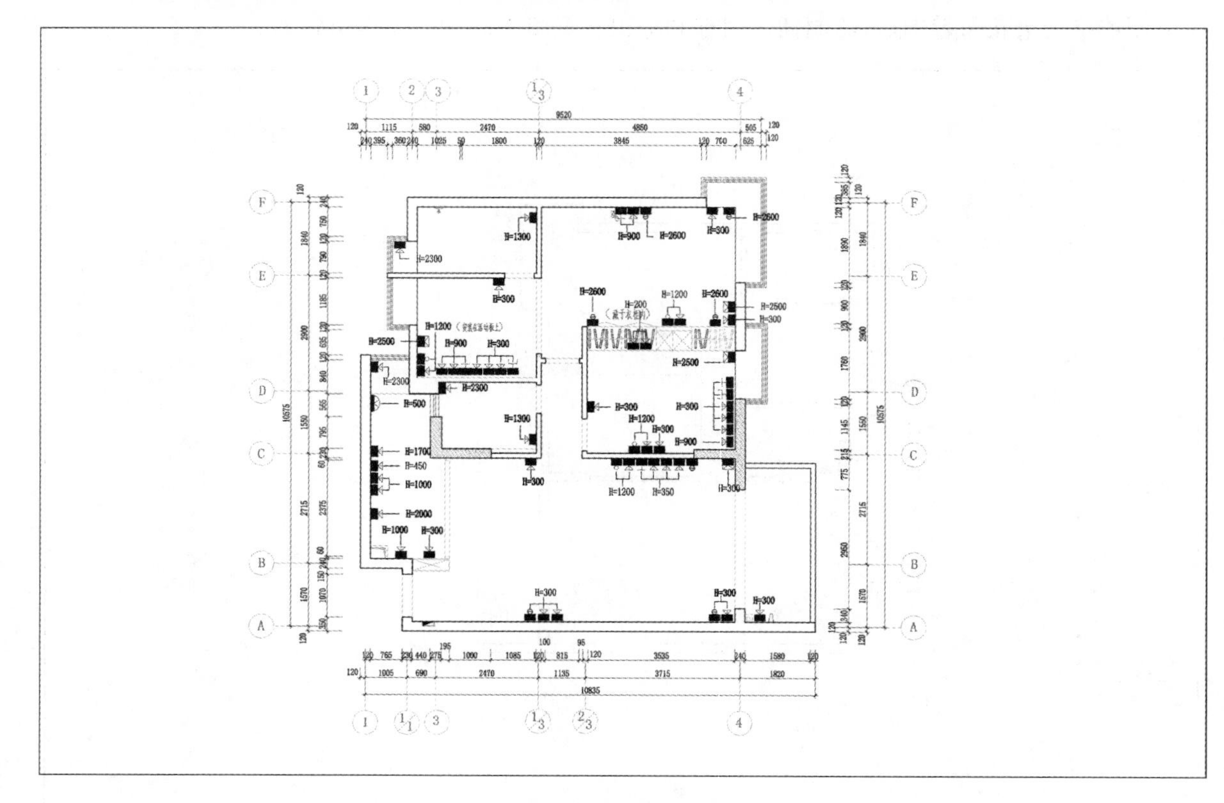

图 5-40　标注图名比例

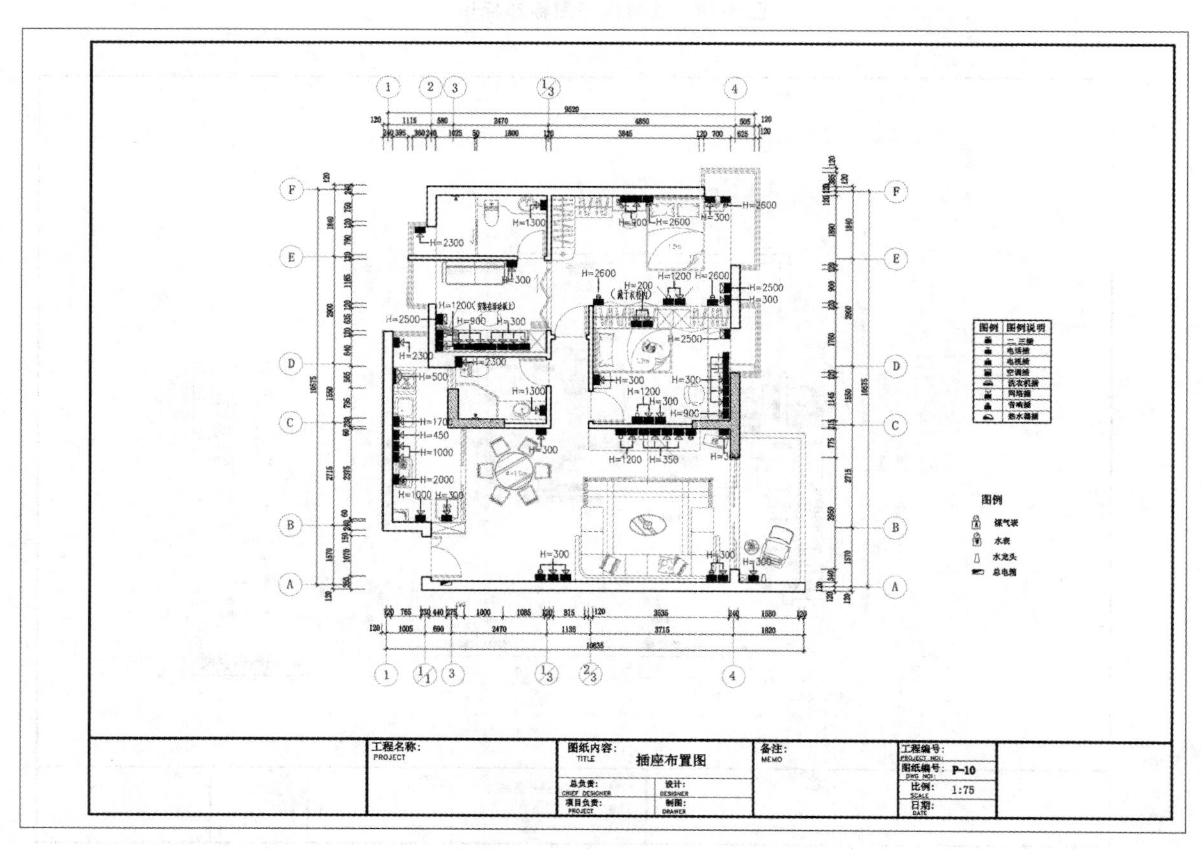

图 5-41　添加标题栏

（3）水路布置图的绘制实训。

①复制平面布置图或描绘墙体，绘制水龙头及冷热水管分布等图标，冷水管用粗实线，热水管用粗虚线表示。见图 5-42 和图 5-43 所示。

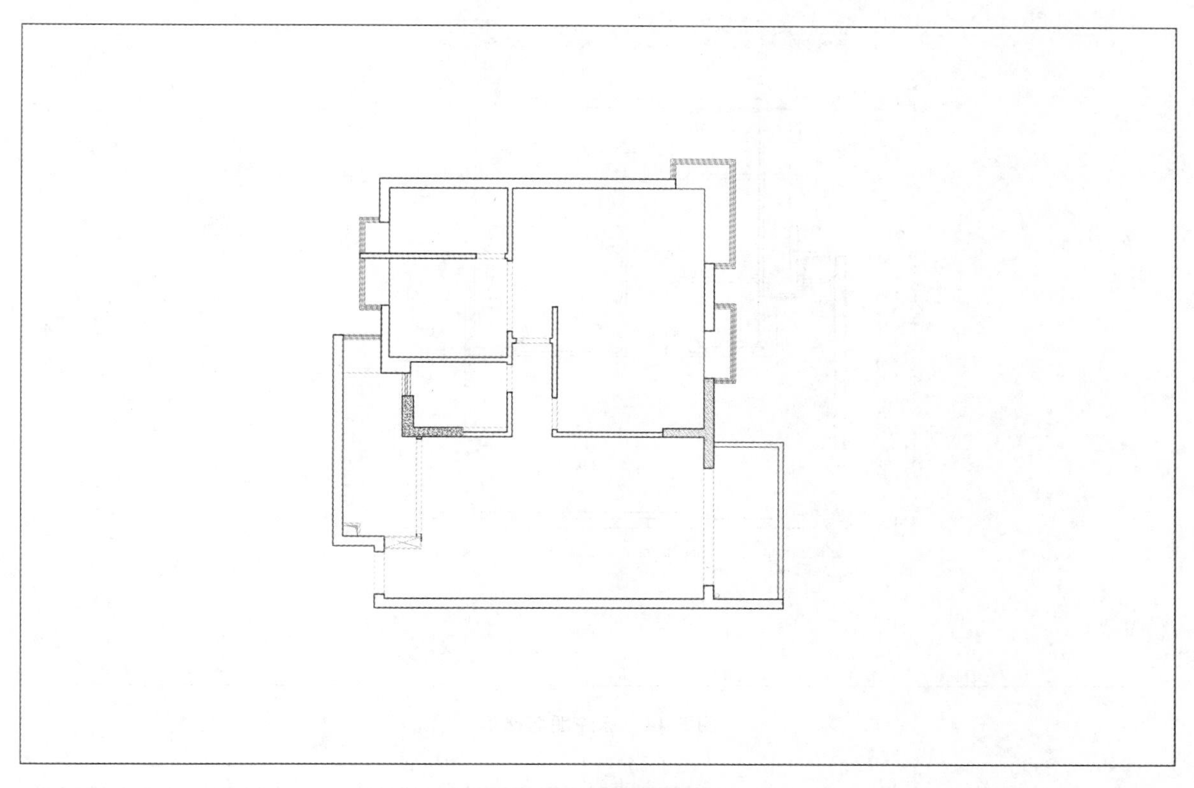

图 5-42 描绘墙体

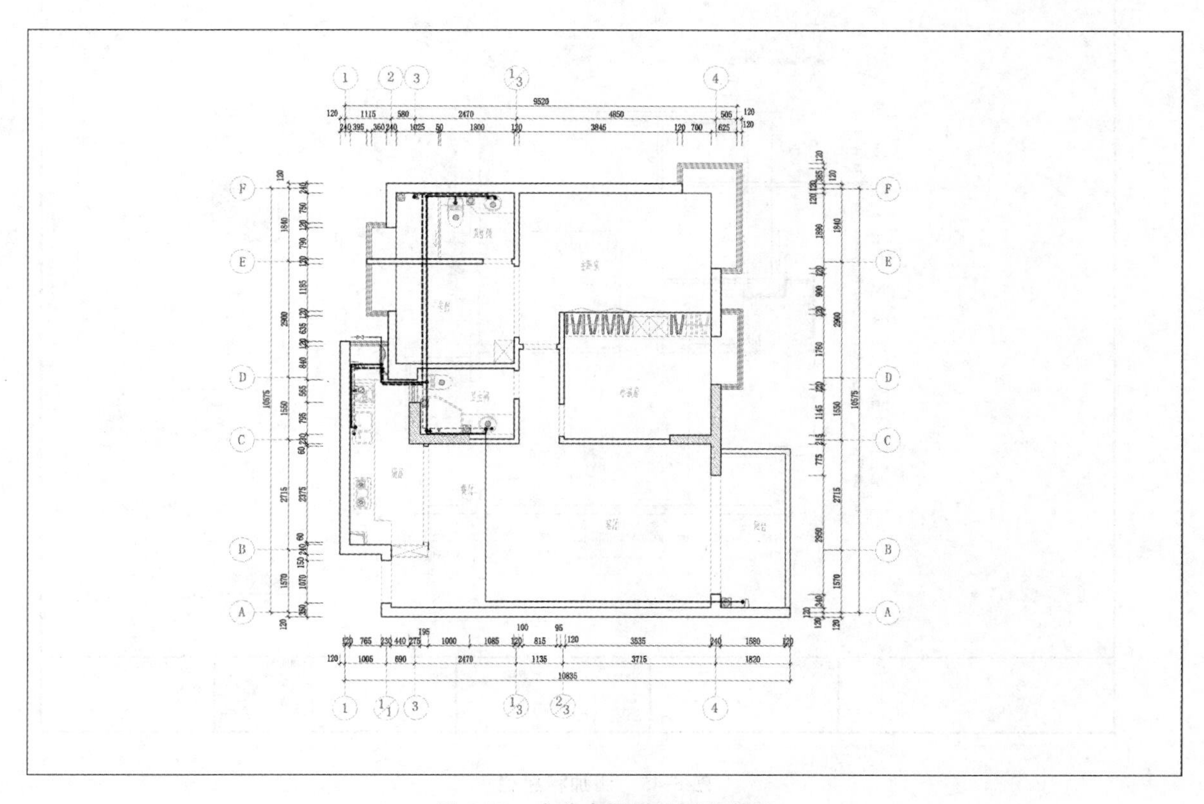

图 5-43 水路布置图（绘制图标）

②绘制水路图例表格，标注图名比例及添加标题栏信息，见图 5-44 和图 5-45 所示。

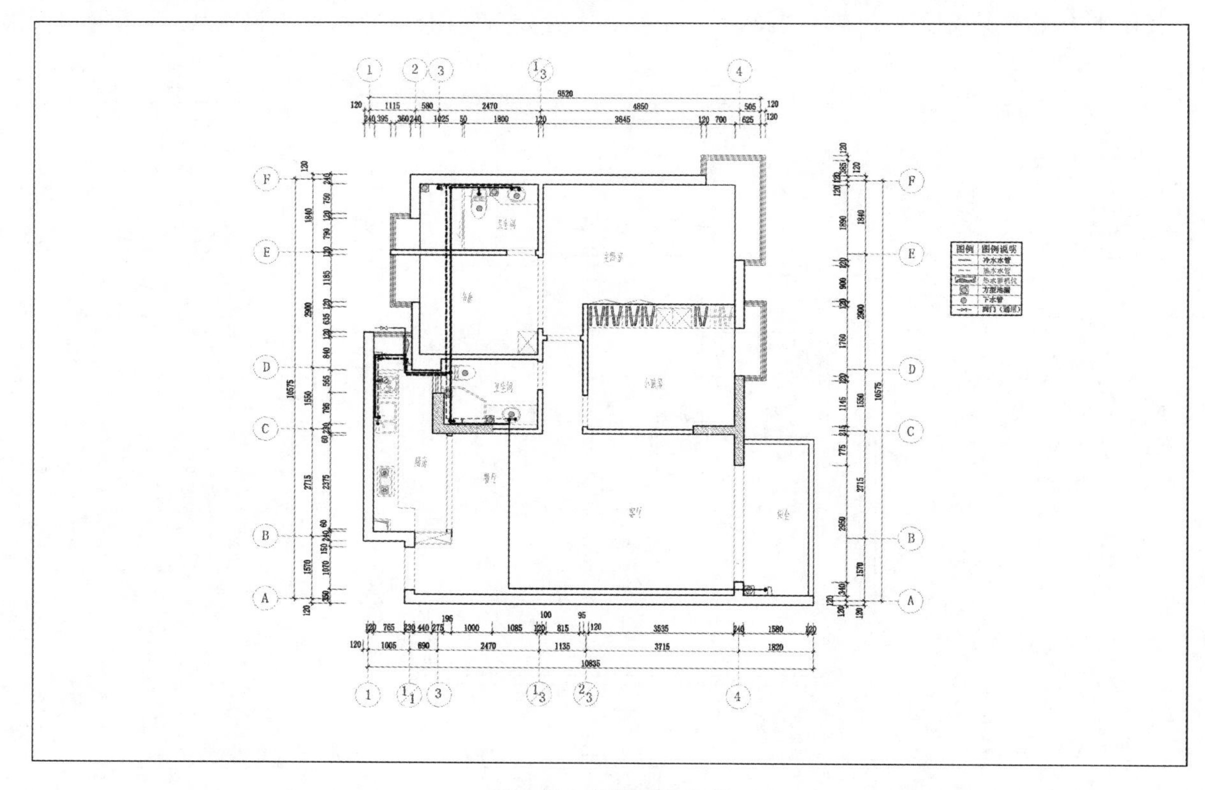

图 5-44　标注图名比例

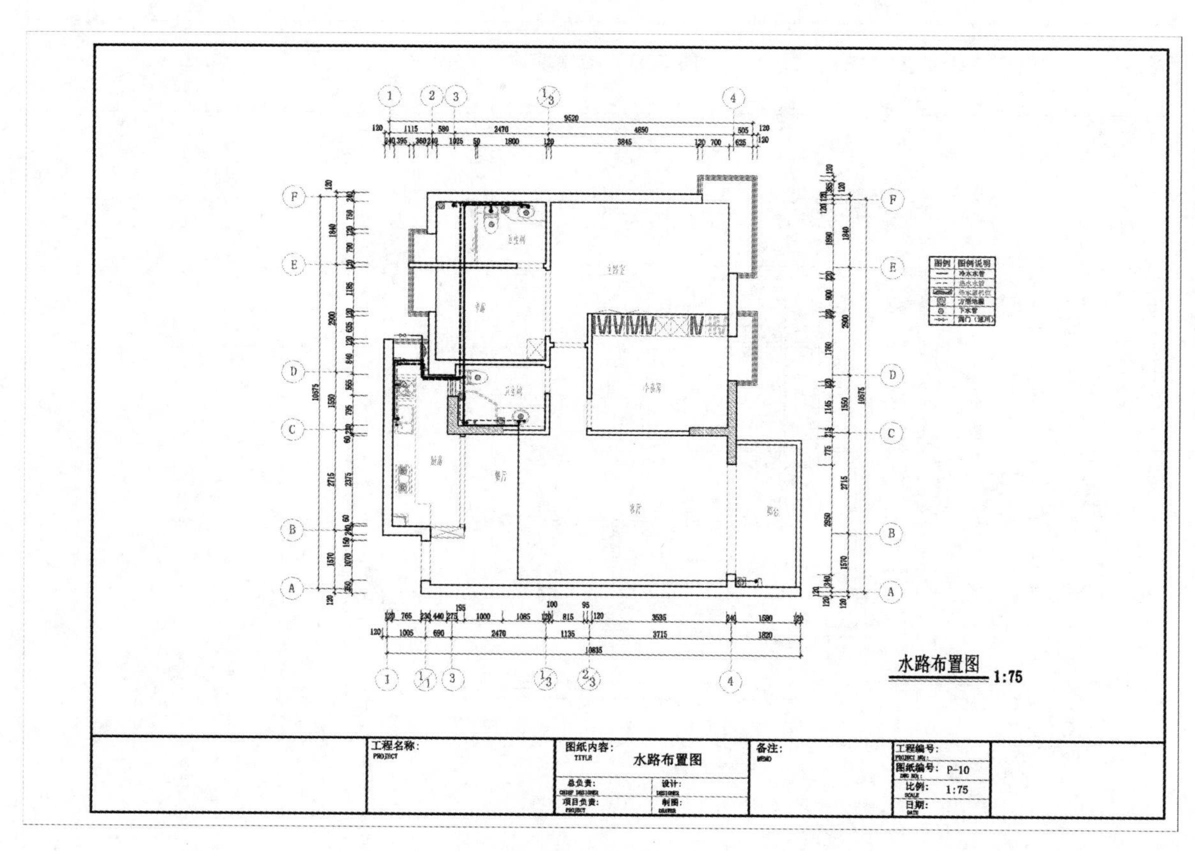

图 5-45　添加标题栏

三、学习任务小结

本次任务主要学习了居室水电布置图的识读与制图。希望同学们提高绘图速度和绘图质量，并养成良好的绘图习惯，有意识收集一些优秀的居室水电布置图，加强分析和沟通交流，开展识读与绘制实训，全面提升实际操作技能。

四、课后作业

（1）完成图 5-30、图 5-31、图 5-33 等水电布置图的识读与绘制。

（2）完成图 5-46、图 5-47、图 5-48 等水电布置图的识读与绘制。

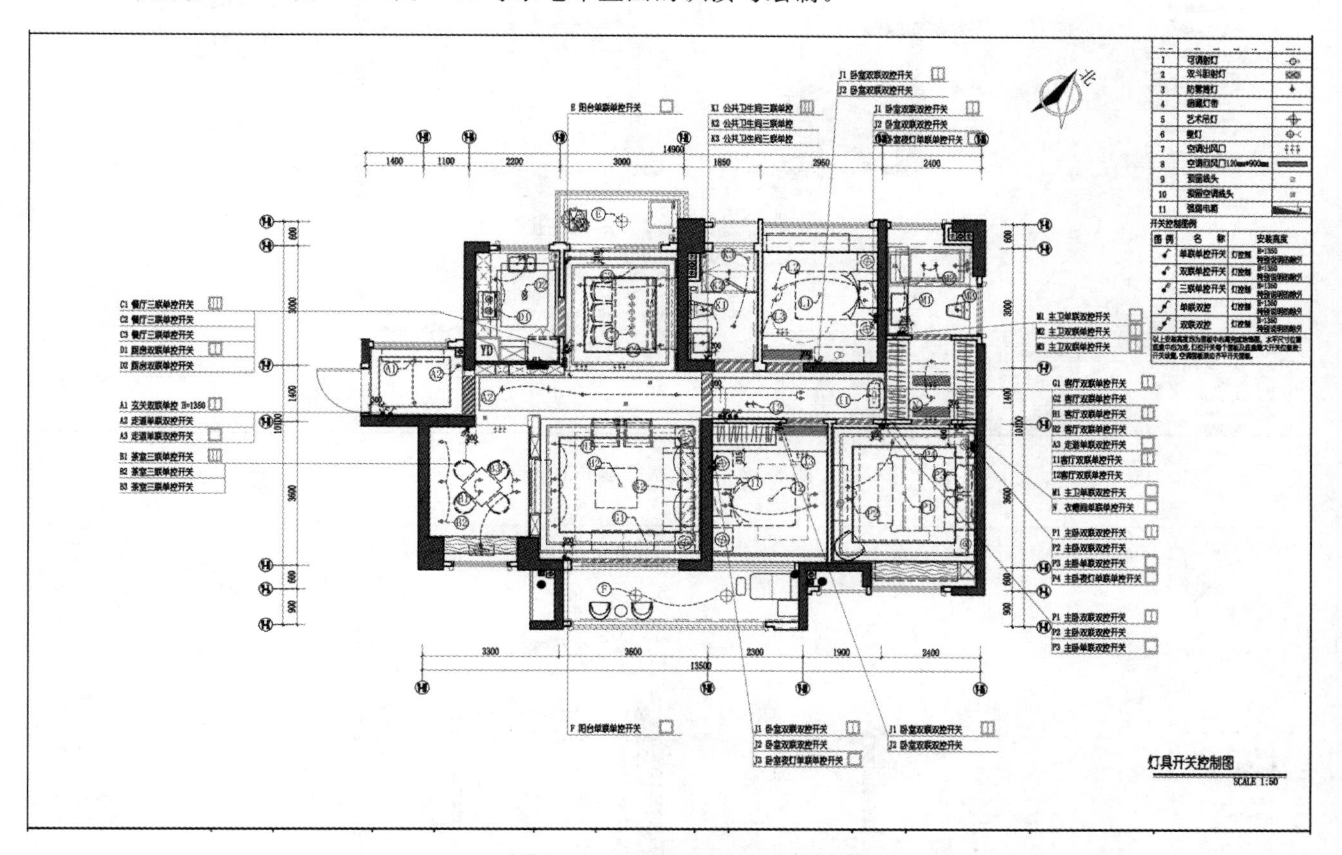

图 5-46　某居室开关布置图

序号	图例	名称	序号	图例	名称	序号	图例	名称
1		强电箱、弱电箱	7		厨房微波炉插座	13	Ⓗ	一位电话插座
2		单相二、三极暗插座	8		防溅插座	14	©	一位数据信息口
3		厨房备用二、三极开关插座	9		暖风机插座	15		一位电视插座
4		冰箱专用插座	10		USB插座	16		可视对讲（安防）室内机
5		厨房消毒柜插座	11		热水器插座	17		紧急求助按钮
6		厨房油烟机插座	12		洗衣机开关插座	18		嵌入式感应夜灯

插座布置图

SCALE 1:50

图 5-47　某居室插座布置图

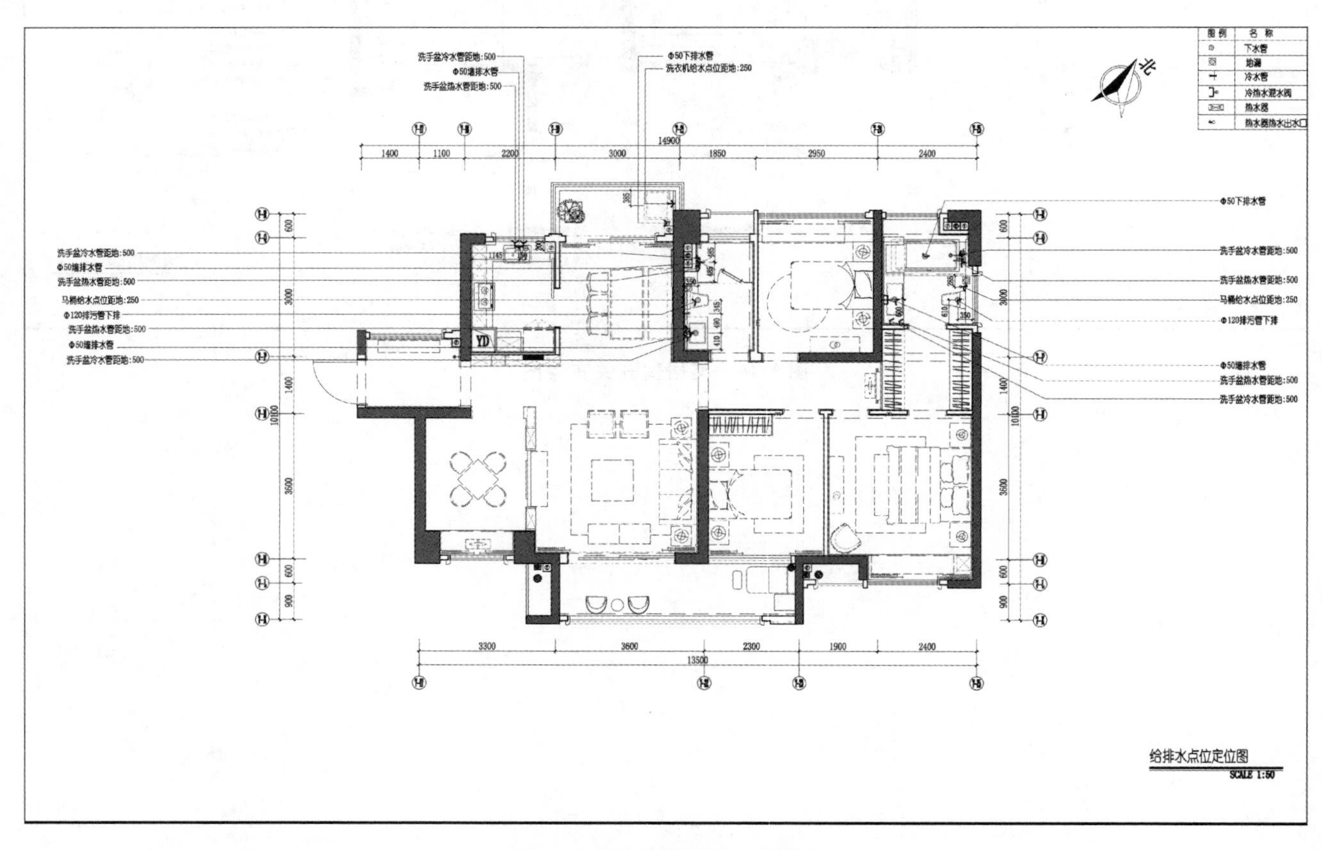

图 5-48　某居室给排水布置图

项目六　公共空间图形的识读与绘制实训

学习任务一　公共空间平面图的识读与绘制实训

教学目标

（1）专业能力：能够掌握公共空间平面图的表达内容、方式，常用图例符号及规范。

（2）社会能力：熟悉室内公共空间设计区域划分与图形识读方法，并能举一反三。

（3）方法能力：公共空间平面布局能力、图纸分析能力。

学习目标

（1）知识目标：熟悉公共空间平面图中各种常用图例的识读方法和绘制步骤。

（2）技能目标：能准确地抄绘公共空间平面图，并符合制图规范。

（3）素质目标：能够清晰地表述公共空间平面图的名称、比例、空间布局、功能分区、尺寸标高、家具陈设及其与剖面图之间的关系。

教学建议

1. 教师活动

（1）教师运用多媒体课件、教学视频等多种教学手段，讲授公共空间平面图的学习知识要点，指导学生对公共空间平面图进行识读和绘制。

（2）教师通过对制图规范的讲解、图纸识读和图纸绘制示范，指导学生练习，培养学生绘制公共空间图形的基本功，提高熟练程度。

2. 学生活动

（1）仔细聆听教师的专业讲解，认真完成作业与实训，提高图纸识读和绘制能力。

（2）增强自主学习，自我管理，自我评价，互帮互助互评，突出学以致用与创新性。

一、学习任务导入

施工图纸是指导现场施工人员进行工作及方便设计师与施工单位沟通的依据。施工图纸识读与绘制是室内设计行业的一项必备技能。本次学习任务是学习公共空间平面图的识读和绘制，了解公共空间平面图的形成、表达内容、表达方法和制图规范，熟悉施工图的识读思路和绘制技巧，通过训练提高图纸识读和绘制速度，提升绘图质量，为从事室内设计工作打下基础。

二、学习任务讲解

（一）学习任务准备

（1）教学准备：制图规范和公共空间平面图案例，公共空间平面图识读和绘制视频。

（2）学习用具准备：绘图板，绘图纸，自动铅笔，橡皮擦，针管笔，比例尺，三角尺，丁字尺，模板，描图纸，电脑及软件。

（3）学习课室准备：专业绘图室，多媒体设备，自备电脑。

（二）学习任务讲解与示范

1. 建筑定位轴线图

建筑定位轴线图是用以确定主要结构位置的线，如确定建筑的开间或柱距，进深或跨度的线。定位轴线确定了建筑物各承重的定位和布局，也是其他建筑构配件的尺寸基准线。画图时在轴线的端部用细实线画一个直径为 8～10 mm 的圆圈，并在其中注明编号。轴线编号注写的原则，水平方向，由左至右用阿拉伯数字顺序注写；竖直方向，由下而上用拉丁字母注写，见图 6-1 所示。

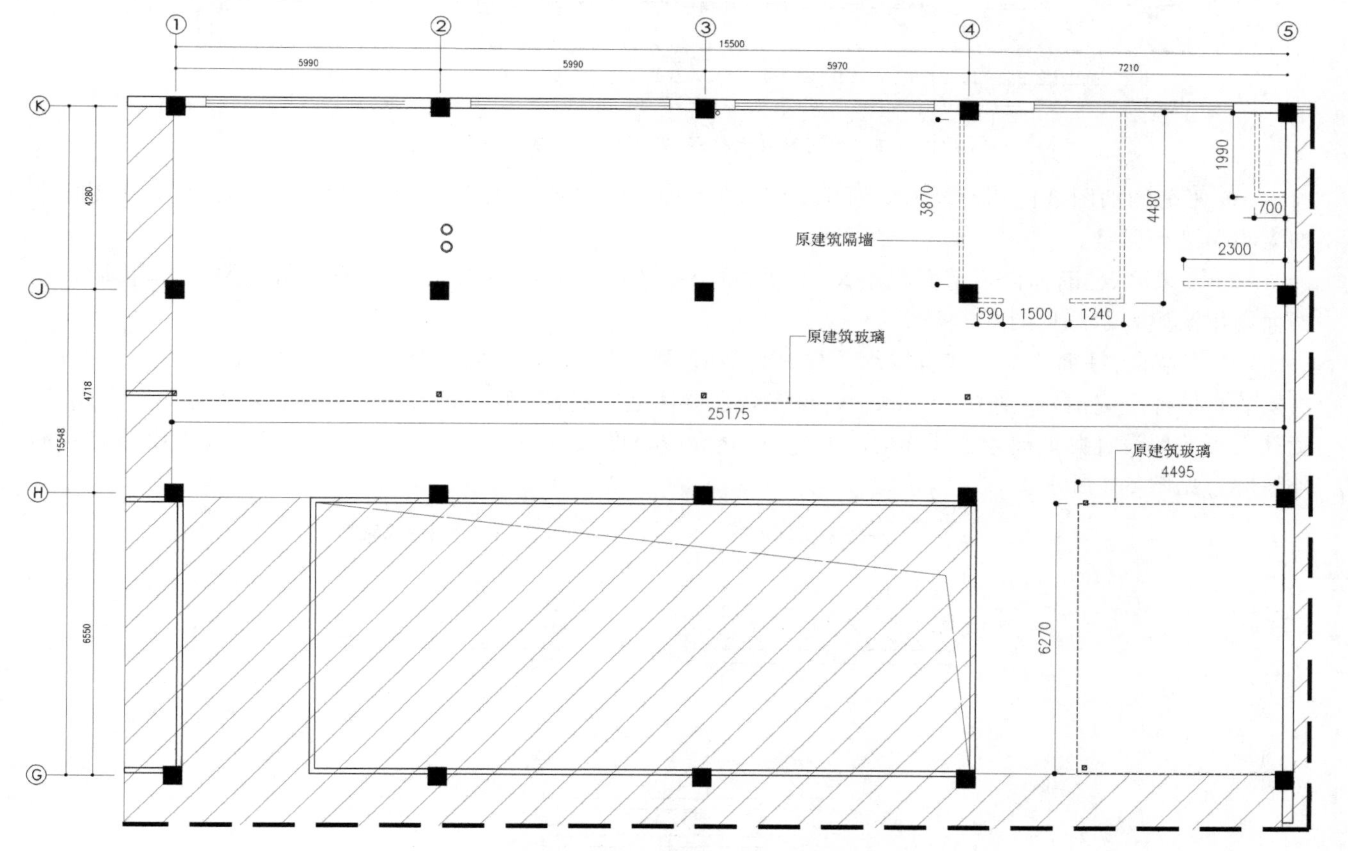

图 6-1　建筑平面图的定位轴线与附加轴线的编号方法

2. 墙体与柱体的表达

（1）在建筑与室内设计平面图中，最突出的是被剖切到的墙和柱。它们的断面轮廓线通常都是用粗实线表示。见图 6-2 所示。

（2）墙体剖切面内应在可能的情况下画出材料图例。

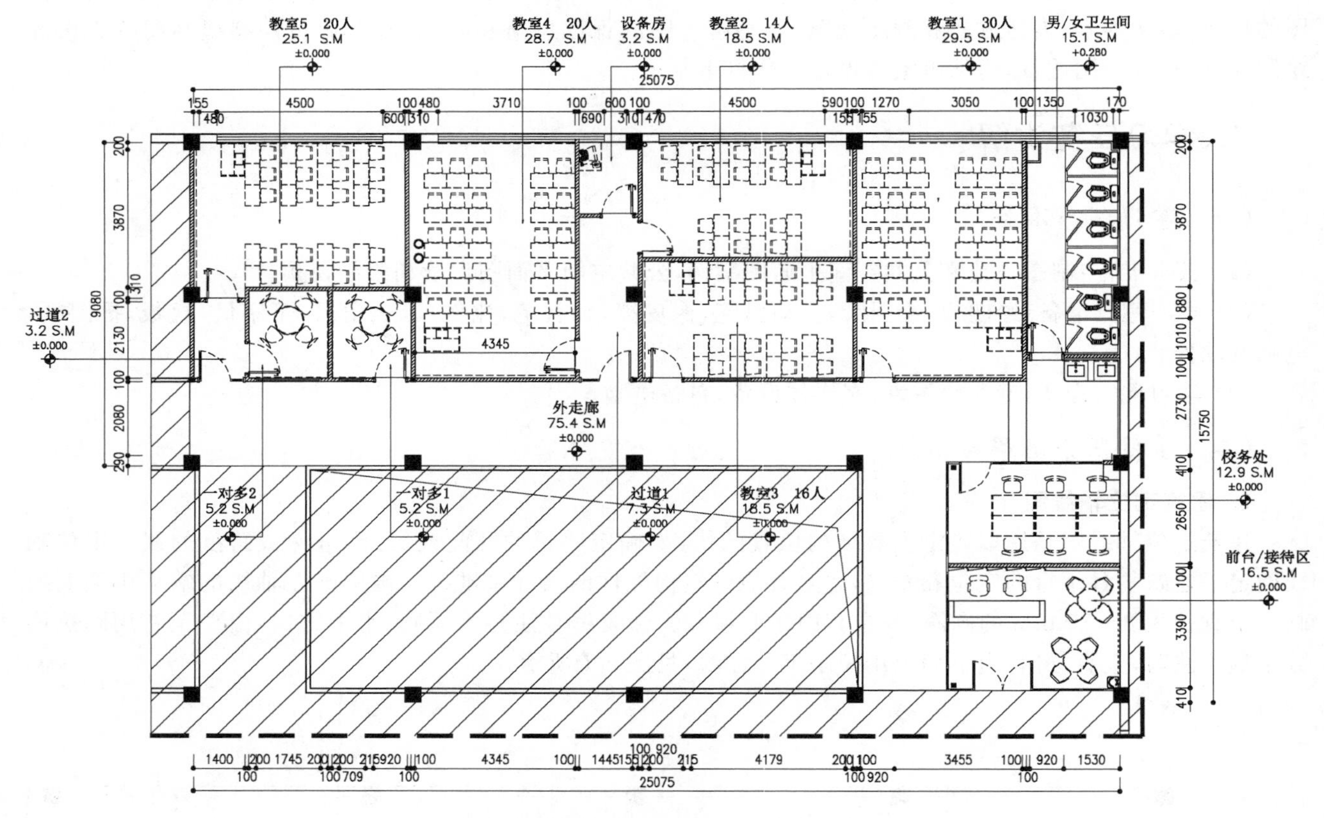

图 6-2　钢筋混凝土柱子、普通间隔墙体的表示方法

（3）平面图的图纸比例设置为 1：50、1：75、1：100、1：200，具体的设置需要根据平面图放置在图框中的大小而进行调整。

（4）如果墙、柱断面内留空面积不大，不便画材料图例，则要留出空白。对钢筋混凝土的墙（承重墙）、柱断面则用涂黑表示。见图 6-2 所示。

（5）当墙面、柱面用涂料或者壁纸等材料装修时，墙、柱的表面不需要增加材料的完成面线段。一般石材安装在墙体上完成，厚度为 50 mm。砖材安装在墙体上完成，厚度为 40 mm。木材安装在墙体上完成，厚度就需要按照设计师的要求去设定，用 20～100 mm 的厚度表示，并在墙、柱的外面用细实线画出装修层的外轮廓。见图 6-3 所示。

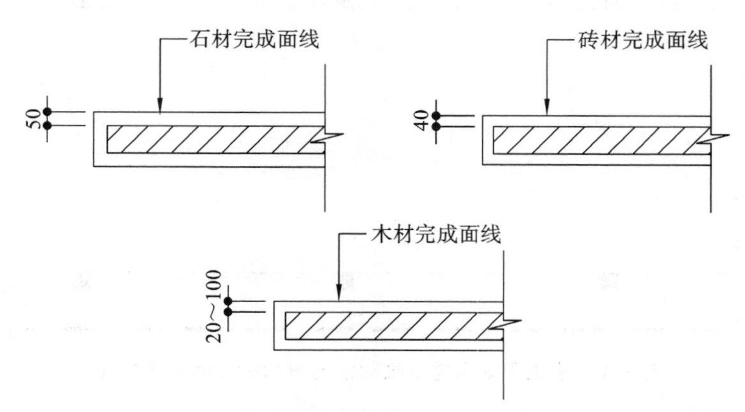

图 6-3　装饰材料绘制在墙面中的表示方法

3. 门的绘制方式

(1) 门尺寸按实际标准制定。一扇标准木制门的断面为 50 mm×900 mm 的平面矩形,一扇标准玻璃门的断面为 50 mm×900 mm 的平面矩形。

(2) 为了表达门在开启时所占用的空间,平面图上要画出门的门套。一般用 M 代表门,C 代表窗。见图 6-4 和图 6-5 所示。

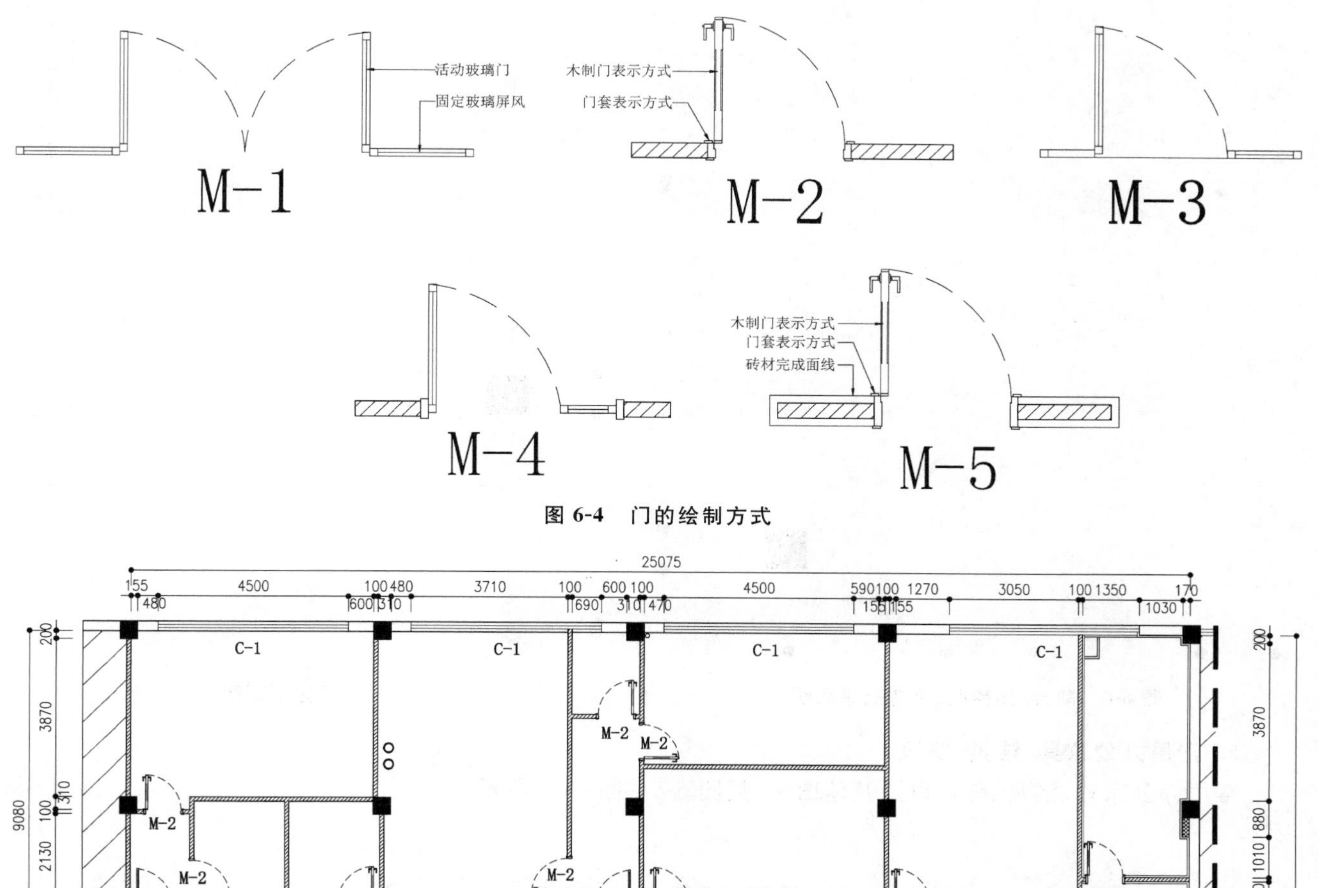

图 6-4 门的绘制方式

图 6-5 门窗的代号绘制

4. 家具及陈设绘制

(1) 家具包括固定家具和可移动家具,陈设指台灯、立灯、盆景等。在较小比例的图样中,需要按符合人体工程学家具与陈设尺寸绘制图例。

(2) 家具与陈设没有统一图例的,可画出家具与陈设的外轮廓,但应尽量简化,见图 6-6 所示。在较大比例图样中，可按家具与陈设的外轮廓绘制其平面图，也可以适当加画一些装饰符号，见图 6-7 所示。

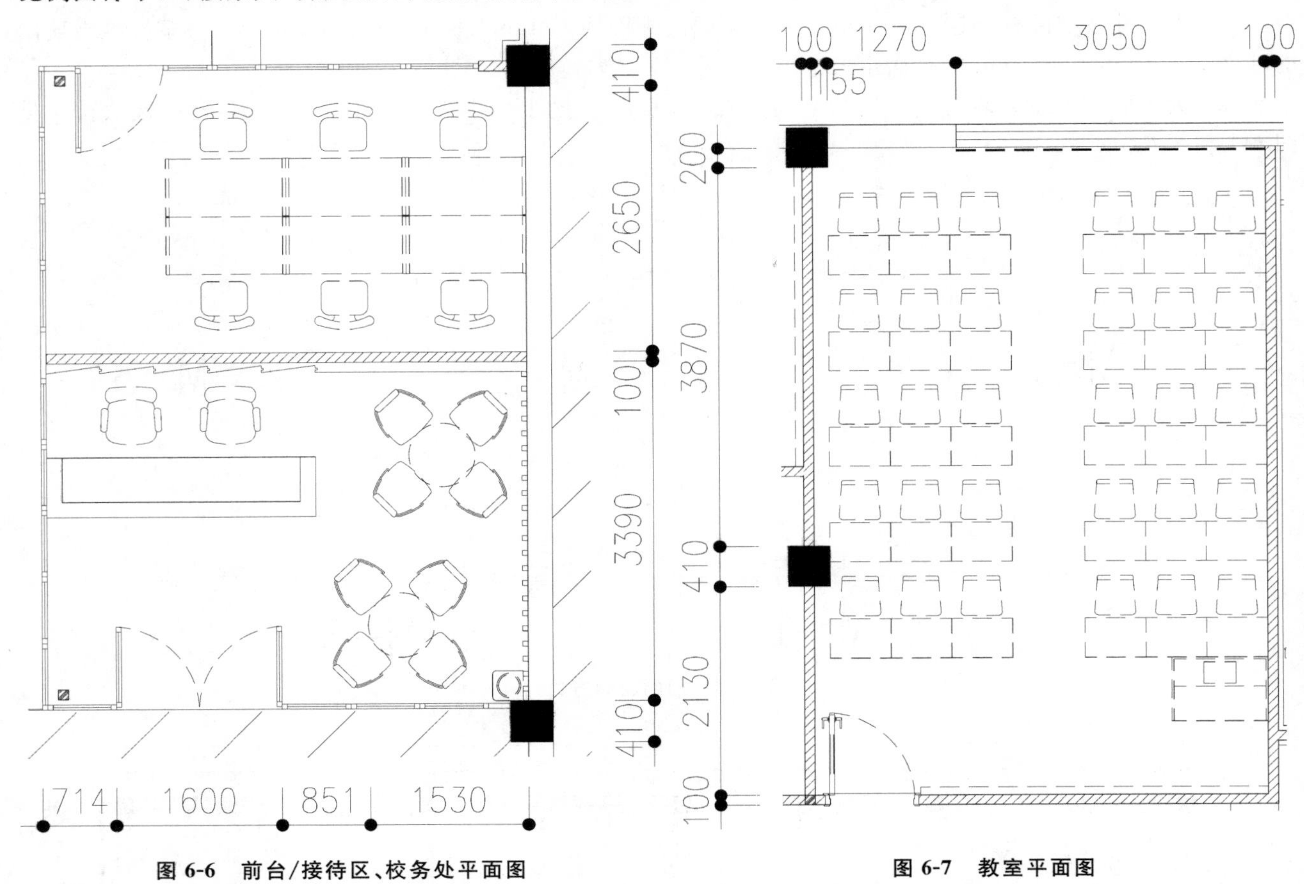

图 6-6　前台/接待区、校务处平面图

图 6-7　教室平面图

5. 常用办公家具、洁具、陈设

常用办公家具、洁具、陈设以及其他图例，见图 6-8～图 6-11 所示。

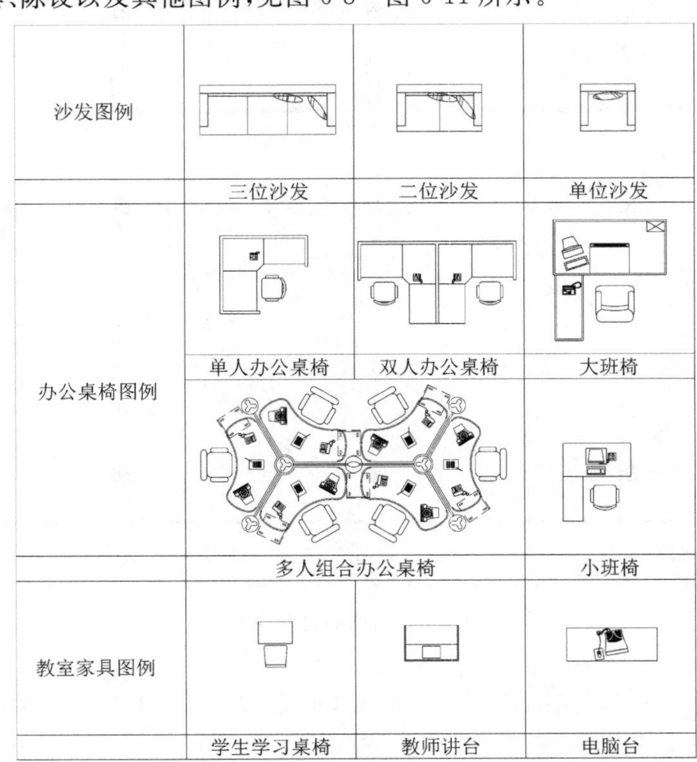

图 6-8　常用办公家具图例 1

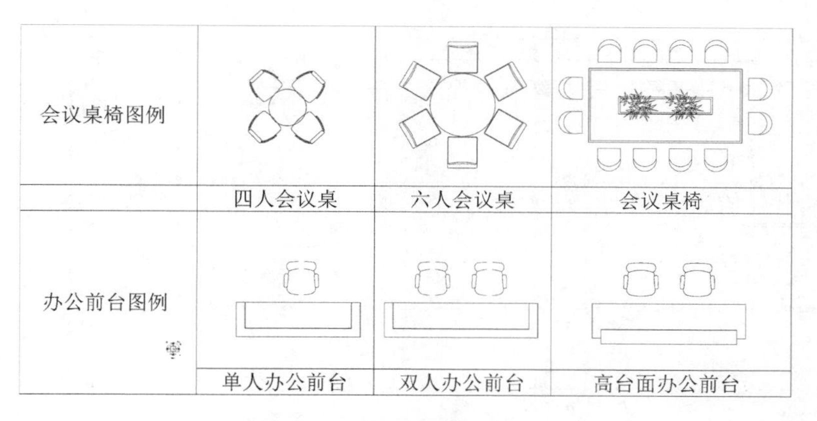

图 6-9　常用办公家具图例 2

洁具图例			
	马桶	蹲厕	地拖池
洗手盘图例			
	台上盆	柱盆	台下盆

图 6-10　常用洁具图例

龟背竹	鱼骨葵	短穗鱼尾葵	阴影	福建茶	大丝葵	细叶紫薇	三药槟榔	蒲葵	单干鱼尾葵	金山葵
洒金榕	红千层	金脉爵床	希美莉	红杏	双夹槐	加拿利海枣	银海枣	大叶棕竹	董棕	大红花
荷花	花叶女贞	红花继木	狗牙花	木樨榄	四季桂花	美蕊花	黄金榕	红果仔	山瑞香	九里香
龙柏球	黄金叶	山指甲	造型花叶榕	七彩大红花	朱樱花	冻子椰子	龙船花	含笑	江南杜鹃	毛杜鹃

图 6-11　常用陈设图例

6. 尺寸标注、符号标注、文字标注

（1）公共空间平面布置图的尺寸一般标注在图形的上方与左侧，公共空间平面布置图通常按二级标注，即总尺寸和细部尺寸，每个区域应独立标注该空间实际面积，以 m^2 为单位。

（2）一般情况下外部尺寸分二级，最外面一级是平面的外包总尺寸；里面一级是墙、柱与门窗洞口的定位尺寸。内部尺寸指的是室内尚不能用外部尺寸来表达和控制的情况下，用内加尺寸作为图纸的补充，所有尺寸线都用细实线表示，以 mm 为单位，见图 6-12 所示。

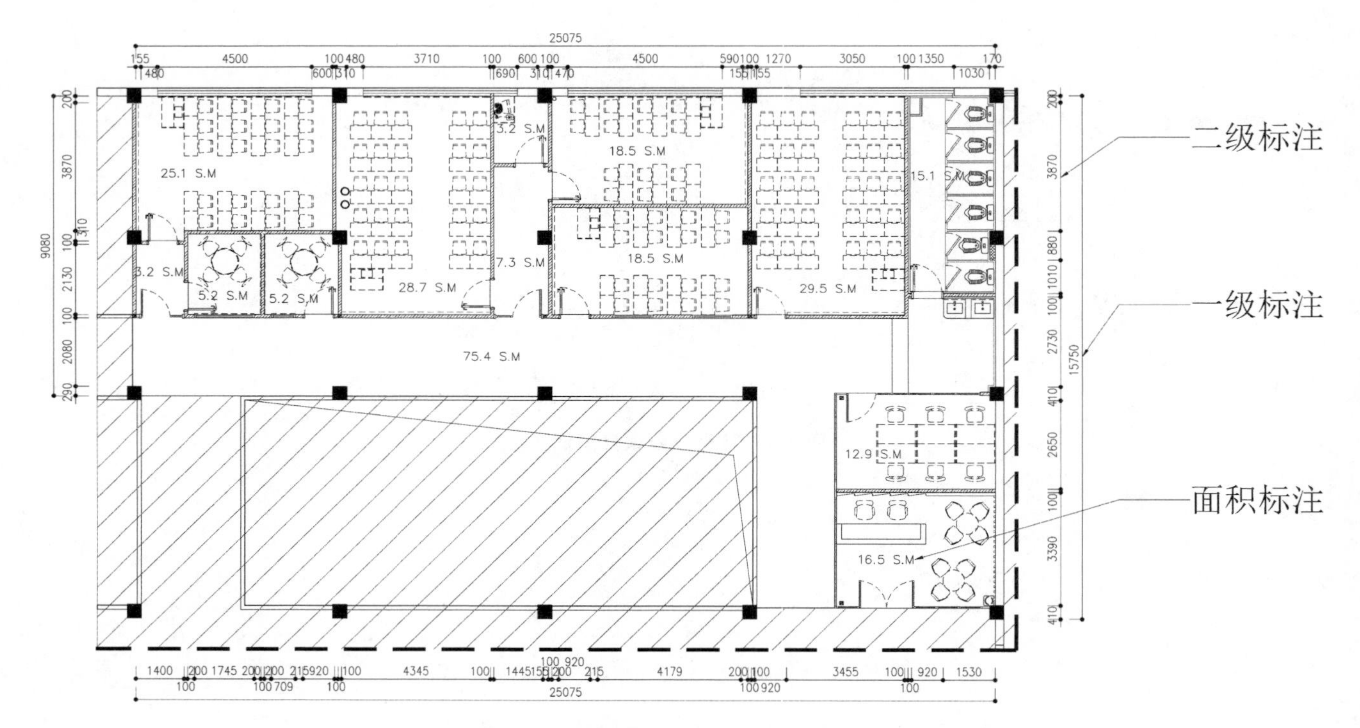

图 6-12　平面图上的尺寸标注表示方法

（3）公共空间平面布置图上的符号标注包括立面索引符号、详图索引符号、标高符号、指北针等。

（4）立面索引符号是表示室内立面图在公共空间平面布置图上的位置及立面图所在页码。根据图面比例，圆圈直径可选择 8～12 mm。

（5）编号可采用阿拉伯数字或字母，自图纸上部方向起按顺时针方向排序。立面索引符号应附上三角形箭头代表投视方向，三角形方向随投视方向而变，见图 6-13 和图 6-14 所示。

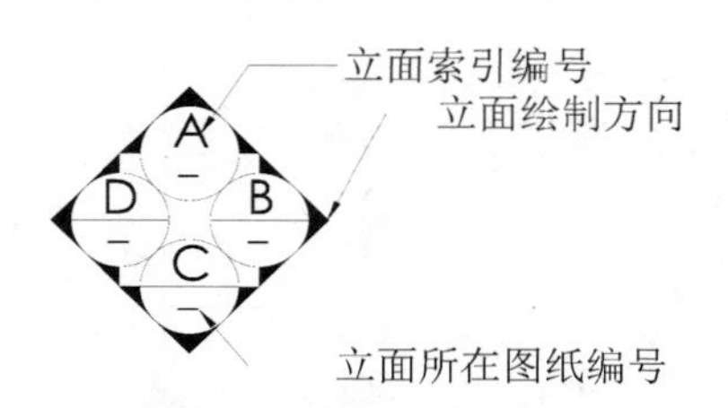

图 6-13　立面索引符号的表示方法

（6）详图索引符号是表示平面图中表达不清楚的地方，要绘制更大比例的图样表示。在平面图中需要放大的部位应绘出详图索引符号，见图 6-15 和图 6-16 所示。

（7）标高符号主要表示不同楼地面标高、区域空间及天花等标高。首先要确定底层平面上的地面为零点标高，即用±0.000来表示。低于零点在标高数字前加"－"号，高于零点可直接标注标高数字，这些标高数字都要标注到小数点后三位，标高数字以 m 为单位，见图 6-17 和图 6-18 所示。

（8）文字标注是对室内设计中的材料、施工工艺进行解说。主要内容包括装修构造的名称、地面材料、编写设计说明等，见图 6-19 所示。

7. 公共空间平面布置图的绘制步骤

绘制步骤如下。

步骤一：确定绘图比例，按开间、进深尺寸绘制纵、横双向定位轴线。见图 6-20 所示。

步骤二：在轴线两侧绘制被剖到的墙身和柱断面轮廓线，画出门窗洞口位置线以及阳台等平面附属结构。见图 6-21 所示。

步骤三：绘制家具以及陈设品的平面造型。见图 6-22 所示。

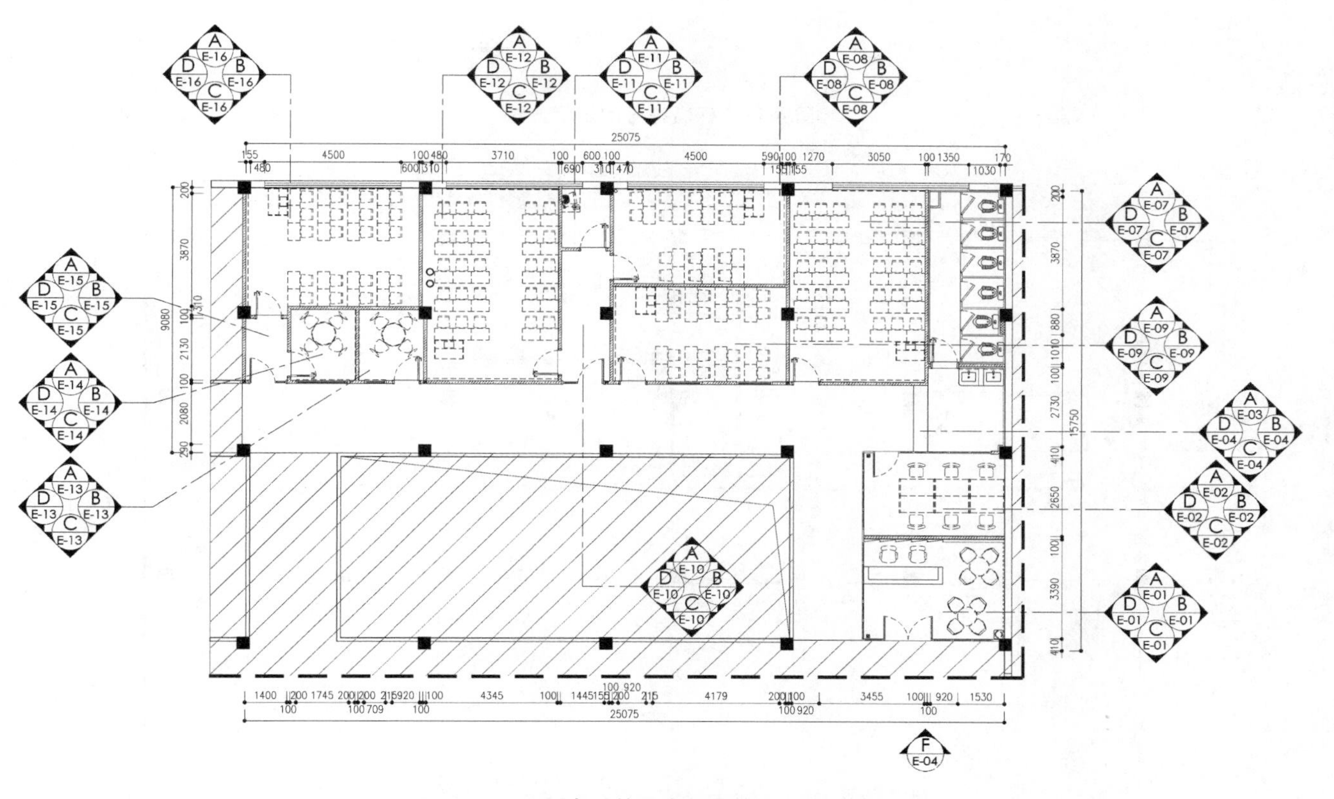

图 6-14　立面索引符号在平面图上的表示方法

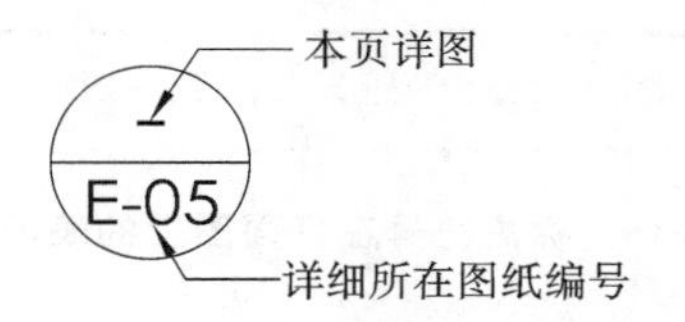

图 6-15　详图索引符号的表示方法

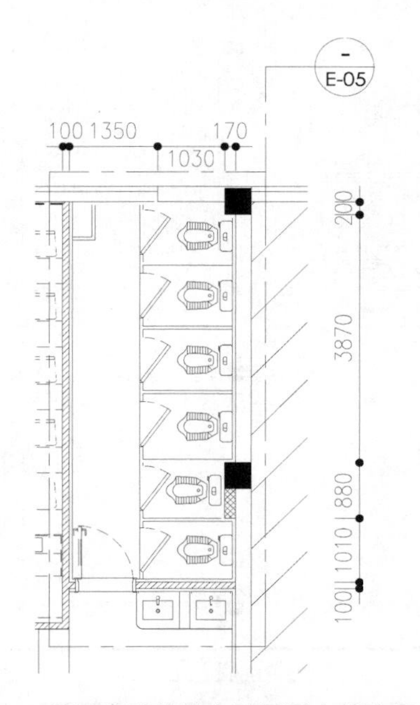

图 6-16　详图索引符号在平面图上的表示方法

图 6-17　标高符号的表示方法

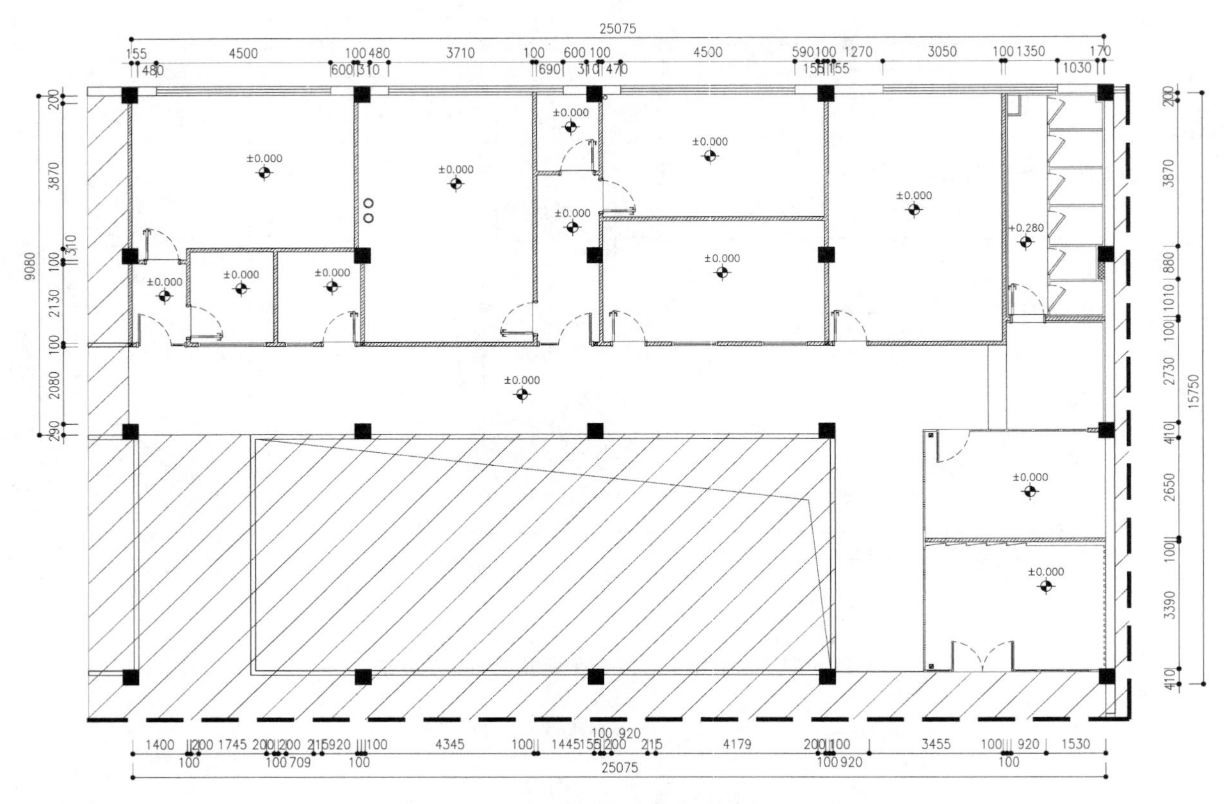

图 6-18　标高符号在平面图上的表示方法

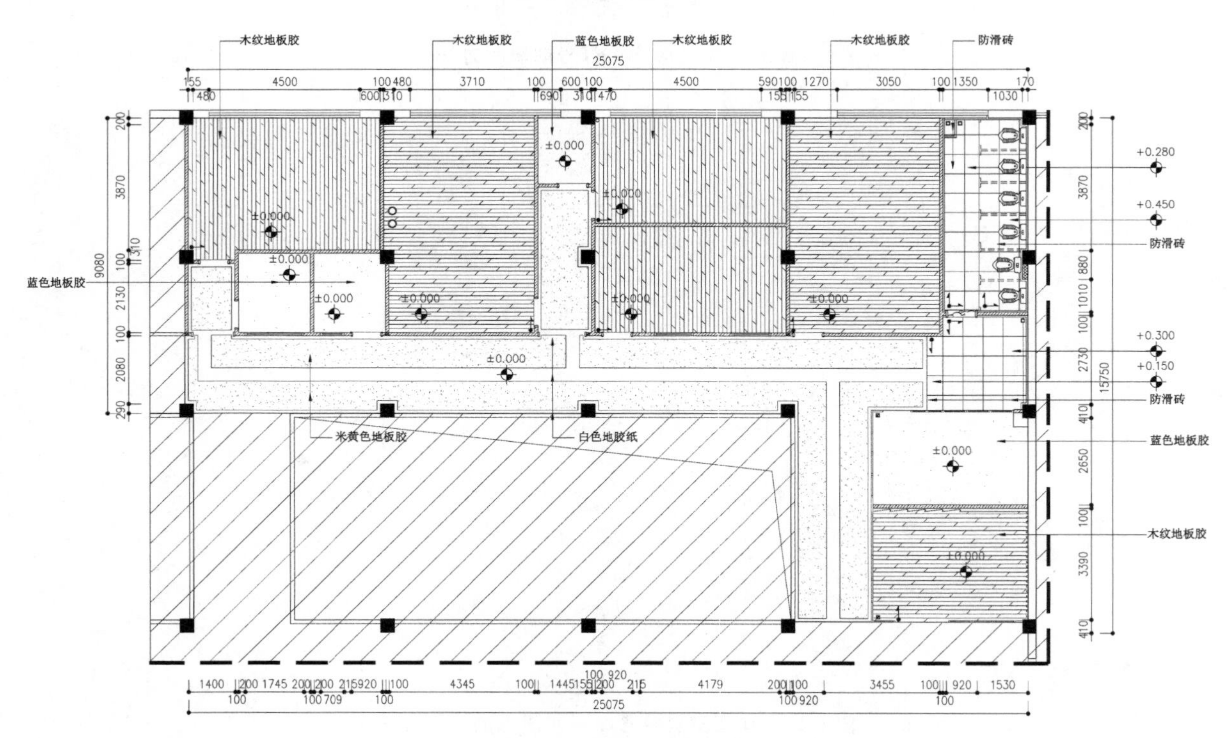

图 6-19　平面图文字标注

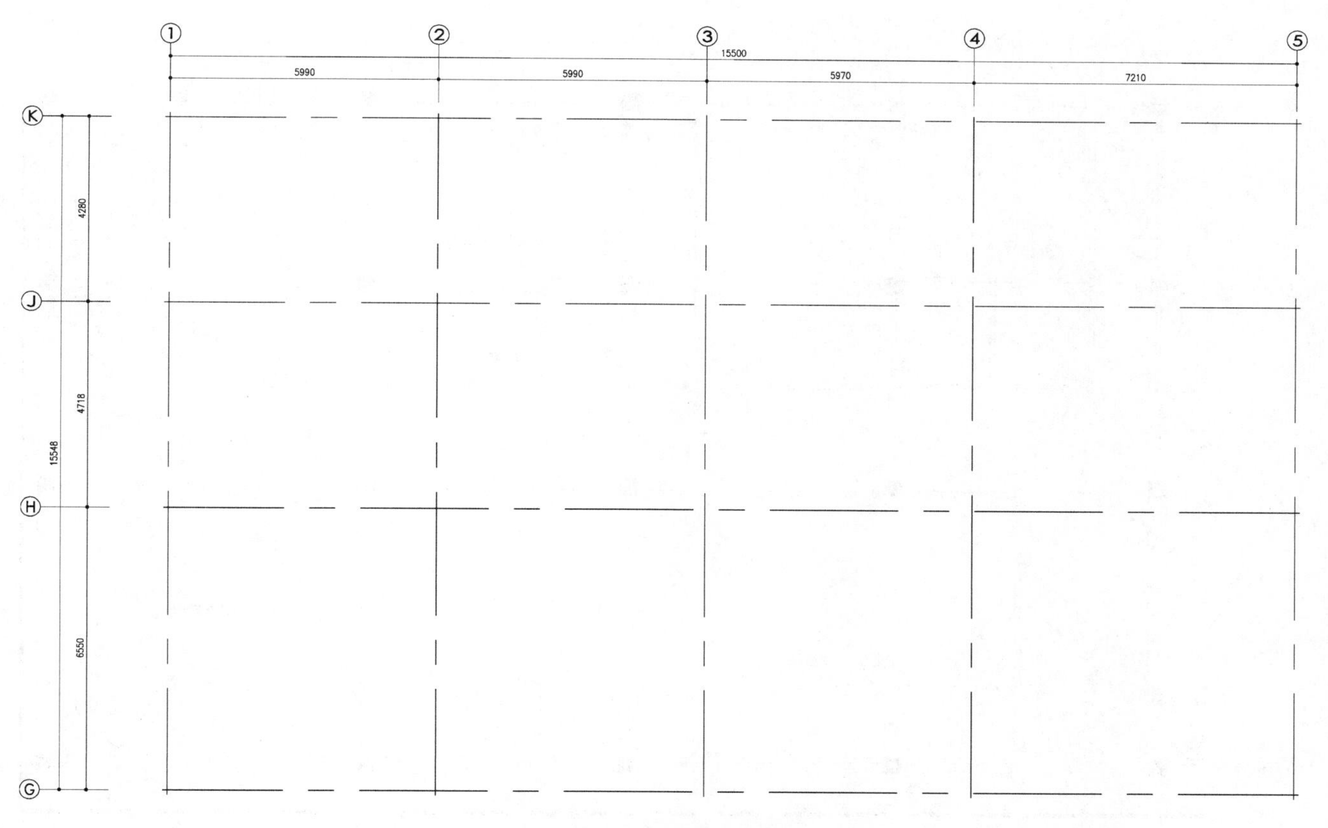

图 6-20　确定比例,绘制轴线

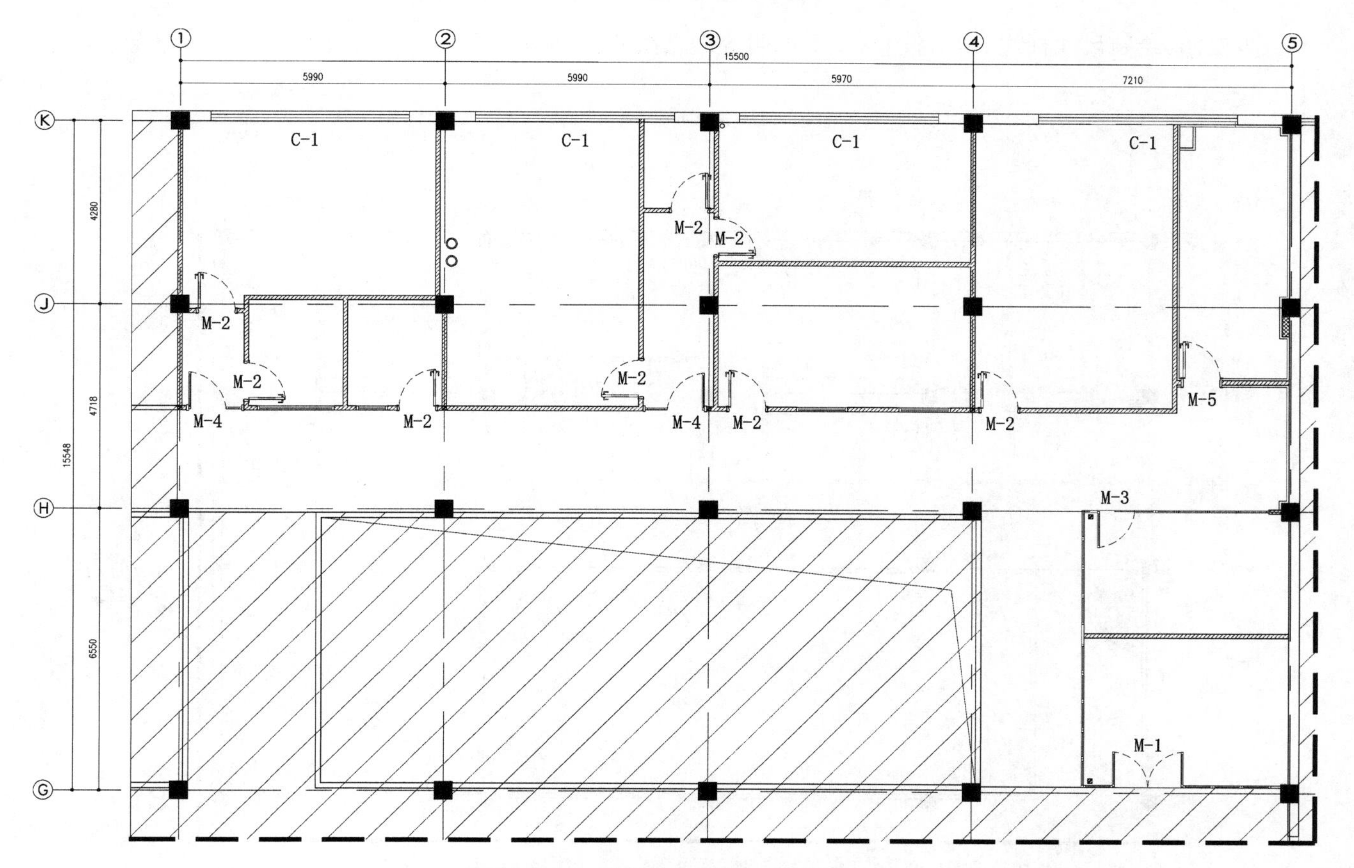

图 6-21　绘制墙体、柱子以及门窗

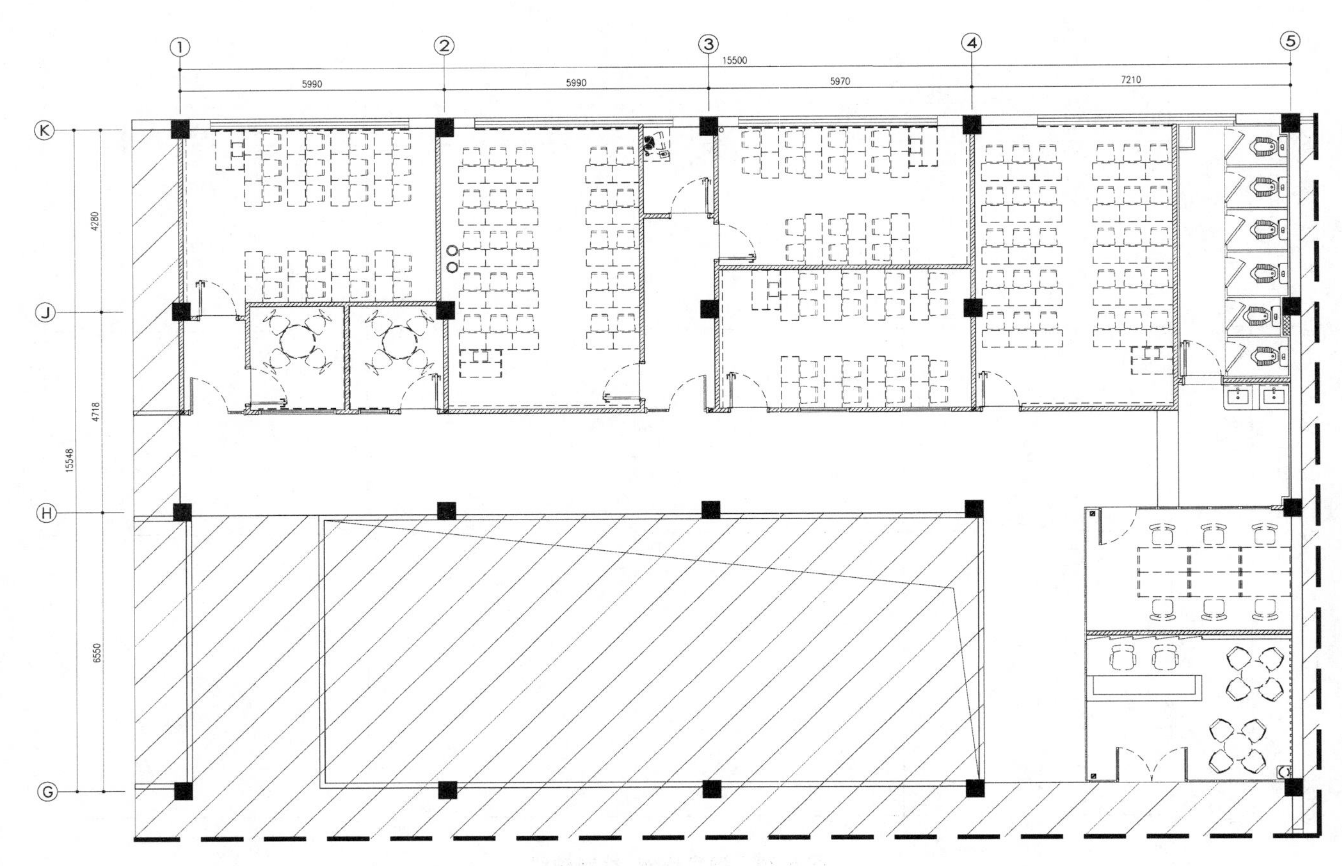

图 6-22　绘制家具和陈设

步骤四:绘制尺寸标注、索引符号、文字说明等。见图 6-23 所示。

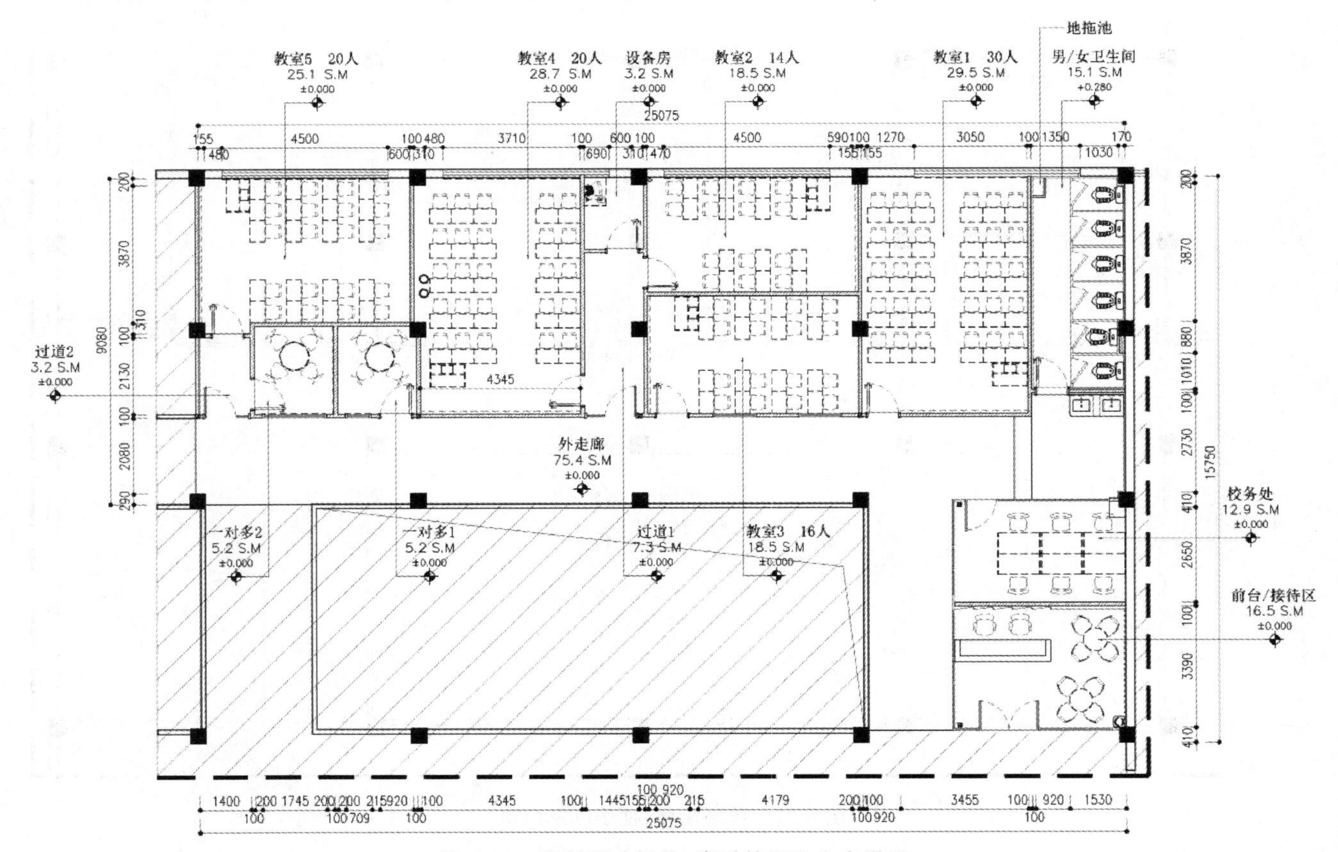

图 6-23　绘制尺寸标注、索引符号和文字说明

步骤五：图线加粗，绘制图框，完成绘图。见图 6-24 所示。

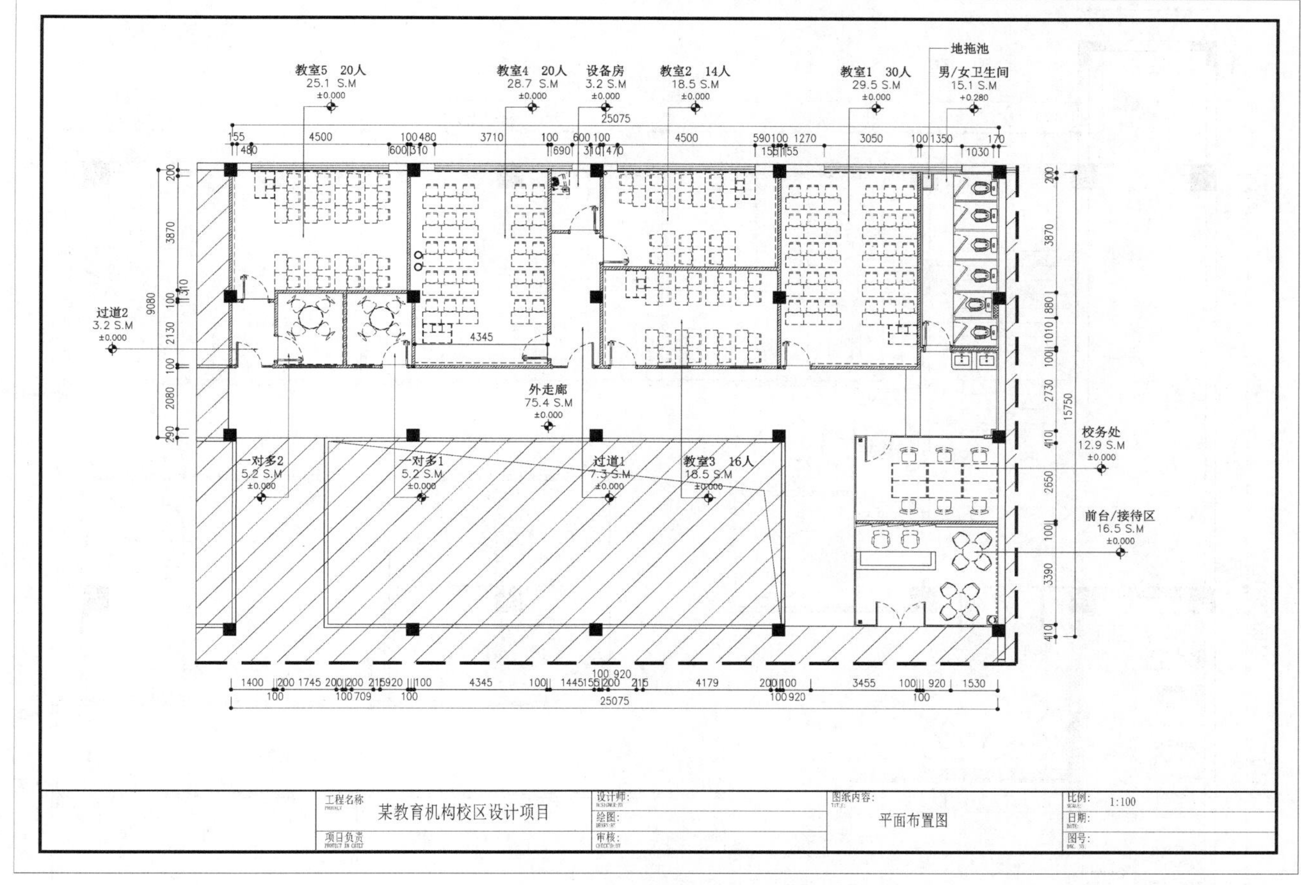

图 6-24 图线加粗，绘制图框

三、学习任务小结

本次任务主要学习公共空间平面布置图的识读与制图。同学们已经基本了解了平面图的形成和内容。本次任务还特别注重对公共空间平面布置图的绘制步骤的训练，课堂上预留出空余时间对学生进行指导。同学们要提高绘图速度并养成良好的绘图习惯。希望同学们课后认真完成作业，收集一些优秀的居室平面布置图，加强识图与绘制实训，提升绘图技能。

四、课后作业

完成图 6-25 所示公共空间平面图的识读和绘制。

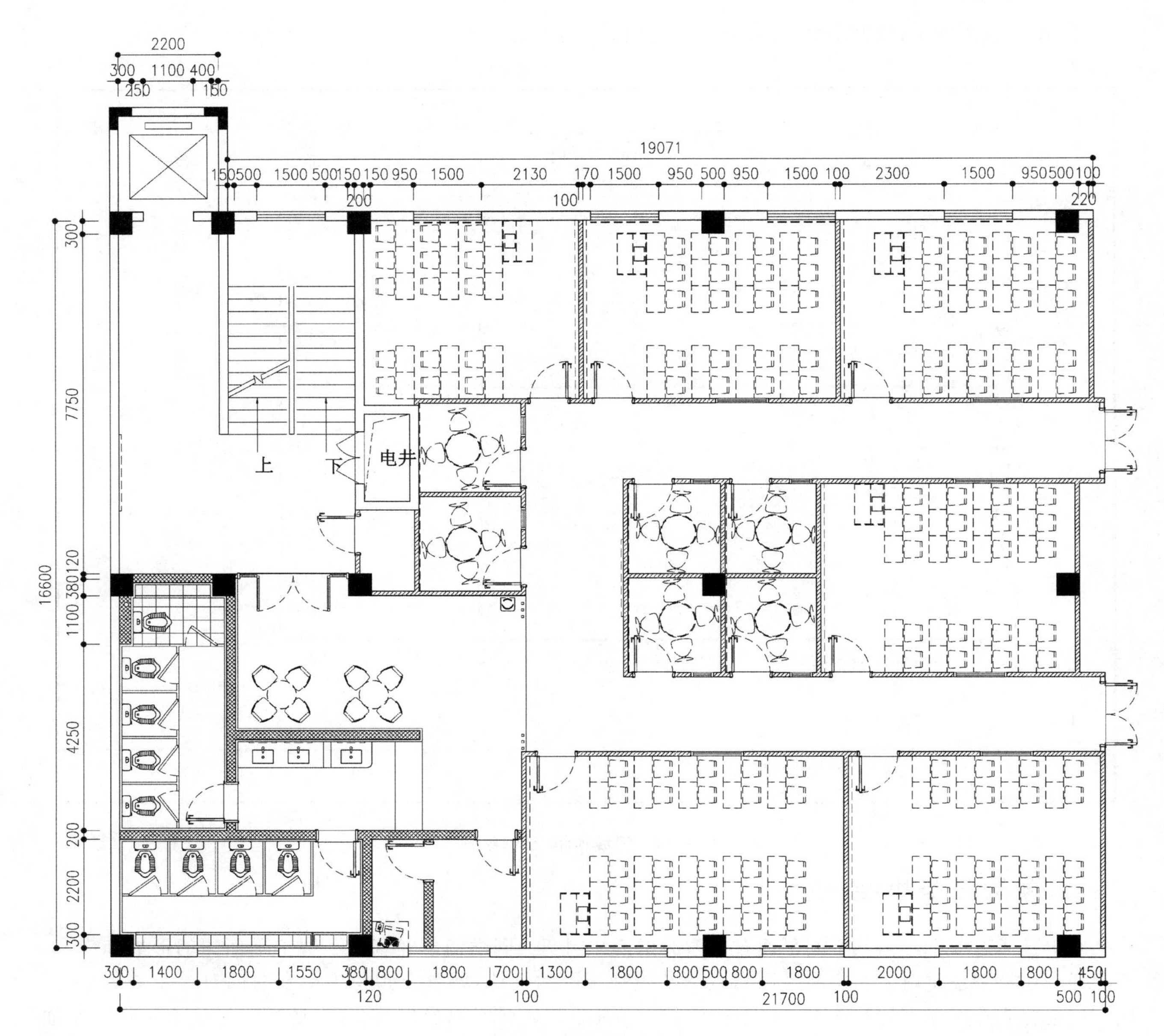

图 6-25　某公共空间平面图

学习任务二　公共空间立面图的识读与绘制实训

教学目标

(1) 专业能力:掌握公共空间立面图的识读方法和绘制步骤,进行立面图识读和绘制实训。

(2) 社会能力:锻炼综合识图能力,锻炼发现问题、反映问题和解决问题能力。

(3) 方法能力:资料分析和整理能力,实践操作能力。

学习目标

(1) 知识目标:学习公共空间立面图的图示内容、识读方法和绘制技巧。

(2) 技能目标:通过公共空间立面图案例实训,掌握其识读和绘制技能。

(3) 素质目标:认真负责,严谨细致,团结互助精神以及良好的沟通表达能力。

教学建议

1. 教师活动

(1) 收集公共空间立面图,运用多媒体课件和视频教学手段,进行知识点讲授和技能指导。

(2) 导入某公共空间设计案例,组织分组思考和讨论,组织识读和绘制实训。

(3) 关注学生思想,重视学生职业素质,把思政教育以及职业能力锻炼融入课堂内外。

2. 学生活动

(1) 提前预习,认真听讲,仔细观察,积极思考,参与讨论,完成识读和绘制的实训。

(2) 以学习为主导,互帮互助,互查互评,共同进步,锻炼组织和沟通表达能力。

(3) 培养人文素养,锻炼职业能力,熟悉制图规范,并应用到施工立面图识读和绘制过程中。

一、学习任务导入

同学们已经初步掌握了公共空间平面图的基本知识，但在室内设计施工图学习中，平面图只是其中的一部分知识内容，我们还需要重点表达室内空间中每一个垂直界面的材料、造型结构、施工工艺及高度尺寸等。本次任务主要学习公共空间立面图的形成、表达内容、表达方法和制图规范，识读公共空间立面的材料、造型、结构、施工工艺、高度尺寸以及门窗、家具陈设等内容，掌握其绘制技巧，通过训练提高图纸识读和绘制速度，提升绘图质量。

二、学习任务讲解

1. 公共空间立面图的形成和作用

公共空间立面图是指平面图纸中每个绘制区域墙面的正投影图，也称为装修立面图或内视立面图。它是通过室内竖向剖切平面而得到的正立投影图，见图 6-26 所示。公共空间立面图主要反映室内墙面造型、材质、施工工艺及与室内装饰有关的陈设物品布置等内容，是指导室内装饰立面施工及编制预算的主要依据。

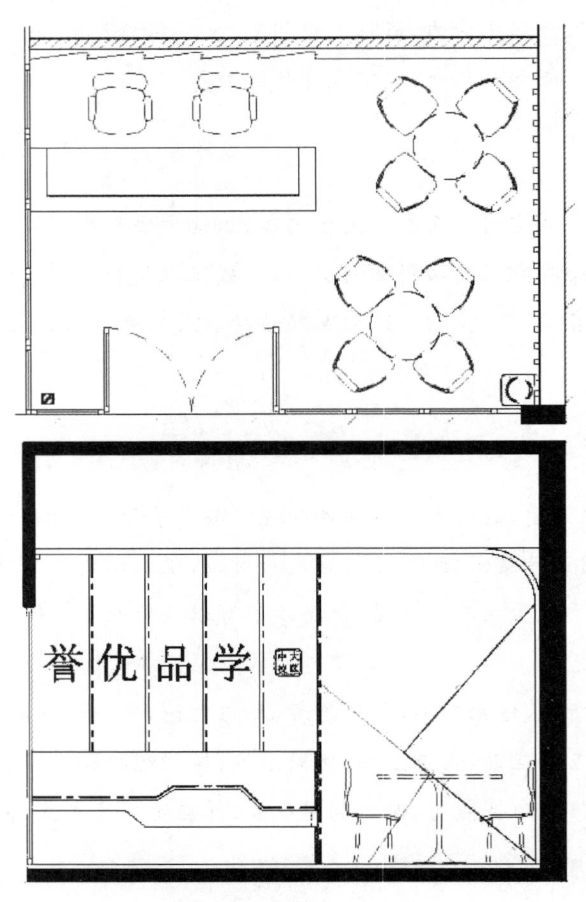

图 6-26 公共空间立面图

2. 公共空间立面图的表达内容

(1) 表示出设计师对墙面垂直面的装修立面造型。

(2) 表示出家具、灯具和各陈设品的立面造型与摆放位置。

(3) 注明长度和高度上立面图施工尺寸及标高。

(4) 注明立面图节点剖切索引号、大样索引号。

(5) 注明立面图上所使用的装修材料及其说明。

(6) 注明立面图的图号名称及平立面索引编号。

(7) 注明比例，公共空间常用比例为 1∶30、1∶50 等。

3. 公共空间立面图的识读实训

(1) 结合平面索引图识读以下立面图。平面索引图的识读见图 6-27 所示。

平面索引图可以表达室内空间、位置、方向、范围、编号等，识读立面图应结合平面索引图综合识读。

图 6-27 中，例如编号 01、02、03、04、07、08、09、10、11、12、13、14、15、16 的室内空间，各室内空间分别有代表四个朝向编号为 A、B、C、D 的立面图，例如 E-02 的 A 立面图、E-02 的 B 立面图、E-02 的 C 立面图、E-02 的 D 立面图等。

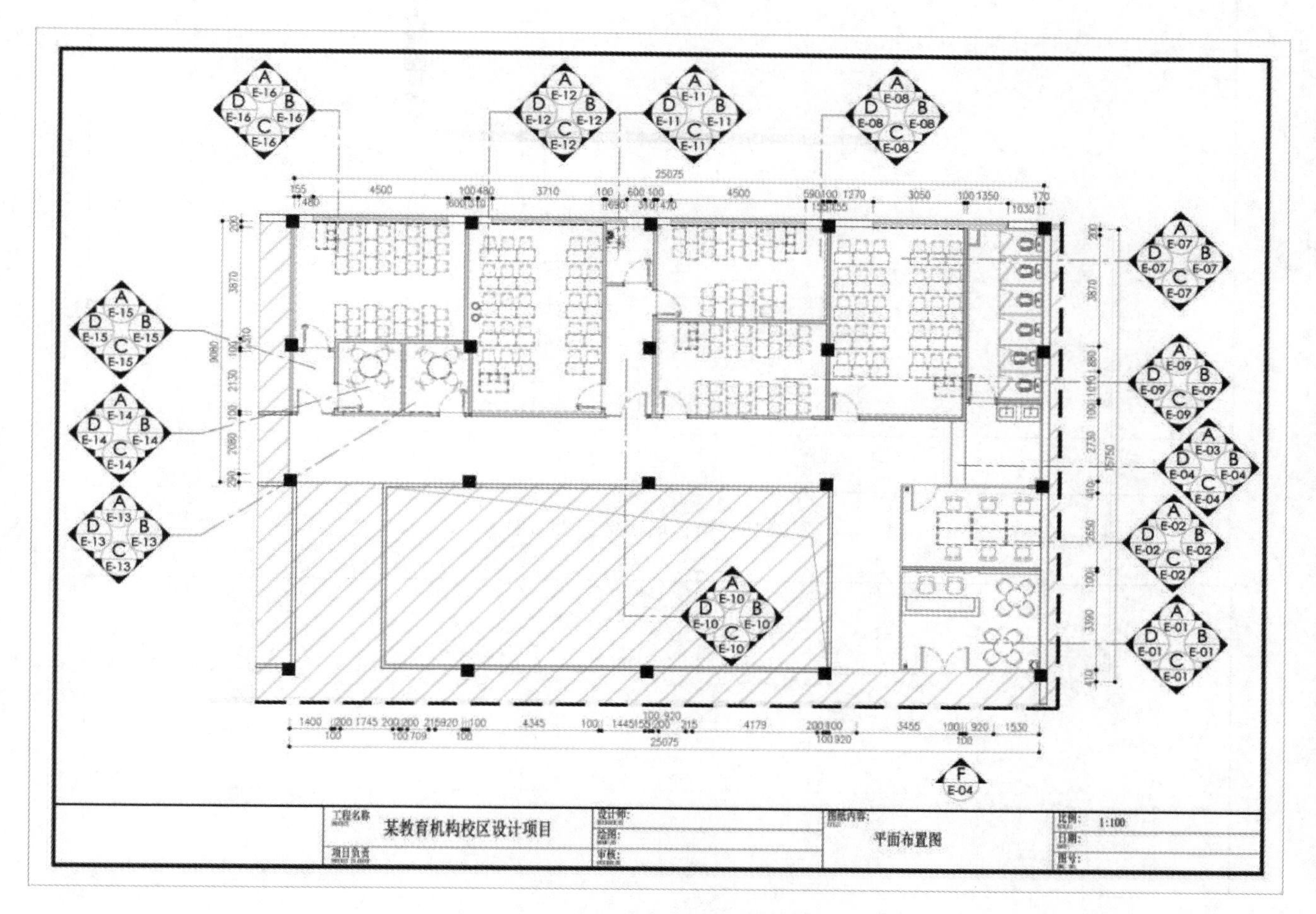

图 6-27　平面索引图

(2) 前台墙面造型立面图识读实训。见图 6-28 所示。

①了解图名及比例，该图为前台墙面造型立面图，比例为 1∶50。

②了解立面图与平面图的对应关系，从平面图中的索引符号观察到 A/E-01 是第一张立面图，图名为 E-01 的前台墙面造型立面图。

③了解公共空间的尺寸，图中空间的室内立面总高度为 2900 mm。

④了解公共空间平面索引符号，该立面图中有两处索引符号：D-01 图名为 1 的立面剖切大样索引符号；立面图正下方的图名为 P-02 对应的平面索引图的索引符号。

⑤了解公共空间墙面的装修材料及说明，该立面材料为前台墙面的木饰面和香槟金不锈钢，木饰面上安装透光亚克力字体作为企业的标志，右边墙面是白色烤漆板搭配浅蓝色烤漆板。

(3) 公共空间通道立面图识读实训。见图 6-29 所示。

①了解图名及比例，该图为公共空间通道立面图，比例为 1∶50。可根据绘制的空间宽度与图框的大小改变立面图的比例。

②了解立面图与平面图的对应关系，从平面图中的索引符号观察到 A/E-03 是第二张立面图，图名为

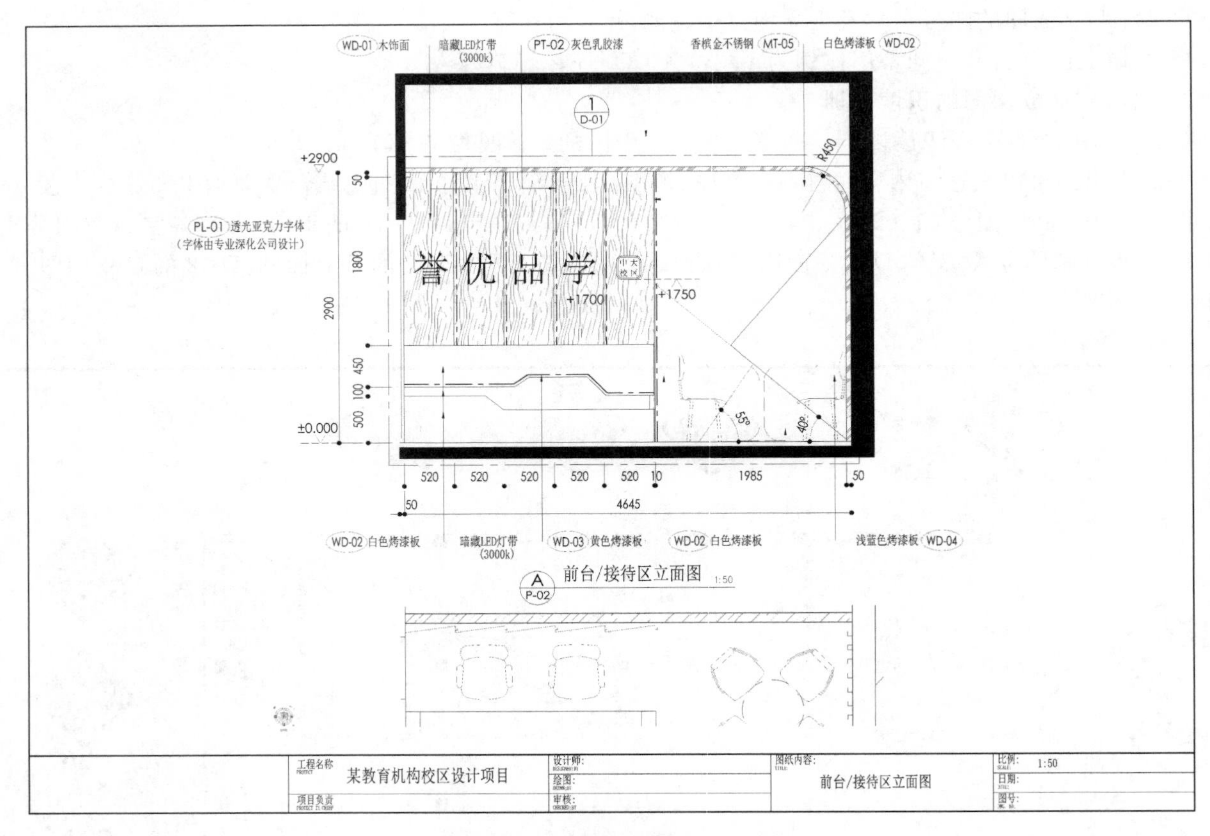

图 6-28 前台墙面造型立面图

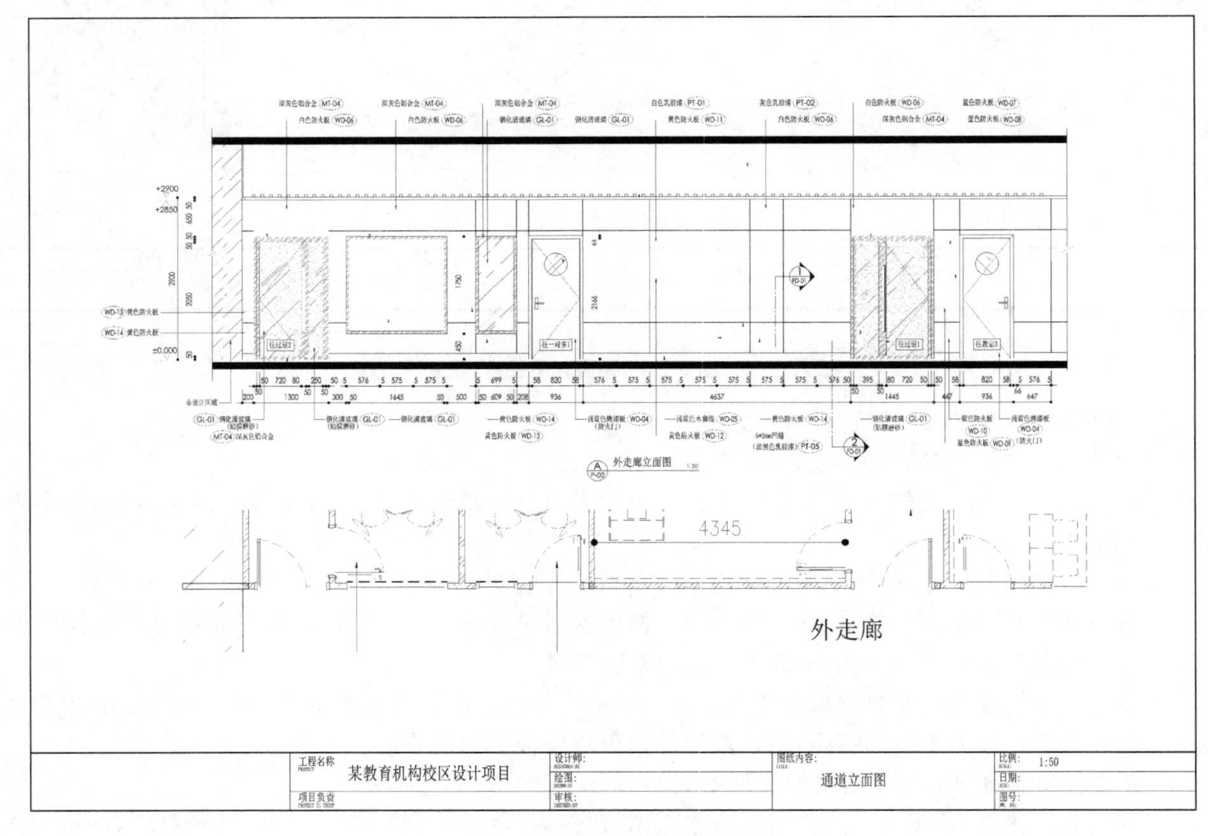

图 6-29 公共空间通道立面图

E-03的公共空间通道立面图。

③了解公共空间的尺寸，图中空间的室内立面总高度为 2900 mm，总宽度为 2370 mm。

④了解空间的索引符号，该立面图中有一处索引符号：F/D-01，图名为 1，2 为立面剖切大样索引符号。

⑤了解公共空间通道墙面的装修材料及说明，该通道立面墙面部分从上往下依次为白色防火板、黄色防火板、蓝色防火板；通道门与窗部分使用的材料依次为深灰色铝合金、钢化清玻璃，对室外和室内进行分隔。

（4）课室 1 立面图识读实训，见图 6-30 所示。

① 了解图名及比例，该图为课室 1 立面图，比例为 1∶50。

②了解立面图与平面图的对应关系，从平面图中的索引符号观察到 C/E-09 与 D/E-09 是第三张立面图，图名为 E-09 的课室 1 立面图。

③了解课室的尺寸，图中课室立面设计天花总高度为 2800 mm，总宽度为 3255 mm，总长度为 5715 mm。

④了解材料及说明，课室墙面使用的材料为白色乳胶漆、灰色乳胶漆、浅蓝色乳胶漆；课室的门与窗部分使用的材料依次为深灰色铝合金、钢化清玻璃，对室外和室内进行分隔。

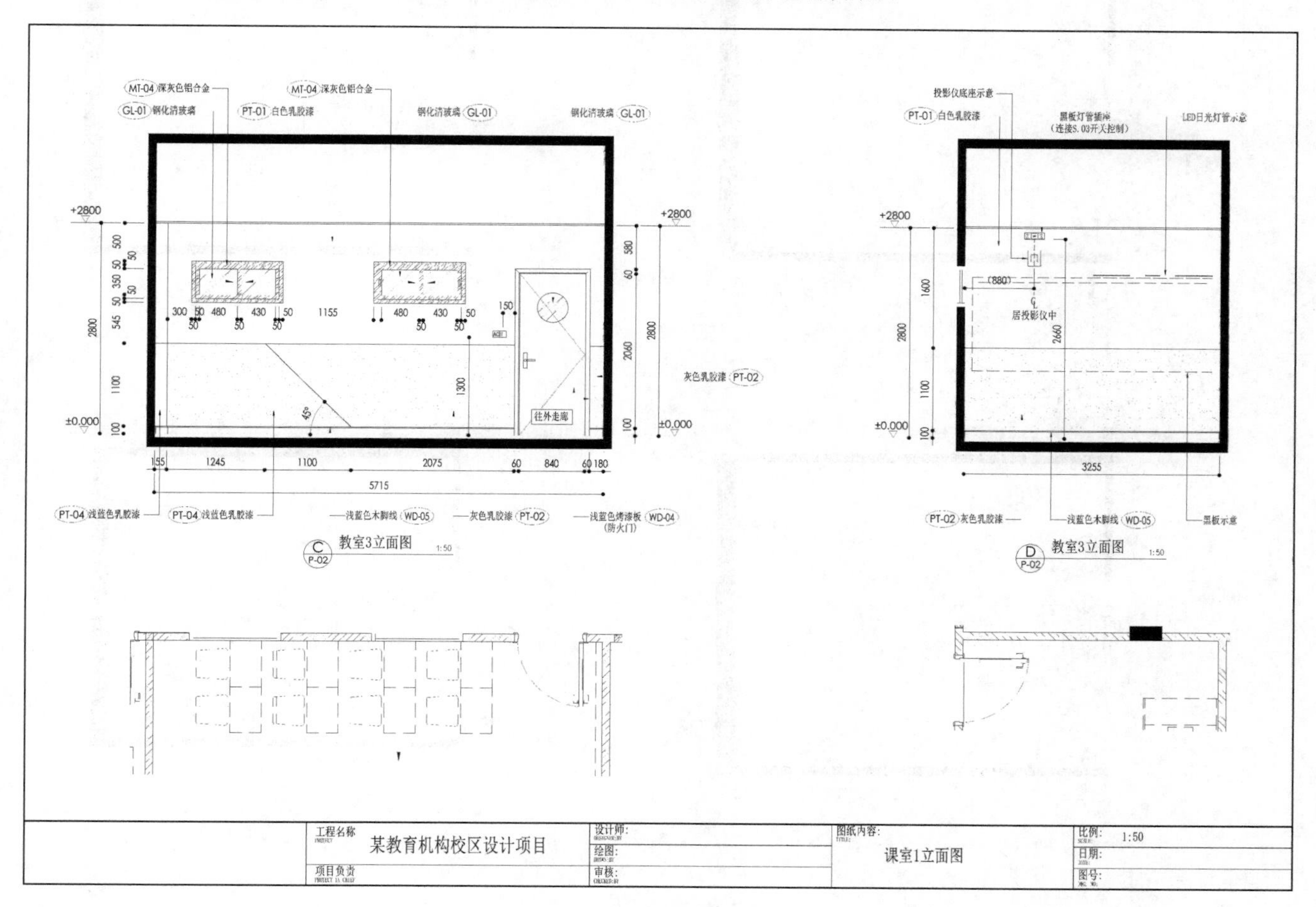

图 6-30 课室 1 立面图

4. 公共空间立面图的绘制实训

（1）根据平面索引图所指的立面方向，确定位置、方向及长度；用粗实线绘制墙面的长度和高度的外轮廓线。

（2）用中实线、细实线作主次的区别，分别画出各墙面上的正投影图像。从左到右绘制门、窗、墙造型等。

（3）用细实线绘制临近墙面的各种家具、设备、灯具及艺术品等。

（4）用细实线标注材料及尺寸，按从左到右，由上到下，由大到小的顺序标注。

(5) 用细实线标注需要说明的尺寸数据、详图索引符号、引出线上的文字说明等。

(6) 标注图名、比例等。见图 6-31 所示。

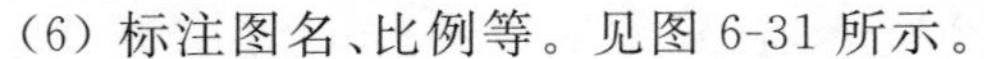

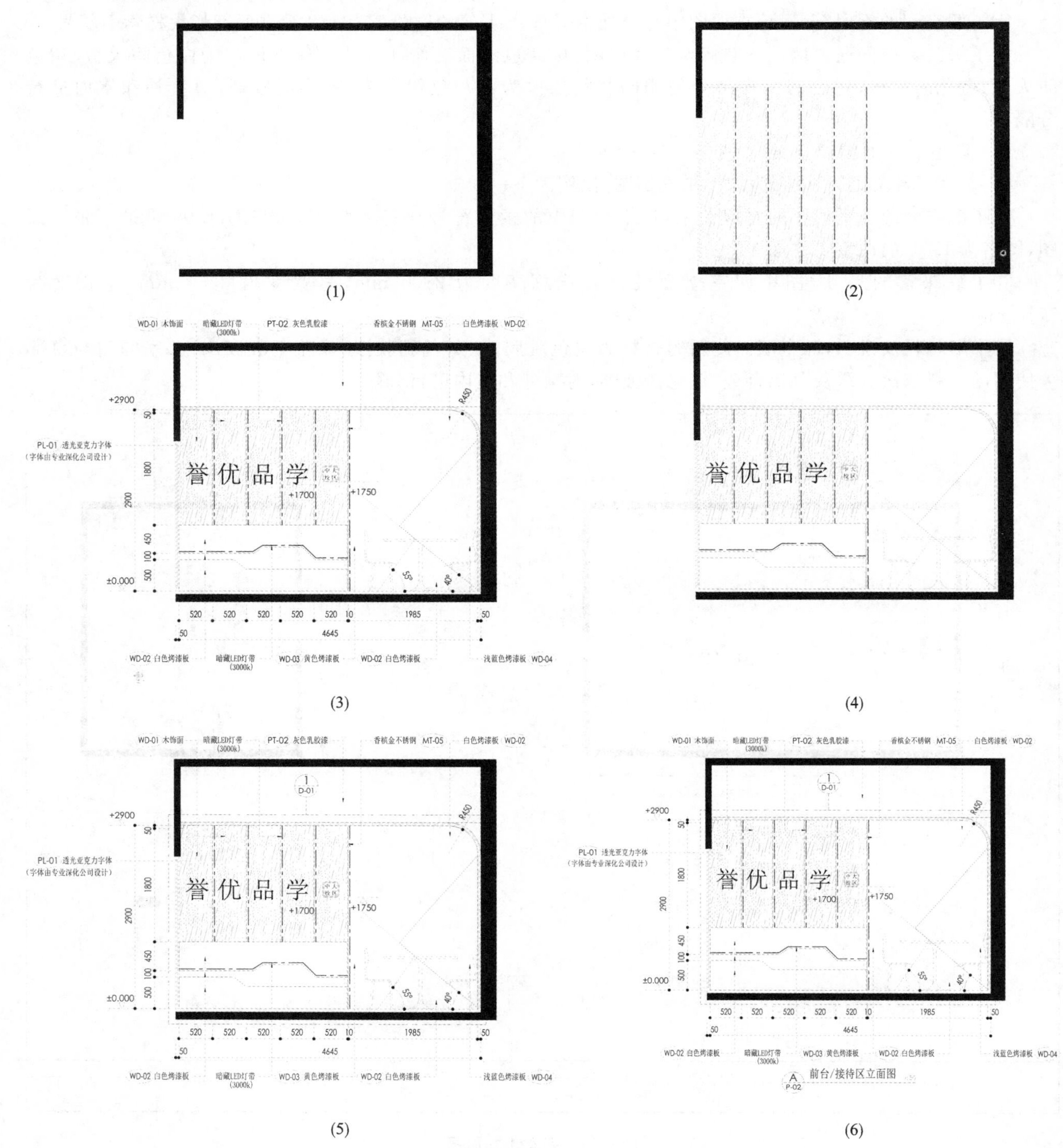

图 6-31 公共空间立面图绘制步骤

三、学习任务小结

本次任务主要学习了室内公共空间立面图的识读与绘制。通过案例分析和绘图训练，了解了公共空间立面图的形成、表达内容、表达方法和制图规范，识读公共空间立面的材料、造型、结构、施工工艺、高度尺寸以及门窗、家具、陈设等图纸信息。希望同学们课后认真完成作业，收集优秀的室内公共空间施工立面图，进一步加强识图与绘制实训，提升绘图技能。

四、课后作业

（1）完成图 6-32 教室立面图的识读。

（2）完成图 6-32 教室立面图的绘制。

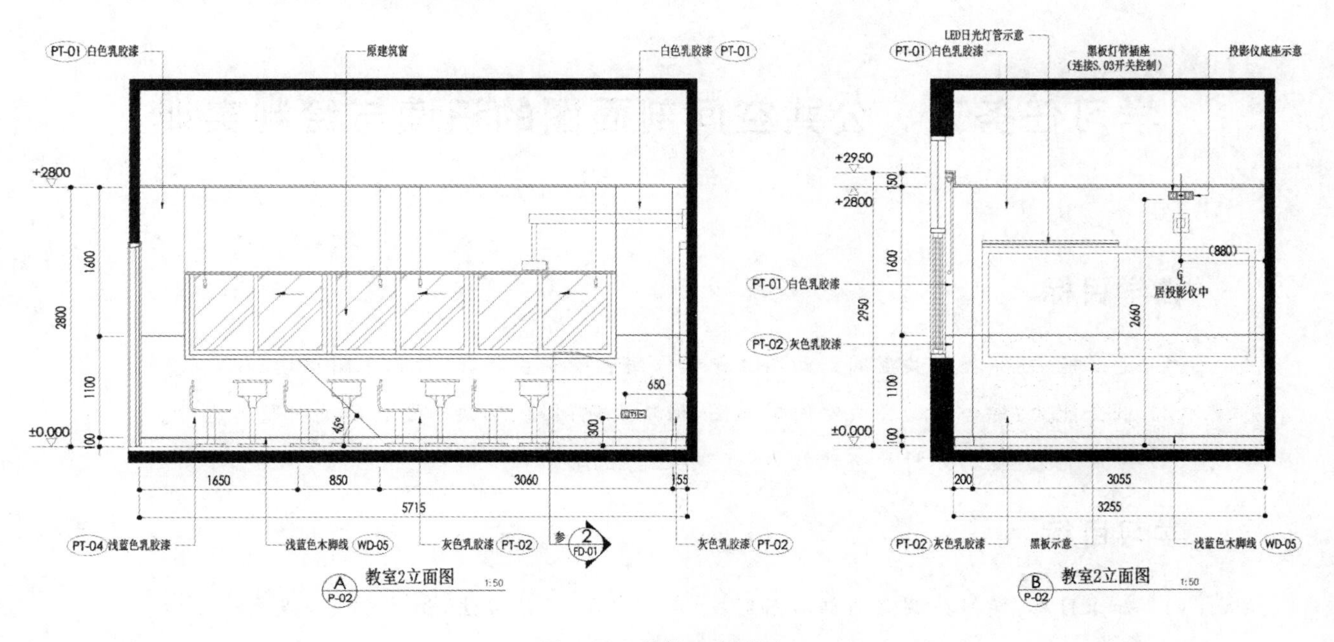

图 6-32　某教室立面图

学习任务三　公共空间剖面图的识读与绘制实训

教学目标

（1）专业能力：掌握公共空间剖面图的识读方法和绘制步骤，进行剖面图识读和绘制。

（2）社会能力：综合识读公共空间剖面图，锻炼发现问题、反映问题和解决问题的能力。

（3）方法能力：资料分析和整理能力，实践操作能力。

学习目标

（1）知识目标：学习公共空间剖面图形成、表达内容、表达方法，识读方法以及绘制步骤。

（2）技能目标：通过公共空间剖面图识读与绘制实训，掌握公共空间剖面图识读和绘制技能。

（3）素质目标：认真负责，严谨细致，团结互助精神以及良好的沟通表达能力。

教学建议

1. 教师活动

（1）收集公共空间剖面图，运用多媒体课件等教学手段，进行知识点讲授和技能指导。

（2）结合公共空间设计案例，针对公共空间剖面图进行分组思考与讨论，组织识读与绘制实训。

2. 学生活动

（1）提前预习，认真听讲，仔细观察，积极思考，参与讨论，完成识读和绘制的实训。

（2）以学习为主导，互帮互助，互查互评，共同进步，锻炼组织能力和沟通表达能力。

一、学习任务导入

前文已讲述公共空间平面图、立面图的相关知识。在室内设计施工图学习中，我们还需要学习剖面图的知识，例如室内天花垂直造型结构，墙面、地面的截面做法，室内定制柜剖面结构等，以补充和完善施工图的内容，深入理解室内装修设计与施工。

二、学习任务讲解

1．公共空间剖面图的概念与作用

公共空间剖面图主要表达室内装修内部剖切位置的截面造型、材料、比例尺度及施工工艺等，是室内装饰施工及编制预算的重要依据，主要分为整体剖面图和局部剖面图。

整体剖面图也称为剖立面图，是指平行于某空间立面方向，假设有一个竖直平面从顶至底将该空间剖切后所得到的正投影图。位于剖切线上的物体均表达出被切的断面图形式，位于剖切线后的物体以立面形式表示。室内设计的整体剖立面图即断面加立面。当需要表达天花造型地面墙体情况时，可以采用剖立面图代替立面图。见图 6-33～图 6-35 所示。

局部剖面图表达了局部剖切面的内部构造，常绘制书柜、衣柜、装饰柜的剖面，卫生间洗手台的剖面等。见图 6-36 所示。

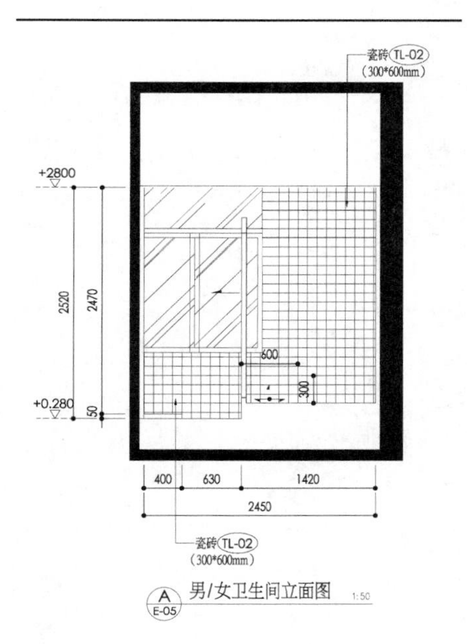

图 6-33　卫生间整体剖面图 1

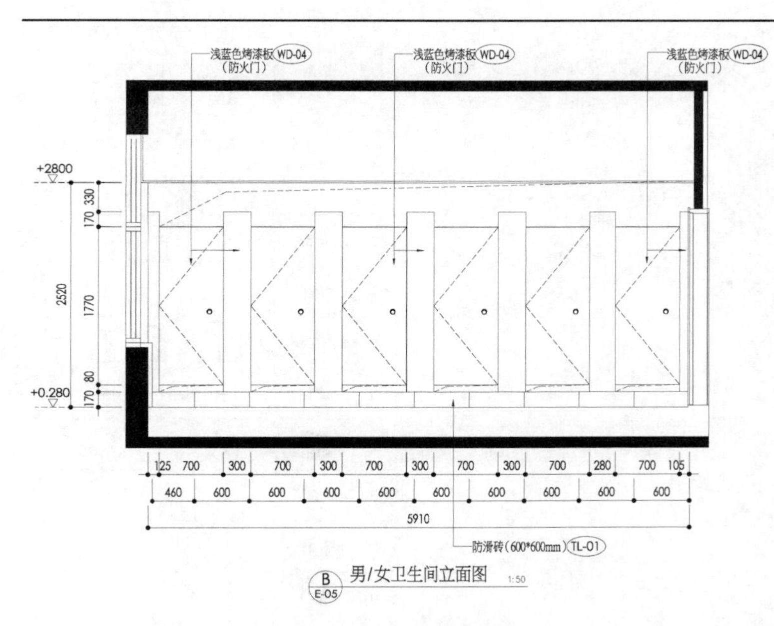

图 6-34　卫生间整体剖面图 2

2．公共空间剖面图表达内容

(1) 表示出被剖切到的建筑及装修的截面造型。

(2) 表示出被剖切到的构筑物截面材料的纹理。

(3) 表示出未被剖切到的可见内容的立面造型。

(4) 表示出家具、灯具和各陈设品的立面造型。

(5) 注明长度和高度上剖面图施工尺寸及标高。

(6) 注明剖面图节点剖切索引号、大样索引号。

(7) 注明剖面图上所使用的装修材料及其说明。

(8) 注明剖面图的图号、名称及平立面索引编号。

(9) 注明比例，常用比例为 1∶25、1∶30、1∶50 等。

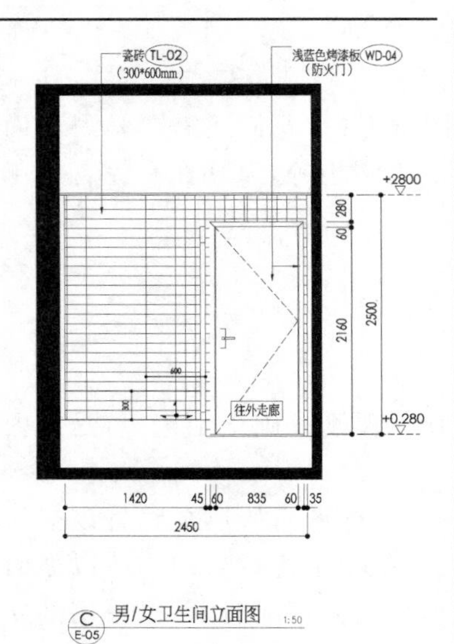

图 6-35　卫生间整体剖面图 3

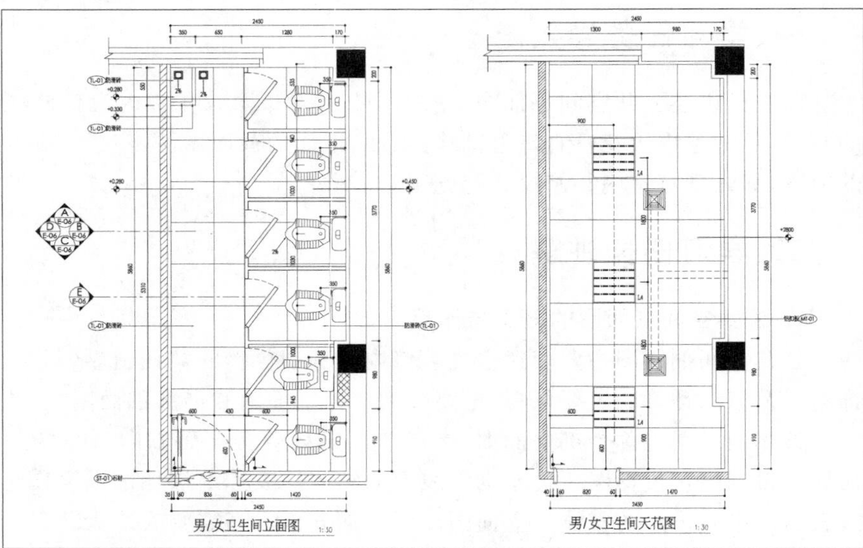

图 6-36　卫生间局部剖面图

(10) 剖面图中常用的五金构件图例，见图 6-37 所示。

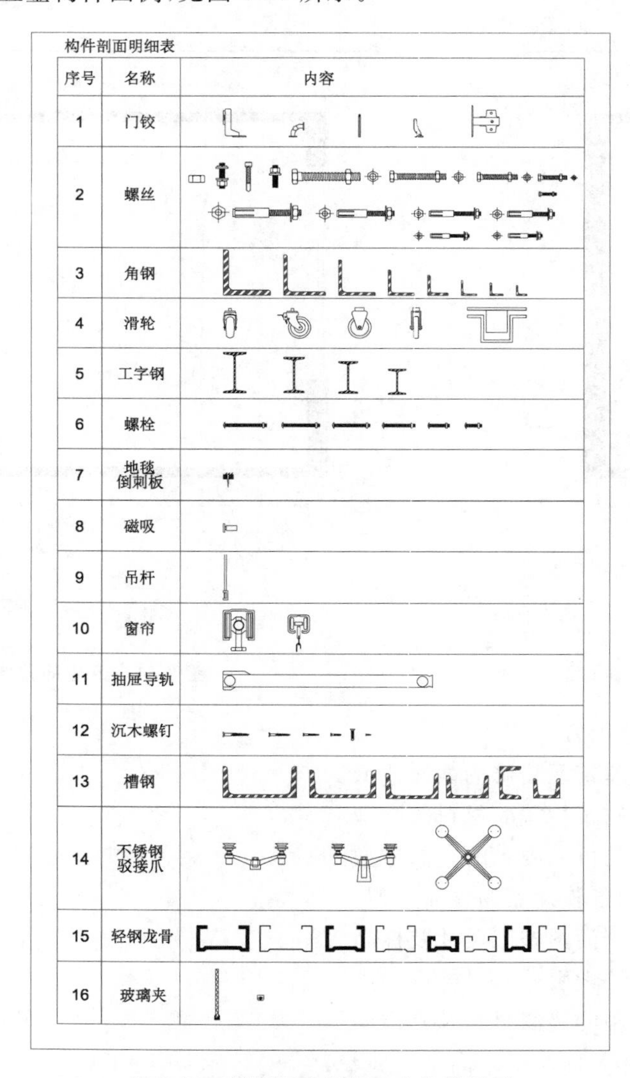

构件剖面明细表

序号	名称	内容
1	门铰	
2	螺丝	
3	角钢	
4	滑轮	
5	工字钢	
6	螺栓	
7	地毯倒刺板	
8	磁吸	
9	吊杆	
10	窗帘	
11	抽屉导轨	
12	沉木螺钉	
13	槽钢	
14	不锈钢驳接爪	
15	轻钢龙骨	
16	玻璃夹	

图 6-37　剖面图中常用五金构件图例

3. 公共空间剖面图的识读实训

（1）剖面图的识读实训。

以图 6-33 为例。

①了解图名及比例，该图为卫生间剖立面图，比例为 1∶50。

②了解公共空间的尺寸，图中公共空间内总高度为 2800 mm。

③了解公共空间墙面装修材料及说明，该剖面材料为铝扣板天花，地面为防滑地砖，墙面贴瓷片等。

（2）局部剖面图的识读实训。

以图 6-34 为例。

①了解图名及比例，该图为卫生间立面图，比例为 1∶50。

②从卫生间剖面图中的剖切索引符号观察到局部剖面的剖切位置。

③了解局部剖面的尺寸，图中剖面的总高度为 2800 mm，宽度为 5910 mm。

④了解剖面的材料及说明，该剖面材料从上到下为人造石装饰面、浅蓝色烤漆板、瓷砖等。

4. 公共空间剖面图的绘制实训

（1）绘制两端墙体、地面、天花等剖切位置轮廓线；用粗实线绘制墙面的长度和高度的外轮廓线。

（2）用中实线绘制剖切的门窗地面线。

（3）用细实线绘制该方向上的正投影面家具。

（4）用细实线绘制被剖切处的切面材料纹理。

（5）用细实线标注材料名称及尺寸。

（6）添加图名、比例并加深图线。见图 6-38 所示。

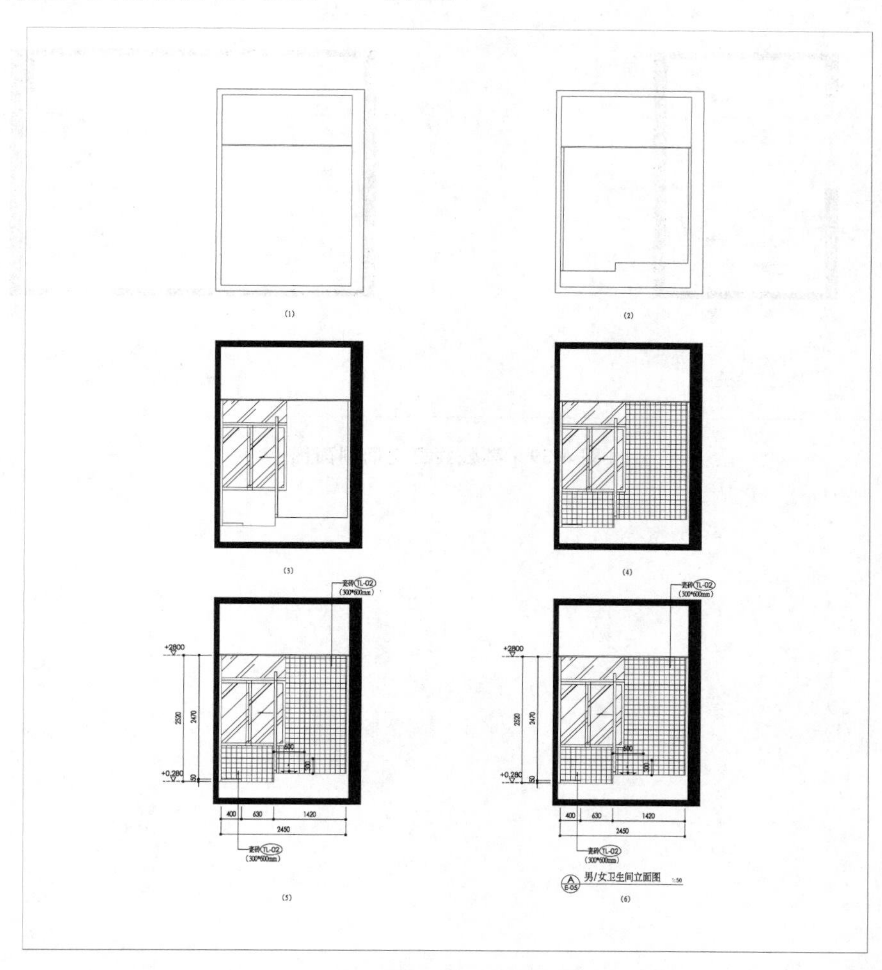

图 6-38　卫生间剖面图绘制

三、学习任务小结

本次任务主要学习公共空间剖面图的作用、表达内容、识读方法和绘制步骤，通过图形识读与绘制实训，了解剖面图符号所表达的含义，以及公共空间剖面图使用材料和施工工艺，掌握剖面图的表达方式。公共空间剖面图的识读与绘制实训应结合公共空间平面图和立面图来完成。

四、课后作业

完成图 6-39 某公共卫生间剖面图的识读与绘制。

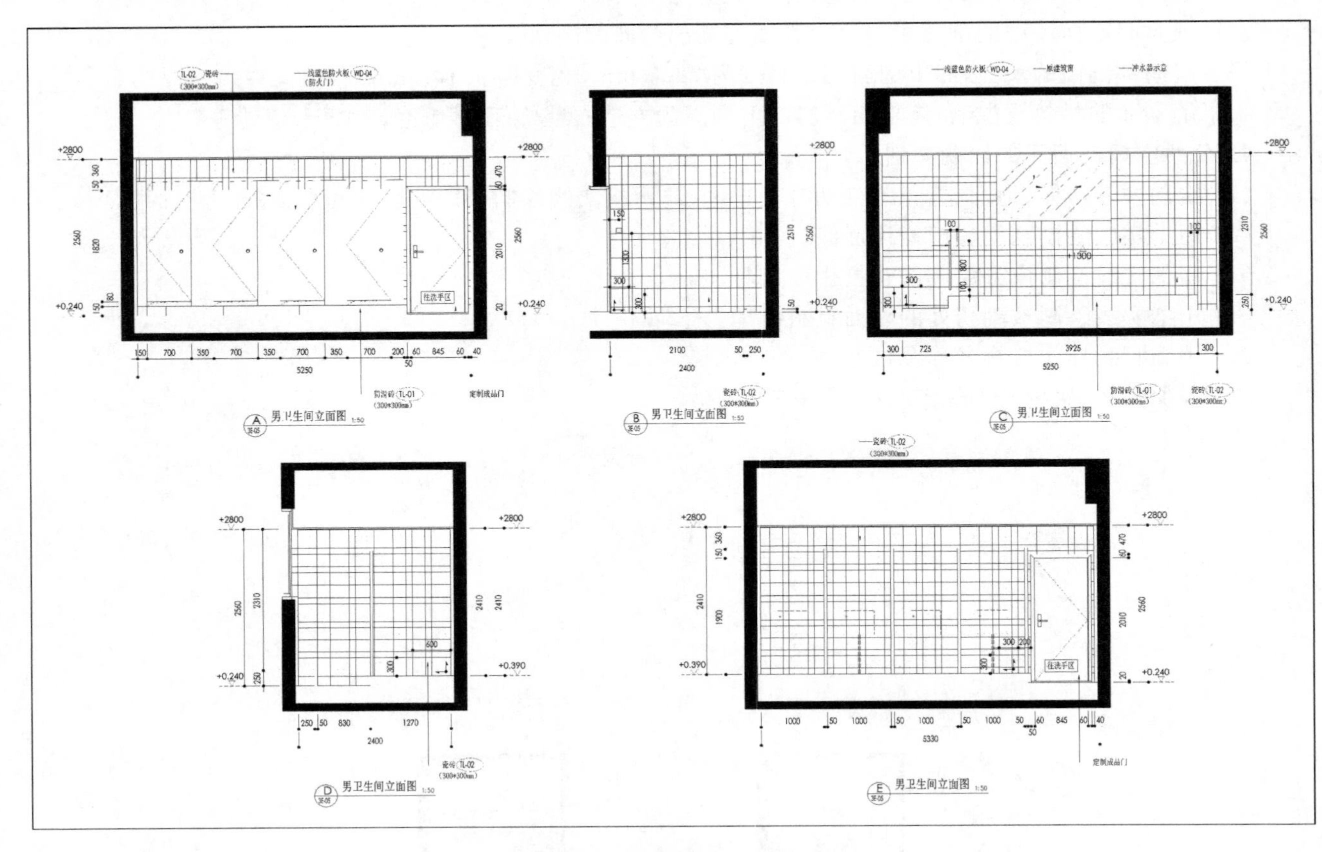

图 6-39　某公共卫生间剖面图

学习任务四　公共空间大样图的识读与绘制实训

教学目标

（1）专业能力：掌握公共空间大样图的识读方法和绘制步骤，进行大样图识读和绘制。

（2）社会能力：综合识读公共空间大样图，锻炼发现问题、反映问题和解决问题的能力。

（3）方法能力：资料分析和整理能力，实践操作能力。

学习目标

（1）知识目标：学习公共空间大样图的形成、表达内容、表达方法，识读方法和绘制步骤。

（2）技能目标：通过公共空间大样图实训，掌握公共空间大样图识读和绘制技能。

（3）素质目标：认真负责，严谨细致，团结互助精神以及良好的沟通表达能力。

教学建议

1. 教师活动

（1）收集施工大样图，运用多媒体课件和视频教学手段，进行知识点讲授和技能指导。

（2）结合公共空间设计案例，针对公共空间大样图引导学生进行分组思考与讨论，组织识读和绘制实训。

2. 学生活动

（1）提前预习，认真听讲，仔细观察，积极思考，参与讨论，完成识读和绘制的实训。

（2）以学习为主导，互帮互助，互查互评，共同进步，锻炼组织能力和沟通表达能力。

一、学习任务导入

作为具体指导施工操作的设计图纸，公共空间平面图、立面图不能细致表达具体构件、局部空间、交错饰面装饰所使用的材料、结构构造、施工工艺和具体尺寸，为此需要增加绘制装饰施工大样图。例如墙体、顶棚的部分详图；隔断、花格、门窗套、护手、栏杆、橱柜、衣柜等构配件详图；顶棚与墙面，地面与墙面，梁柱、梁墙、门窗与墙等的节点详图等。

二、学习任务讲解

1. 公共空间大样图的概念和作用

对于公共空间的构件造型、局部空间、交错饰面和构造节点，如果由于其形状特殊、连接复杂、制作精细、尺寸太小等原因，在整体的平面图和立面图中表达不清楚时，可将其移出另画大样图，用于指导现场施工、材料采购和预算编制。室内设计施工图中的局部放大图称为大样图。大样图是室内设计不可缺少的部分，所采用的比例一般比平面图、立面图所采用的比例都要大。见图 6-40 和图 6-41 所示。

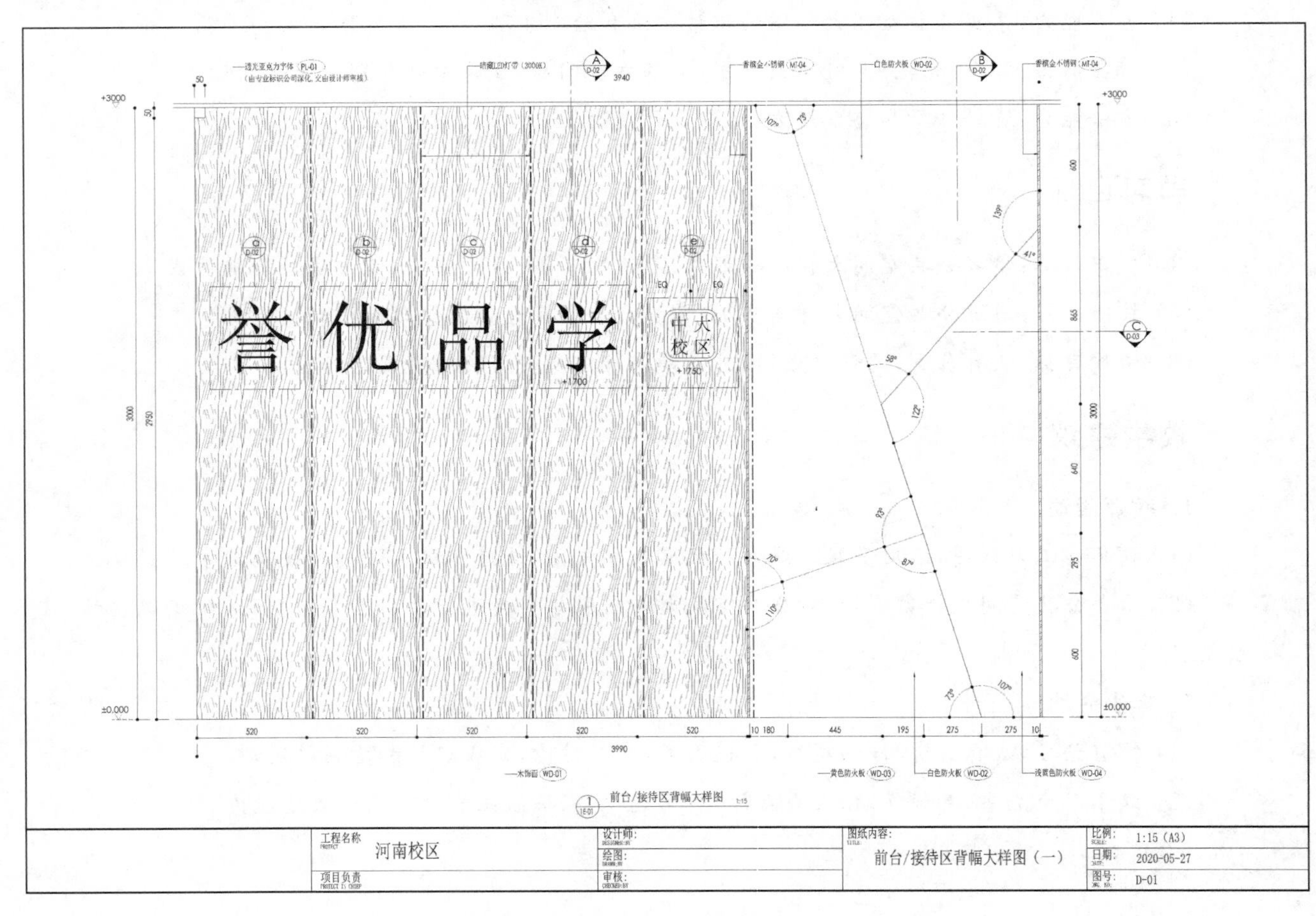

图 6-40　墙身背幅造型大样图

2. 公共空间大样图表达内容

（1）详细表达从结构体至面饰层的施工构造连接方法及相互关系，注意线条粗细分明。

（2）注明有关施工所需工艺与构造要求，标注图形的实际尺度，表达出详细的施工尺寸。

（3）表达各断面构造的材料图例、编号、造型及施工要求，表明材料种类、规格和颜色。

（4）注明详图名称和编号，详图的名称和编号应与施工平面图和立面图中索引保持一致。

（5）注明详图使用比例，常用比例一般为 1∶1、1∶2、1∶3、1∶5、1∶10、1∶15、1∶20 等。

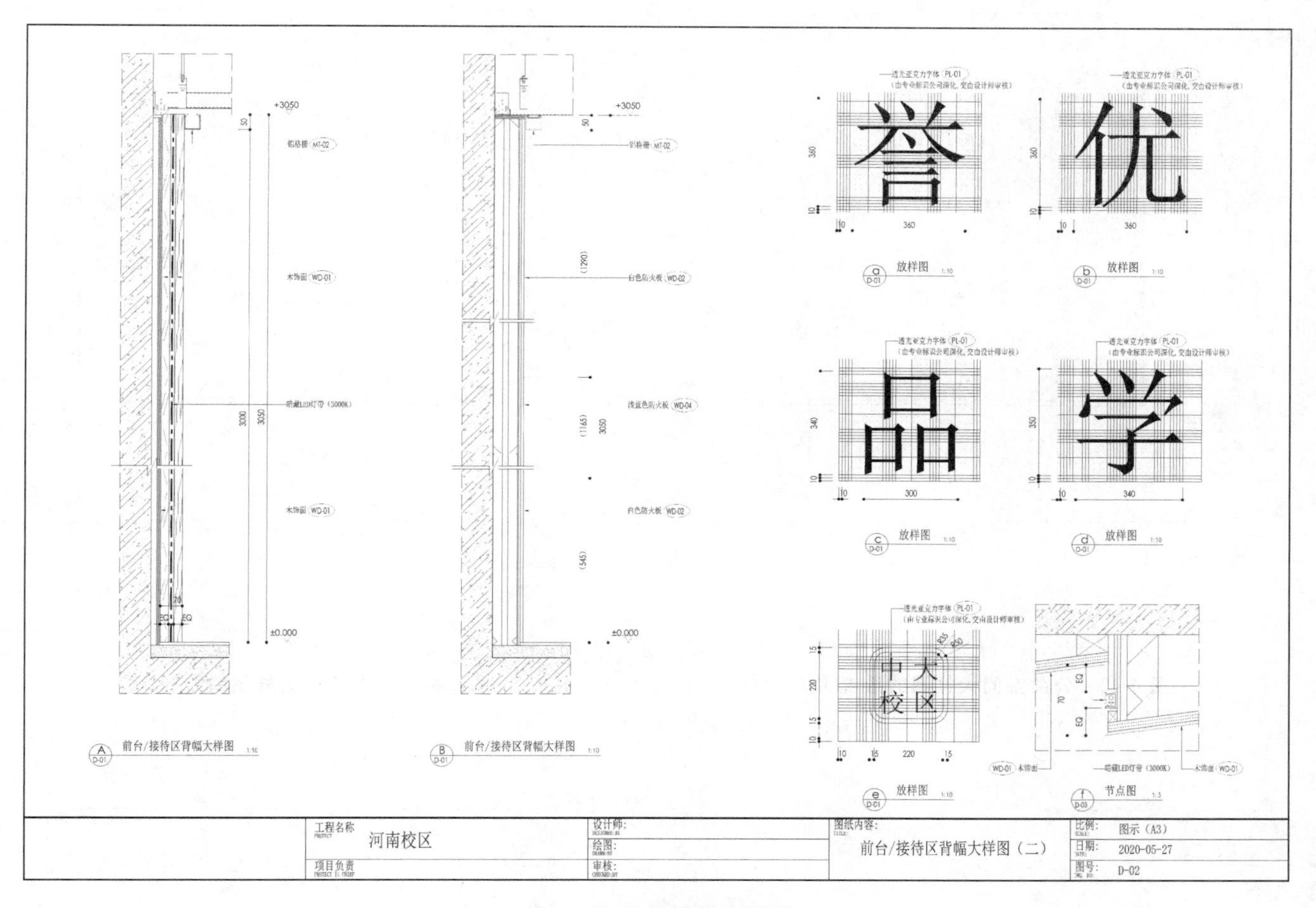

图 6-41　墙身背幅大样图

3. 公共空间大样图的识读实训

(1) 公共空间墙面与地面造型大样图识读实训，以图 6-40 为例。

①了解图名及比例，该图为公共空间墙身背幅造型大样视图，比例为 1 ∶ 15。

②了解大样图与立面图的对应关系，图中从立面图中的符号观察到“1”是表示大样图在第三页，图名为 D-01 的前台墙面造型立面图。

③了解细部的尺寸，图中暗藏灯夹板突出尺寸为 80 mm，厚度为 20 mm，灯槽尺寸为 60 mm。

④了解细部墙面装修材料及说明，该墙材料为木饰面、白色烤漆板、浅蓝色烤漆板等。

(2) 前台造型墙体尺寸大样图识读实训，以图 6-41 为例。

①了解图名及比例，该图为前台墙面造型材质与尺寸大样图，比例为 1 ∶ 10。

②了解细部的尺寸，图中木饰面的长度尺寸为 1200 mm，高度为 2400 mm，厚度为 3 mm，安装木饰面需要安装夹板作为底层结构。

③了解细部的尺寸，图中白色烤漆板、浅蓝色烤漆板的长度尺寸为 1200 mm，高度为 2400 mm，厚度为 3 mm，安装木饰面需要安装夹板作为底层结构。

④了解细部材料及说明，该图的材料为木板装饰面材质。

4. 公共空间大样图的绘制实训

(1) 根据平面图和立面图的位置尺寸，选择适当比例，绘制节点造型外轮廓，如夹板宽度、灯槽宽度、墙体宽度等轮廓，用粗实线表示，见图 6-42 所示。

(2) 绘制节点截面造型，如玻璃宽度线及木方截面等，用中实线表示。见图 6-43 所示。

(3) 绘制节点处未剖切到的物体造型，如灯具用中虚线表示。见图 6-44 所示。

(4) 绘制截面材料的纹理，用细实线表示。见图 6-45 所示。

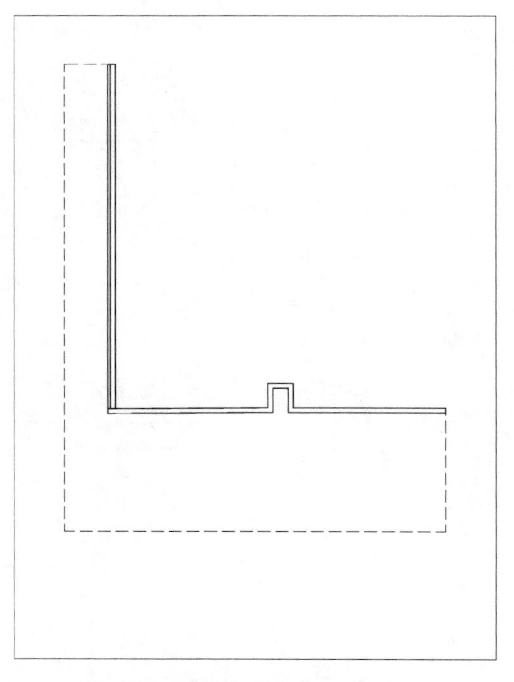

图 6-42　公共空间大样图的绘制 1

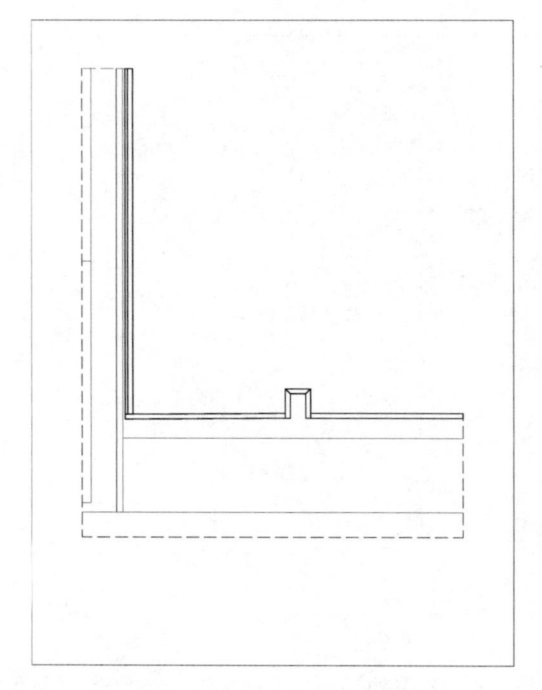

图 6-43　公共空间大样图的绘制 2

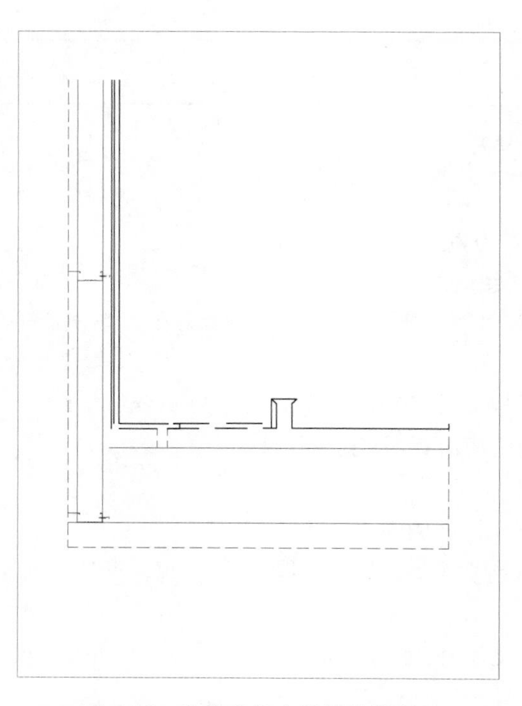

图 6-44　公共空间大样图的绘制 3

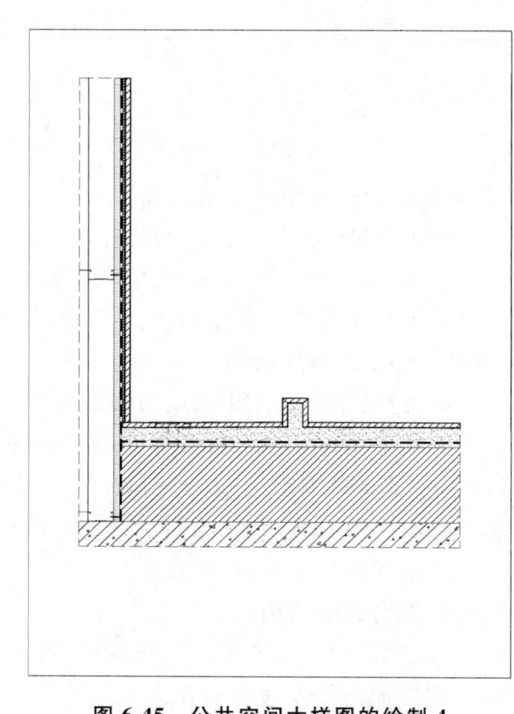

图 6-45　公共空间大样图的绘制 4

(5) 标注材料名称及尺寸，用细实线表示。见图 6-46 所示。

(6) 添加图名、比例，用细实线表示，检查后加深图线。见图 6-47 所示。

三、学习任务小结

本次任务主要学习了大样图的作用、表达内容、识读方法和绘制步骤，通过图纸识读与绘制实训，了解详图符号所表达的含义，理解公共空间大样图表示的材料以及施工工艺。公共空间大样图的识读与绘制实

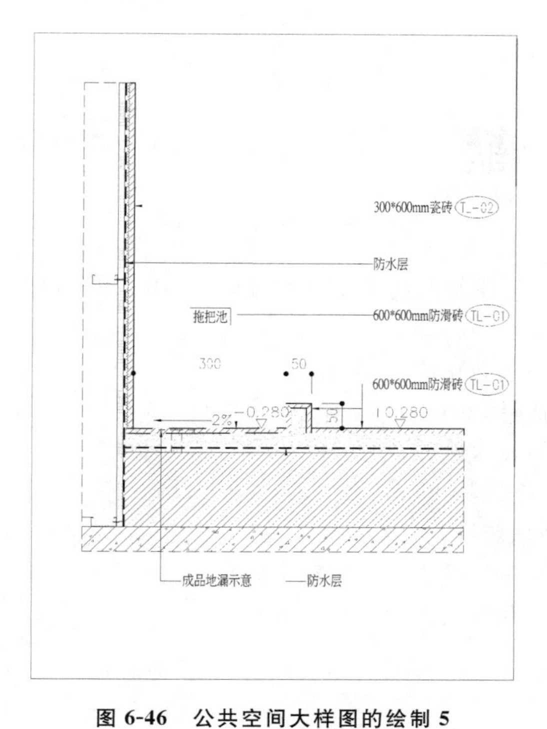

图 6-46　公共空间大样图的绘制 5

300*600mm瓷砖 TL-02
防水层
拖把池
600*600mm防滑砖 TL-01
300
50
600*600mm防滑砖 TL-01
2%
+0.280
50
+0.280
成品地漏示意
防水层
5 P-08 地花大样图 1:10

图 6-47　公共空间大样图的绘制 6

训应结合公共空间平面图和立面图来完成。

四、课后作业

完成图 6-48 某公共空间天花大样图的识读与绘制。

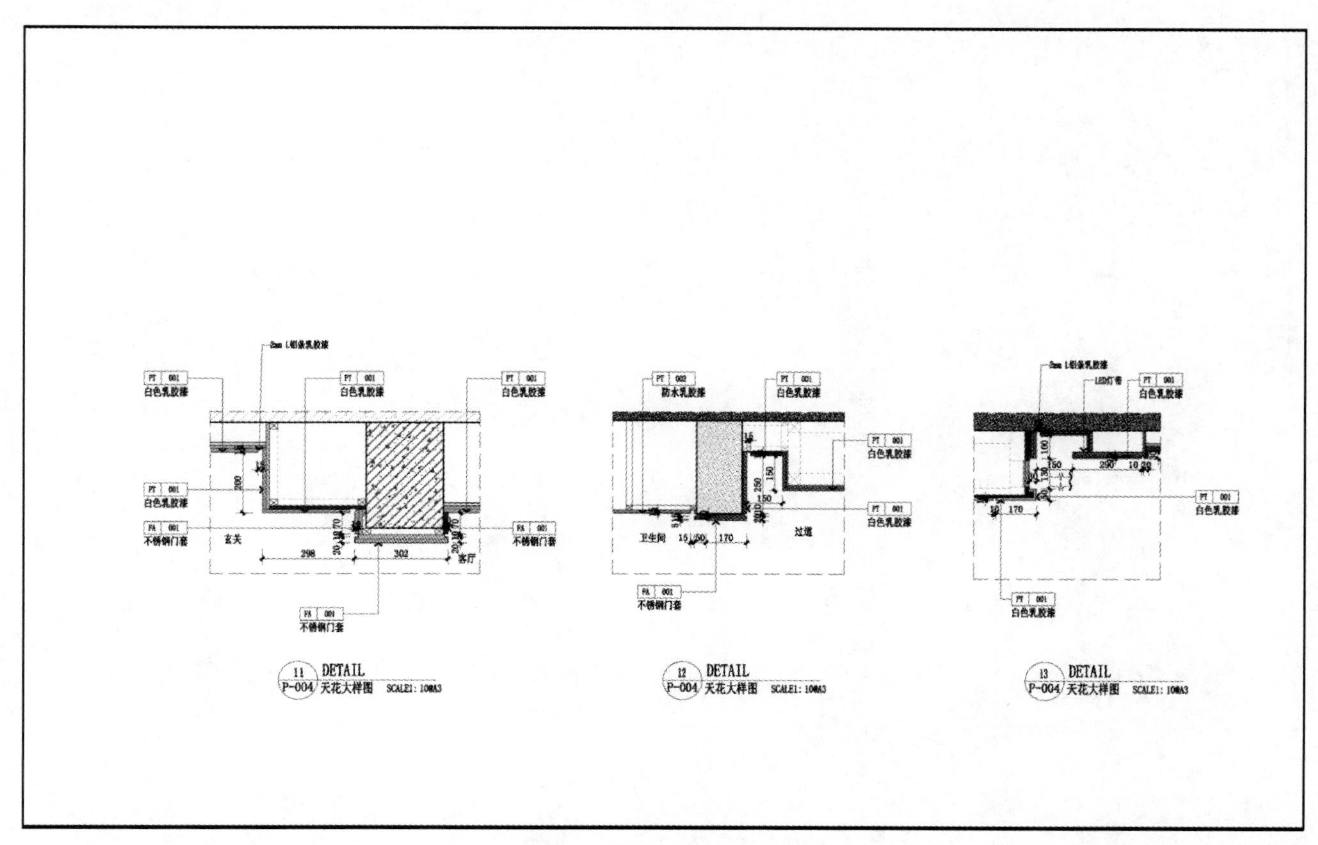

图 6-48　某公共空间天花大样图

参 考 文 献

[1] 中华人民共和国住房和城乡建设部.房屋建筑室内装饰装修制图标准 JGJ/T 244—2011[S].北京:中国建筑工业出版社,2011.

[2] 霍维国,霍光.室内设计工程图画法[M].北京:中国建筑工业出版社,2005.

[3] 孙元山,李立君.室内设计制图[M].大连:辽宁美术出版社,2010.

[4] 刘甦,太良平.室内装饰工程制图[M].北京:中国轻工业出版社,2014.

[5] 李佑广.室内设计制图与识图[M].北京:人力资源和社会保障出版社,2014.

[6] 高祥生,装饰设计制图与识图[M].北京:中国建筑工业出版社,2014.

[7] 王广军,孟庆志.建筑装饰制图与识图[M].哈尔滨:哈尔滨工业大学出版社,2014.

[8] 胡海燕,建筑室内设计——思维、设计与制图[M].北京:化学工业出版社,2014.

[9] 胡蓉蓉.室内工程制图[M].北京:中国书籍出版社,2015.